A New
Momentum

目　录

图书在版编目 (CIP) 数据

创新网络新动能：社会组织助推全球科创中心建设 / 张良等著 .—北京：北京大学出版社，2017.12

ISBN 978-7-301-29002-6

Ⅰ . ①创… Ⅱ . ①张… Ⅲ . ①社会团体—作用—科技中心—建设—研究—上海 Ⅳ . ① G322.751

中国版本图书馆 CIP 数据核字 (2017) 第 297074 号

书　　名	创新网络新动能：社会组织助推全球科创中心建设 CHUANGXIN WANGLUO XIN DONGNENG
著作责任者	张　良　等著
责 任 编 辑	朱梅全　尹　璐
标 准 书 号	ISBN 978-7-301-29002-6
出 版 发 行	北京大学出版社
地　　址	北京市海淀区成府路 205 号　100871
网　　址	http://www.pup.cn　　新浪微博：@ 北京大学出版社
电 子 信 箱	sdyy_2005@ 126. com
电　　话	邮购部 62752015　发行部 62750672　编辑部 021-62071998
印 刷 者	北京宏伟双华印刷有限公司
经 销 者	新华书店
	730 毫米 × 980 毫米　16 开本　19 印张　246 千字
	2017 年 12 月第 1 版　2017 年 12 月第 1 次印刷
定　　价	59.00 元

创新网络新动能

社会组织助推全球科创中心建设

张良 等著

北京大学出版社
PEKING UNIVERSITY PRESS

导论

在现代社会，政府组织、市场组织和社会组织各有其能力优势和特定作用，三大类组织各就其位、各司其职，并通过相互合作、良性互动，形成界面清晰、优势互补的复合体，从总体上增强国家治理能力，进而助力推进国家治理体系和治理能力现代化。在我国现实环境下，社会组织发展空间与政府职能转变的互动关系，社会组织地位主体性与内在能动性的促进关系，社会组织转型发展中政府战略规划引力、社会组织内生动力与多元主体竞争压力的整合关系等，都需要回归改革的"现场"去详细观察、科学分析和深入思考。

一、问题的提出

党的十八届三中全会提出全面深化改革的总目标是"完善和发展中国特色社会主义制度，推进国家治理体系和治理能力现代化"。国家治理体系和治理能力指的是一个国家的制度体系和制度执行能力。国家治理体系和治理能力是一个有机整体，推进国家治理体系的现代化与增强国家的治理能力，是同一政治过程中相辅相成的两个方面。有了良好的国家治理体系，才能提高国家的治理能力；反之，只有提高国家治理能力，才能充分发挥国家治理体系的效能。① 作为国家国体和根本政治制度实现

① 俞可平.推进国家治理体系和治理能力现代化.前线，2014(1).

的途径，国家治理显然包含着其他方面的治理，因此，国家治理与政府治理、社会治理之间的关系，是包含与被包含的关系。[①]

治理能力现代化是把治理体系的体制和机制转化为一种能力，发挥治理体系功能，提高公共治理能力。治理体系现代化和治理能力现代化的关系是结构与功能的关系、硬件与软件的关系。[②] 国家治理现代化内含的多主体之间共存共生、互动合作等已成为社会的普遍共识，[③]要求政府必须具备或拥有一种政策引导和社会协同的能力，全面激发各类社会主体的积极性和创造力，让市场、社会、公众等多元力量都参与国家治理实践，实现不同领域力量的均衡、功能的互补、利益的互惠。[④] 因此，国家治理能力现代化意味着要以治理主体为轴心，其中社会主体积极有为意味着各种社会组织活力得到发挥。[⑤] 现代社会组织是国家治理体系中的多元治理主体之一，其能力水平的高低将直接影响国家治理能力现代化的进程。

新中国成立后，一方面，在革命的逻辑下对旧式的各类社会组织实行"革命"改造；[⑥]另一方面，在赶超型战略下政府对社会生活实行全面干预和控制，[⑦]进而演化为一种所谓的总体性社会。[⑧] 在革命性逻辑和赶超型战略的棘轮式作用下，我国建立起集中统一的计划经济体制，形成了以高度集权为特征的"条块结合"的行政管理体制。经过"革命"改造后以人民团体或社会团体面貌出现的新式社会组织（官方的正式名称是"社团组

---

① 王浦劬. 国家治理、政府治理和社会治理的基本含义及其相互关系辨析. 社会学评论，2014(3).

② 高小平. 国家治理体系与治理能力现代化的实现路径. 中国行政管理，2014(1).

③ 张成福，李丹婷. 公共利益与公共治理，中国人民大学学报，2012(2).

④ 陶希东. 治理能力现代化的衡量标准. 学习时报，2014-12-08.

⑤ 辛向阳. 国家治理体系和治理能力现代化的基本内涵. 马克思主义文摘，2014(7).

⑥ 郭圣莉. 城市社会重构与新生国家政权建设. 天津人民出版社，2006：263.

⑦ 张良，王寅申. 城市发展赶超型战略的刚性秩序"陷阱"：对城管冲突的一种解释. 华东理工大学学报(社会科学版)，2016(2).

⑧ 何海兵. 我国城市基层社会管理体制的变迁：从单位制、街居制到社区制. 管理世界，2003(6).

织”），也被纳入“条块结合”的行政管理体制之中而成为其附属部分。因此，我国的社会组织具有“天然”的行政性，社会组织生存和发展的可能状态及空间也是“政府选择”的结果。①

改革开放后，由经济改革引发的经济转型和社会转型，对总体性社会带来极大的冲击，集中统一的计划经济体制已经难以适应利益多元化的社会现实。在加快政府职能转变的“政治性”要求下，把社会组织作为承接政府转移职能主体的合适选项之一，使社会组织获得了新的较大的空间而得以快速发展。从总体上说，我国社会组织的发展还没有跳出“政府选择”的定式，即使在一些地方出现了所谓的草根社会组织，也是政府出于某种需要而默许其存在的结果，仍然在很大程度上受制于政府的政策规制。

推进国家治理体系和治理能力现代化总目标的提出，为我国社会组织发展从“政府选择”转向“社会选择”提供了新的具有“合法性”基础的整体性框架。立足于国家治理现代化的高度，将社会组织发展嵌入国家治理现代化的过程，呈现出积极的互动情景：国家治理现代化是社会组织发展的激励性环境，社会组织发展是国家治理现代化的显示性成效。在此基础上，整合社会组织发展的“政府需要”与“社会需要”的关系，为社会组织发展确立新的基准和动能，推动社会组织的转型发展，即由“政府需要”为主转向“社会需要”为主、由行政依附性转向内在能动性。②

在理论上确定了社会组织转型发展的“合法性”基础和“合理性”内涵后，社会组织的转型路径及激励机制的选择就需要在实践中加以验证。据此，我们提出两个假设：

第一个假设：国家治理现代化包含着政府治理现代化，政府治理现代化必然要求加快政府职能转变，而社会组织发展与政府职能转变是一个

① 王名，刘国翰，何建宇．中国社团改革：从政府选择到社会选择．社会科学文献出版社，2001：80-91.

② 张良．我国社会组织转型发展的地方经验：上海的实证研究．中国人事出版社，2014：17.

互动过程。[①] 因此，回归社会组织的本质属性（社会价值和组织使命），从社会组织内在能动发展的角度确定社会组织在国家治理体系中的主体地位是必然的要求。

第二个假设：我国社会组织成长及转型发展的推动机制，是由政府战略规划的引力、社会组织内生的动力与多元主体竞争的压力构成的“三力”有机整合的合力过程。

20 世纪 90 年代初，中央确定浦东开发开放战略，这是我国面向 21 世纪进一步加快对外开放的国家战略，因此，浦东具有承担国家战略使命的“基因”。浦东社会组织的成长和发展也必然体现这一“基因”的特质，无论是开发开放之初的萌动而发、综合改革试点阶段的蓬勃发展，还是上海自贸试验区背景下的创新发展，浦东社会组织成长和发展的重要特征就是服从和服务国家战略要求，体现的是“政府选择”的历史必然。同时，浦东社会组织在发展壮大过程中，也逐渐塑造出内生型的动力，培育成创新性的气质，并且集聚了一定的能动性力量，由此观之，浦东社会组织已经跨入转型发展的门槛。

2014 年 5 月，习近平总书记在上海考察时希望上海始终立足国内、放眼全球，着力实施创新驱动发展战略，加快向具有全球影响力的科技创新中心进军。2015 年 5 月 25 日，中共上海市委、上海市人民政府发布《关于加快建设具有全球影响力的科技创新中心的意见》，这是一个统筹推动上海全市创新驱动发展的总体性意见，对建设具有全球影响力的科技创新中心的目标、理念及重点任务、举措作出了明确规定。2016 年 4 月，国务院印发《上海系统推进全面创新改革试验加快建设具有全球影响力科技创新中心方案》，进一步明确了上海建设具有全球影响力的科技创新中心的目标和任务，提出了一系列改革新举措，为上海加快推进具有全球影响力的科技创新中心建设提供了国家战略依托和体制机制保障。

---

① 郁建兴，江华，周俊. 在参与中成长的中国公民社会——基于浙江温州商会的研究. 浙江大学出版社，2008：205-207.

浦东所具有的承担国家战略使命的“基因”，使其成为上海建设全球科创中心的核心承载区域，①也为浦东社会组织转型发展的启动提供了关键的契机。本书把浦东社会组织的转型发展作为典型个案，把全球科创中心建设的战略使命视作浦东社会组织的转型发展注入了新的政府战略规划的引力，深入研究和揭示这一新的引力激发浦东社会组织的内生动力、协调多元主体竞争的外部压力，整合“三力”为合力的演化机理，描绘确立浦东社会组织在全球科创中心建设中的主体地位，实现浦东社会组织成功转型的过程。

二、全球科创中心建设中社会组织的主体地位和织网功能

20 世纪 90 年代中期后，一些学者从技术创新角度对我国许多地方出现的区域产业空间集聚现象展开研究，②尤其把我国蓬勃发展的高新技术产业园区与美国硅谷的发展态势进行了全方位的比较研究，提出发展高科技产业“制度重于技术”，硅谷的优势来自整体环境创新与创业精神等结论。③ 换言之，学者们普遍认为，科技创新是一个系统演化过程，其动力既有来自系统内部各组成要素之间的合作、竞争、冲突等导致系统规模的改变和系统功能的变化，也有来自系统外部环境改变及环境与系统联系方式调整而引发系统功能的变化。④

20 世纪 80 年代中期，美国、英国和丹麦等国家的学者几乎同步开始研究国家创新体系。1996 年，经合组织在有关国家创新体系的研究报告中指出，创新是不同主体和组织间复杂的互相作用的结果，国家创新体系

---

① 本书把具有全球影响力的科技创新中心的提法统一简化表述为“全球科创中心”。在引用正式文件时，则保留文件的提法。

② 傅家骥. 技术创新学. 清华大学出版社，1998：178-207.

③ 钱颖一，肖梦. 走出误区：经济学家论说硅谷模式. 中国经济出版社，2000：186. 李鐘文等. 硅谷优势——创新与创业精神的栖息地. 人民出版社，2002：90.

④ 吴慈生，张本照. 区域创新系统的激发演化机理. 经济科学出版社，2008：32.

是由科研机构、大学、企业、中介机构及政府等组成的网络。[①] 我国学者借鉴国际研究成果，从系统演化的角度提出科技创新是一个系统，进而提出建设技术创新系统和国家创新系统的建议。[②] 2006 年，在我国发布的《国家中长期科学和技术发展规划纲要(2006—2020 年)》中，把国家创新体系界定为各类科技创新主体紧密联系和有效互动的社会系统，由技术创新体系、知识创新体系、国防科技创新体系、区域创新体系和科技中介服务体系五个部分构成。其中，区域创新体系被认为是国家创新体系的基石。[③]

进入 21 世纪后，科技创新成为综合国力的关键支撑点，谁拥有 21 世纪世界级的科技创新中心，谁自然就能最大程度地吸引和汇集全球创新要素、发展高新产业，进而在国际竞争中获得战略主动权。当一个城市科技创新活动的影响波及全球并成为引领世界科技一产业范式变革的源头之时，就理所当然地成为“全球科创中心”。[④] 就此意义而言，全球科创中心是创新资源密集、创新实力雄厚、创新网络广泛、创新活动频繁、创新辐射强大，从而在全球创新网络中居于中枢节点的城市或地区，[⑤]也是在全球价值链中发挥价值增值功能并占据领导和支配地位的城市或地区。[⑥]

中共上海市委、上海市人民政府《关于加快建设具有全球影响力的科技创新中心的意见》提出，面向未来的奋斗目标是，努力把上海建设成为世界创新人才、科技要素和高新科技企业集聚度高，创新创造创意成果多，科技创新基础设施和服务体系完善的综合性开放型科技创新中心，成为全球创新网络的重要枢纽和国际性重大科学发展、原创技术和高新科

---

① 苏靖. 关于国家创新系统的基本理论、知识扩散和研究方法. 中国软科学，1999(1).

② 柳卸林. 21 世纪的中国技术创新系统. 北京大学出版社，2000：1-10. 陈光，王永杰. 国家创新系统：过去、现在和未来. 大自然探索，1999(3). 李正风，曾国屏. 中国创新系统研究：技术、制度与知识. 山东教育出版社，1999：122-166.

③ 仲伟俊，梅姝娥，黄超. 国家创新体系与科技公共服务. 科学出版社，2013：24.

④ 杜德斌. 上海建设全球科技创新中心的战略路径. 科学发展，2015(1).

⑤ 郑红. 上海要建基于全球城市的科创中心. 解放日报，2014-12-19.

⑥ 杜德斌. 上海建设全球科技创新中心的战略路径. 科学发展，2015(1).

技产业的重要策源地之一，跻身全球重要的创新城市行列。这一表述提出了上海建设全球科创中心的基本目标，也确定了全球科创中心的科学研究、技术创新、产业驱动和文化引领四大功能。

根据系统演化理论，无论是区域创新体系、国家创新体系，还是全球科创中心，都具有网络化的重要特征，即与科技创新活动相关的各创新主体（节点）之间存在特定的联系和组织方式，这些创新主体在科技创新活动中居于特定的地位，发挥不同的作用，进而构成科技创新体系网络的基本结构。① 从侧重于创新直接主体的角度，一般认为创新网络的节点是网络中的组织单元，如企业、大学、研究机构、中介机构和政府。② 在这个定义中提到的中介机构，是社会组织的一个类型，是指直接为科技创新活动提供专业性服务的机构和组织，包括会计师事务所、律师事务所、资产评估事务所、知识产权事务所、人才资源服务机构、金融服务机构、信用服务机构、科技成果转化服务中心、技术转移服务中心等。近年来，随着创新能量的辐射和创新活动的扩展，更多类型的社会组织作为新的节点而被纳入创新网络。

作为全球科创中心创新网络的重要节点，社会组织发挥了特定的作用。

第一，社会组织有利于创新文化的营造。近年来，学者在对美国硅谷的深入研究中发现，根植于硅谷企业的创新文化是造就硅谷闻名于世的真正源泉，是硅谷企业不断走向成功的不竭动力，而硅谷文化的关键在于既鼓励冒险，也接受失败，强调专业忠诚而非企业忠诚，以及讲求合作和重视非正式交流。③ 一方面，创新文化作为创新活动的重要环境因素，影响和制约创新的实际过程；另一方面，创新文化作为一种对创新主体的潜在影响因素，潜移默化地影响创新者的思想和行为。可以说，创新文化在

---

① 李金华，孙东川，谢卓君. 创新网络的结构与行为研究框架. 科技进步与对策，2005(8).

② 吴慈生，张本照. 区域创新系统的激发演化机理. 经济科学出版社，2008：27.

③ 王崇锋. 基于全球价值链的中国国家高新区产业升级路径研究. 理论学刊，2012(8).

建设全球科创中心过程中发挥着引领的作用和黏合的作用。社会组织尤其是科技类社会组织，作为科技创新共同体有利于营造良好的创新文化氛围，吸引创新人才共同交流、讨论、争鸣，起到激活和激励科技创新中最为重要的创新人才资源的作用。

第二，社会组织有利于公平环境的维护。在全球科创中心建设中，更加强调所有的创新主体平等地享受法律保护或接受法律惩罚，为创新企业和创新人才提供公平性的创新环境和平等性的竞争机会。社会组织中的中介组织以专业能力开展评估、审计、认证、公证等服务活动，行业协会商会等作为行业性组织参与市场监管活动，在很大程度上体现了社会公平公正的要求。

第三，社会组织有利于生活品质的提升。全球科创中心的重要标志和基础是创新人才的高密度集聚，而创新人才往往追求高品质的生活质量，对教育、医疗、文化、体育等方面的公共服务提出了多样化、个性化的需求，这恰恰是社会组织的长处和优势。社会组织通过提供多样化的服务活动和营造绿色宜居的生活环境，满足创新人才对于高品质生活质量的要求，使国内外创新人才近悦远来，全身心地投入创新之中。

因此，在全球科创中心建设中社会组织是创新网络的重要主体，社会组织具体的主体角色主要有：社会组织是开展创新专业服务的主体、社会组织是链接创新资源的主体、社会组织是提供公共服务的主体、社会组织是实施社会治理的主体。社会组织的主体角色构成三圈型的复合结构：内圈是社会组织作为开展创新专业服务的主体和创新资源链接的主体，中圈是社会组织作为公共服务提供的主体，外圈是社会组织作为现代社会治理的主体，从文化激励、制度激励和环境激励等方面营造出良好的创新氛围，起到“激发”“激活”创新资源的作用。

在全球科创中心建设中，社会组织由于不受政府层级化管理的束缚，同时不存在追求利润的冲动,因而能够发挥独特作用。[①] 社会组织的非行政性、非科层制的特点,有利于打破单位"层级制"下的长官意志和权威意志的强制性影响,可以更加柔性化地整合和集成全社会及全球的创新资源。因此,社会组织可基于主体地位和作用特点,发挥柔性化地编织创新网络的作用。近年来,随着互联网技术的加速发展,全球科技创新出现了学科交叉融合加速、新兴科学不断涌现、前沿领域不断延伸等特点和趋势,传统意义上的基础研究、应用研究、技术开发和产业化的边界日趋模糊,科技创新的链条更加弹性,技术更新和成果转化更加快捷,产业更新换代不断加快。社会组织在柔性整合创新资源、灵巧编织创新网络方面的作用更加突出。

综上所述,全球科创中心建设是在21世纪全球竞争中获得战略主动权的国家战略,是国家治理现代化的核心内涵和关键支撑。根据全球科创中心的本质要求及国际经验,全球科创中心具有网络化的特征,社会组织是其重要的构成节点(主体);社会组织的价值使命、核心功能和运作机制,使其在创新网络中可以起到连接创新网络中其他节点的纽带和润滑剂的作用。也就是说,根据社会组织的本质属性,在全球科创中心建设中社会组织取得了重要主体的地位,在创新网络中社会组织是开展创新专业服务的主体、链接创新资源的主体、提供公共服务的主体和实施社会治理的主体,并在实际运作中显示了柔性编织创新网络的独特作用。由此可以作出判断,从社会组织的本质属性出发,在国家治理现代化进程中,社会组织内在能动地取得国家治理体系中的主体地位。

三、全球科创中心建设中浦东社会组织创新主体地位的基础构建

在全球科创中心建设中,社会组织占据重要的主体地位,但社会组织的主体地位要真正扎根、社会组织柔性织网的独特作用要充分显现,在很

① 李研.社会组织在国家创新体系中的作用初探.科技管理研究,2014(18).

大程度上取决于社会组织成长壮大的势头及积聚动能的力量。浦东开发开放以来，国家战略的迭代式持续落地，为浦东社会组织的成长壮大进而积聚动能创造了十分有利的条件和动力。

20 世纪 90 年代初，浦东开发开放作为国家重大战略登上历史舞台，浦东义不容辞地担当起 20 世纪 90 年代乃至 21 世纪中国改革开放领头羊的重任，不仅在经济领域实施更大程度的开发开放，而且也突出在政府管理体制改革方面的先行先试。浦东借鉴市场经济国家的经验，按照“小政府、大社会”理念，改变我国传统的“大而全”的政府机构设置，建立了一个全新的高效、精干的“小政府”。正是“小政府、大社会”理念在浦东的落地过程中，浦东的社会组织应运而生、脱颖而出。也就是说，浦东社会组织的萌芽和发展并非临时应对的权宜之计，而是浦东开发开放体制创新的题中应有之义，从快速开发阶段到综合配套改革试点阶段，再到自贸试验区建设阶段，对于加快推动社会组织发展的目标是一致的和连贯的。浦东始终高举开发开放的大旗，站在加快体制创新的高度，把社会组织培育和发展作为体制创新的重要组成部分，坚持先行先试，从建立新型政社合作关系、出台财政扶持政策、规范政府购买社会组织服务、鼓励社会组织在市场监管中发挥作用等方面，出台一系列创新性政策，创造了具有整体性治理特征的良好制度环境，有力地推动了浦东社会组织的发展走在全国前列。

在改革和探索的实践中，浦东社会组织从数量的增长性、类型的丰富性、功能的完善性、运作的规范性、作用的显著性和影响的广泛性等方面都在全国处于领先地位，创造了许多成功的经验，涌现出众多首创的典型，初步形成了社会组织培育和发展的“浦东模式”。浦东社会组织与生俱来的创新特质伴随着浦东的持续发展而不断巩固，浦东社会组织在内生能量逐步积聚的基础上形成了能动性的力量，其转型发展已是基础夯实，呼之欲出。与此同时，在社会组织直接登记制度改革的推动下，社会组织在区域或行业内“独占”性的格局被打破，社会组织的数量呈现快速增长的情形，社会组织跨区域开展业务和活动已初见端倪，对浦东社会组织而言面临新的竞争压力，因此，加快转型发展已是迫在眉睫。

全球科创中心建设为浦东社会组织提供了新的发展契机和更为广泛的作用空间。根据全球科创中心创新网络的特点和要求，社会组织在资源集成、人才吸引、国际交流、成果转化、文化传播等方面可以发挥独特的作用，具体包括：

(1) 学术交流发展。发挥科技创新共同体的作用，通过座谈、讨论、演讲、展示、实验、发表成果等方式，组织相关学科的科技工作者交流和沟通知识、经验、思想及观点，促进创新人才之间的学术交流、学术争鸣、协同创新，激励和启迪学术思想和学术创新。

(2) 科技咨询服务。科技类社会组织可以发挥学科齐全、智力密集、人才荟萃、联系广泛的独特优势，围绕科技、经济、社会发展等重大问题，尤其是有关科技发展的重大问题开展咨询活动，深入调研，反映情况，提出建议，为党和政府决策提供可选择和可操作的方案建议，推进决策的科学化和民主化。中介类和平台型社会组织为科技创新提供知识产权服务、财务服务、法律服务、融资服务等。

(3)人才吸引举荐。发挥社会组织在开展科技评价、举荐创新人才方面的独特作用，发挥同行评议对人才评价的基础性作用和科技类社会组织在科技评价中的主体作用，发挥作为引进海外高层次人才窗口的作用，成为举荐优秀高层次人才、高技能人才的重要通道，及时发现和举荐世界一流的科技创新人才和创新团队。选拔推荐我国优秀科学家担任国际性科技类社会组织的领导职务，培养造就世界水平的科技领军人才。

(4) 资源配置共享。社会组织通过建立公共平台，为科技创新牵线搭桥，使人才资源、财力资源、技术资源等创新资源得到优化配置，推动和实现创新资源集成、科学数据共享、仪器设施共用、资源条件保障等，为科技创新和成果转化提供全方位的专业技术服务、技术转移服务和行业检测服务等。

(5) 国际交流合作。科技类社会组织可以发挥学术性和民间性优势，通过参加国际学术会议、出境考察培训、接待境外科技人员来访以及与国际科技组织长期合作开展科学研究等形式，积极开展国际科技交流，扩大与国际科技界的联系。行业类社会组织可以积极与国际上相关的专业协会建立专业化联系，通过相互访问、共同举办行业论坛、研讨、会展等方式不断推进新兴行业的科技创新步伐。

(6) 合法权益维护。社会组织引导创新人才不断增强法律意识，在法律框架内大胆创新创业，加速科技成果转化，保障其合法的知识产权权益，实现其价值和抱负。同时，推动建立依法维护创新人才、创新企业权益的机制，畅通利益协调、权益保障法律渠道，保障创新人才和创新企业的合法权益得到落实、不受侵犯。

(7) 科学知识普及。社会组织深入基层、贴近实际、贴近生活、贴近群众开展科普工作，让科普公共服务持续惠及广大社会公众，弘扬科学精神、普及科学知识、传播科学思想和科学方法、提高全民科学素质，完善包容失败的创新文化，为科技创新营造浓厚的文化氛围。

全球科创中心建设的核心承载区落地浦东，无疑给浦东社会组织的转型发展吹来了强劲的“东风”，有效地整合起浦东社会组织的内生能动动力和外部竞争压力，做实社会组织在全球科创中心建设中的主体地位，发挥社会组织“黏合剂”和“催化剂”的功效，集聚、链接和整合全球创新资源，柔性编织全球科创中心的创新网络。

四、全球科创中心建设中浦东社会组织加快转型发展的整体合力

全球科创中心建设东风浩荡，浦东社会组织的转型发展紧锣密鼓。国家战略规划的引力、社会组织内生的动力与多主体竞争的压力，“三力”有机整合为加快浦东社会组织转型发展的合力。

首先，全球科创中心建设的国家战略为浦东社会组织的转型发展明确方向。在全球科创中心建设的过程中，浦东社会组织转型发展的方向

就是要扎实其创新网络的主体地位。浦东社会组织根据浦东作为全球科创中心核心承载区的定位和信息技术智能化发展的新趋势，立足于创新人才精神家园、生活家园和心灵家园的角色，以信息技术的移动化、智能化、灵捷化发展为依托，编织灵捷智慧的创新网络，为全球科创中心的创新网络添入人性、柔性和弹性的因素，注入新的要素和动能，使创新网络更加灵捷化和智慧化。在全球科创中心建设的目标下，浦东社会组织倾注强烈的进取欲望和成功精神，形成清晰的战略目标体系和坚持专业化发展的原则，在创新中争取成为基业长青式的组织。加快浦东社会组织的集聚集群，构建社会组织合力协同机制，形成浦东社会组织发展的良好生态系统。浦东社会组织在推动公益金融发展方面积极作为，架设社会组织与金融机构、投资机构、政府、大学、企业社会责任部门跨界合作的桥梁，主动开展公益创投、公益信托等方面的探索实践，实现让有愿景的财富改变世界的理想。

其次，浦东社会组织的内生动能为转型发展探寻递进性路径。浦东社会组织在编织创新智网的过程中，不断扩展其新的功能和作用，并且推进核心功能的递进和迭代，进而渐进性地实现浦东社会组织的转型。根据全球科创中心建设的任务和目标，浦东社会组织塑造激发创新源泉的“科技创新共同体”，为创新人才营造宽松、自由、平等的民主学术气氛，满足创新人才迫切的学术发展和职业发展的需求，吸引和集聚创新人才，使创新人才心旷神怡，陶醉于创新创业之中。打造支持技术创新活动的全生命周期服务链，在技术创新生命周期的各个环节，提供各种专业化服务，促进人才、技术、资金、信息等创新资源的集成和共享。营造全社会宽容创新失败的时代新风气，通过组织开展各种科普和宣传活动，实现其促进科技发展和科学普及的宗旨，为创新营造有利的社会环境。同时，构造整合全球科技创新资源的智能平台，柔性化地以增量创新资源对存量创新资源进行重新组合和链接，提升创新资源的能级。

最后，浦东社会组织直面竞争压力为转型发展树立国际化标杆。在上海自贸试验区建设和全球科创中心建设“双动力”的推动下，浦东社会组织的转型发展树立起国际化的标杆，培育全球创新网络中有影响力的科技型社会组织，将其作为全球科创中心建设成效的重要标志。推动社会组织形成良性的竞争与合作状态，变竞争压力为合作合力，加强与国际的联系和接轨，引入全球性创新资源，学习科技创新的国际通行做法，借鉴科技创新的国际成功经验。提升社会组织具有国际视野的战略管理能力，面对国际化趋势下的竞争格局，未雨绸缪，谋定而动，从战略的角度确定发展目标和实施路径。发挥社会组织促进商业与公益跨界融合的作用，发挥社会组织公益性和规范性的优势，承担起商业与公益跨界融合推动者和促进者的角色。

第一章

建设全球科创中心：迈向2050年的上海使命

创新是人类社会的永恒话题，也是经济社会发展的不熄引擎。当今世界，科技创新已经成为综合国力形成的关键支撑点。由于创新资源的高度流动性和创新活动的空间集聚性，谁拥有21世纪世界级的科技创新中心，谁就能最大程度吸引和汇集全球创新要素、发展高能产业，进而在全球竞争中获得战略主动权。面对新的科技革命浪潮和日趋激烈的国际竞争，处在和平崛起关键时期的中国，客观上需要一个高级别的科技创新中心来引领未来百年发展，以确立并巩固自身在未来全球分工体系中的领导和支配地位。2014年5月，习近平总书记在上海考察时希望上海始终立足国内、放眼全球，着力实施创新驱动发展战略，加快向具有全球影响力的科技创新中心进军。① 2015年5月，中共上海市委、市政府发布的《关于加快建设具有全球影响力的科技创新中心的意见》是一个统筹推动全市创新驱动发展的总体性意见，对建设全球科创中心的目标、理念及重点任务、举措作出明确规定，开启了上海全球科创中心建设的伟大征程。2016年4月，国务院印发《上海系统推进全面创新改革试验加快建设具有全球影响力科技创新中心方案》，进一步明确了上海建设全球科创中心的目标和任务，提出了一系列改革新举措，为上海加快推进全球科创中心

---

① 上海：加快实施创新驱动发展战略 建设具有全球影响力的科技创新中心.[2015-01-10]. http://www.most.gov.cn/ztzl/qgkjgzhy/2015/2015jlcl/2015jldf/201501/t20150109_117562.htm.

建设提供了国家战略依托和体制机制保障。

第一节 全球科创中心:国家综合实力的核心依托

一、全球科创中心的基本内涵

当今世界,科技创新型城市,特别是高等级的全球科创中心,是一个国家综合科技实力的集中体现和核心依托。例如,美国硅谷以不到美国1%的人口创造了全美国12%的专利产出,吸引了全美国超过40%和全世界14%的风险投资。纽约集聚了全美国10%的博士学位获得者、10%的美国国家科学院院士以及近40万名科学家和工程师,每年高校毕业生人数占全国的10%左右。英国伦敦集中了英国1/3的高等院校和科研机构,每年高校毕业学生约占全国的40%。东京集中了日本约30%的高等院校和40%的大学生,拥有全日本1/3的研究和文化机构,以及全日本PCT专利产出的50%和世界PCT专利产出的10%。[①]

目前,无论是理论界还是实践界,都没有对"全球科创中心"作明确的界定,但是与"全球科创中心"相类似的提法却很多。早在2000年7月,《连线》(*Wired*)杂志就提出了"全球技术创新中心"(Global Hubs of Technological Innovation)的概念,并认为构成全球技术创新中心的要素至少应该包括四个:地区高等院校和研究机构培训熟练工作人员或创造新技术的能力、能带来专门知识和经济稳定的老牌公司和跨国公司的影响、人们创办新企业的积极性和获得风险资本以确保好点子成功进入市场的可能性——创新的环境。[②] 2001年,联合国在《连线》杂志概念的基础上,提出了"技术成长中心"(Technology Growth Hubs)的概念。[③] 这

① 杜德斌.全球科技创新中心:动力与模式.上海人民出版社,2015:13-14.

② 同上书:23.

③ 张仁开,刘效红.上海建设国际创新中心战略研究.科学发展,2012(11).

一概念与《连线》提出的全球技术创新中心比较类似,它是指将众多的研究机构、创业企业和风险投资集聚在一起的地区。

在我国,2004 年北京工业大学黄鲁成教授提出了"国际研发中心"(R&D Hub)的概念,认为国际研发中心就是国际研发资源与活动的聚集区域。这种国际研发中心可以集聚大量的高成长公司,带动周边地区经济的发展,克服周边资源贫乏、市场规模小的发展"瓶颈",有利于吸引人才,有利于科技信息的获取和服务业的发展,有助于促进所在地区高技术产业的发展。[①] 与此同时,华东师范大学的杜德斌教授提出了"国际产业研发中心"概念。所谓国际产业研发中心,是指一个城市或地区集聚众多的跨国公司全球性和区域性的研发机构,因而成为世界新产品和新技术的创新源地。[②] 此外,还有很多学者提出了"世界科技中心""世界科学中心"等相关的概念。

这些概念和提法,既有共性特征,也存在一定的差异性。对理解"全球科创中心"的内涵具有重要的参考价值。从主体看,全球技术创新中心、技术成长中心、国际研发中心和国际产业研发中心通常是指一个城市或区域,如日本的东京、美国的硅谷、印度的班加罗尔以及我国台湾地区的新竹等;而世界科技中心、世界科学中心则通常是指一个国家或地区,如 14—15 世纪欧洲文艺复兴时期的意大利,18—19 世纪工业革命时期的英国、法国和德国,以及 20 世纪以来的美国等,也有学者预计,21 世纪的世界科学中心将转移到中国。[③] 从内涵看,技术成长中心、国际研发中心、国际产业研发中心则较多地关注技术发展和产业创新;世界科技中心、世界科学中心则更加侧重新思想和新理念,比较关注科学研究层面。

与现有的这些概念和提法相比,上海要建设的"全球科创中心"的内

① 黄鲁成,李阳.针对国际 R&D 中心的中国城市定位研究.市场经济研究,2004(6).

② 杜德斌,张仁开,祝影,包惠.上海创建国际产业研发中心的战略研究.科学学与科学技术管理,2005(4).

③ 张仁开,刘效红.上海建设国际创新中心战略研究.科学发展,2012(11).

涵更加综合和广博,涉及科技创新的各个方面和各个环节,因此,可以将其定义为:科技创新资源密集、科技创新实力雄厚、创新文化发达、创新氛围浓郁、科技辐射带动能力较强,具有良好科技发展潜力和人文自然环境、较强国际竞争力和影响力的城市或区域,是全球新知识、新技术和新产品的创新源地和产生中心之一。事实上,2015 年发布的《关于加快建设具有全球影响力的科技创新中心的意见》就明确指出,上海要建设的具有全球影响力的科技创新中心是一个“世界创新人才、科技要素和高新科技企业集聚度高,创新创造创意成果多,科技创新基础设施和服务体系完善的综合性开放型科技创新中心”,是“全球创新网络的重要枢纽和国际性重大科学发展、原创技术和高新科技产业的重要策源地之一”。

二、全球科创中心的构成要素

全球科创中心本质上是多要素组成的区域创新系统,但并非一般的区域创新系统,而是一种进化到顶极状态的区域创新系统,它是多因子共同作用、多层面相互叠置形成的结果。全球科创中心的组成结构可归纳为三个层次八种要素:人才是最高层次的要素,它渗透到其他各个要素之中,是全球科创中心形成的核心要素;主体层次包括企业、大学(含科研院所,以下统称“大学”)和政府三个要素,全球科创中心的形成需要若干世界一流大学的支撑,需要一批创新“引擎”企业的引领,需要一个奋发有为政府的推动;支撑层次的环境要素包括许多方面,其中四个最主要的要素包括创新文化、创新资本、创新基础设施和专业服务等(图 1-1)。

第一层次核心要素,主要是人才。人才,特别是高素质科技创新创业人才是全球科创中心形成的核心和关键,而其他创新主体要素和创新环境要素的功能都是以人才要素为核心展开的。人才作为科技创新活动的唯一执行者,始终贯穿于创新活动的全过程,直接参与到新知识、新技术以及新产品创造过程中的每个环节。

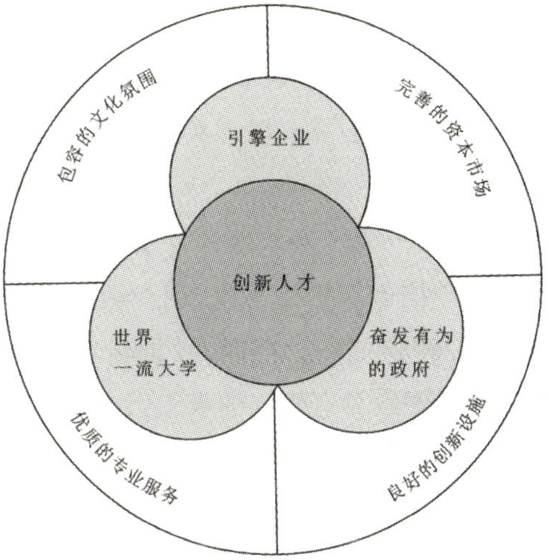

图1-1 全球科创中心的构成要素

第二层次主体要素,主要包括企业、大学与政府。企业是科技创新的主导者,而引擎企业或龙头企业是城市和区域科技创新的发动机,对整个城市的科技创新活动具有带动和组织作用。大学是人才培养的摇篮和科学研究(特别是基础研究)的主阵地,是城市创新氛围的塑造者,现代大学集人才培养、科学研究和创新创业于一体,为城市科技创新发展提供源源不断的优质人才。政府是城市和区域发展中的能动性要素,是"游戏规则"的制定者、创新环境的维护者和创新氛围的塑造者。

第三层次环境要素,主要包括文化、资本、设施及服务。创新环境要素构成了整个城市和区域创新活动的背景,是全球科创中心形成和发展的支撑。其中,包容、开放的创新文化与科技创新活动是"鱼水关系";健全的风险资本市场是全球科创中心形成的重要标志之一;创新基础设施不仅为科技创新活动提供必要的物质条件,而且还能通过人才汇聚效应推动全球科创中心的形成和发展。

三、全球科创中心的主要特征

作为人类新知识、新技术和新产业的策源高地,全球科创中心是伴随着科技创新的不断突破而逐步发展起来的，是科学研究的重镇和技术创新的源头，对全球创新活动、产业发展和文化进步具有强大的影响力和辐射力。总体上看，全球科创中心具有以下典型特点：

1. 全球化的资源配置

全球科创中心通常是一个国家或地区甚至全球的新知识、新产品和新技术的产生中心，是科技创新机构集聚、创新活动发生频繁的区域，国际化和开放性是其核心特点之一。同时，其创新文化发达、创新氛围浓郁，对国内外创新资源和要素具有较强的吸引力，资源扩散和集聚非常活跃，且其范围都是全球或国际尺度的，全球科创中心对全球创新资源流动具有显著的引导、组织和控制能力。

2. 全要素的协同整合

按照三螺旋理论，研究界、企业和政府的“交迭”(overlap)才是创新系统的核心单元。① 作为一个成熟的国际化的创新系统，全球科创中心是各类创新要素和资源集聚、交融的创新空间载体，在其特定的空间载体中，高校、科研机构、企业研发机构、研发人员、研发辅助配套设施以及文化、制度、服务乃至自然环境等各类创新要素能够高效流动、高度共享，充分跨界融合。

3. 多主体的协力合作

一方面，全球科创中心是一个由各种创新资源在空间上集聚形成的区域创新系统；另一方面，全球科创中心并非由一系列行政机构之类的硬性机构构成，而是由众多的创新行为主体及其互动构成的软组织，这些机构和组织之间除了存在产业链上的直接关联之外，还往往会存在一些潜在的人脉和关系网络。每个参与主体都是具有独立意识和主观倾向的个人或团体，都具有很强的互动自反，因而创新的焦点在于各主体之间的沟

① 三螺旋是一种创新模式，是指大学—产业—政府三方在创新中密切合作、相互作用，同时每一方都保持自己的独立身份。三螺旋理论由纽约州立大学石溪分校和颇切斯分校政策研究中心主任亨利·埃茨科维兹(Henry Etzkowitz)创立。

通、期望的网络重叠和协力合作。

四、全球科创中心的核心功能

作为全球创新网络中的枢纽性节点城市，全球科创中心不仅是世界新知识、新技术、新产品、新产业的策源地，而且是全球先进文化和先进制度的先行者，全球科创中心关注的创新内涵是科学研究、技术开发和产业创新三者的有机结合，即同时强调知识创造、技术创新和产业创新的重要功能，并延伸至人类社会文明进步。

总体上看，全球科创中心具有科学研究、技术创新、产业驱动和文化引领四大功能：第一，科学研究功能，集聚众多世界一流大学和科研机构，集人才培养与知识创新为一体，是世界新知识产生的重要源地。第二，技术创新功能，集聚大量世界级的科技型企业和跨国公司以及风险投资公司，在知识创新的基础上产生大量新技术，并通过产品创新、市场创新和管理创新带动世界产业变革。第三，产业驱动功能，新技术的发明和市场化不仅会催生新的产业，同时能推动传统产业特别是制造业的转型升级，提高城市和国家实体经济竞争力。第四，文化引领功能，科技进步和产业创新会催生新的生产生活方式，塑造新的商业文化，从而引领全人类的文化发展。

全球科创中心的四大功能具有由低级向高级不断推进和升华的内在逻辑关系。科学研究是技术创新的源头，技术创新促进产业变革和转型升级，文化引领则是科技进步和经济发展的必然结果。其中，科学研究和技术创新是全球科创中心的两大基本功能，产业驱动和文化引领是全球科创中心的两大派生功能(图 1-2)。产业驱动是全球科创中心发展的根本目的，文化引领是科技和经济发展的最终结果，也是全球技创中心发展的最高境界。

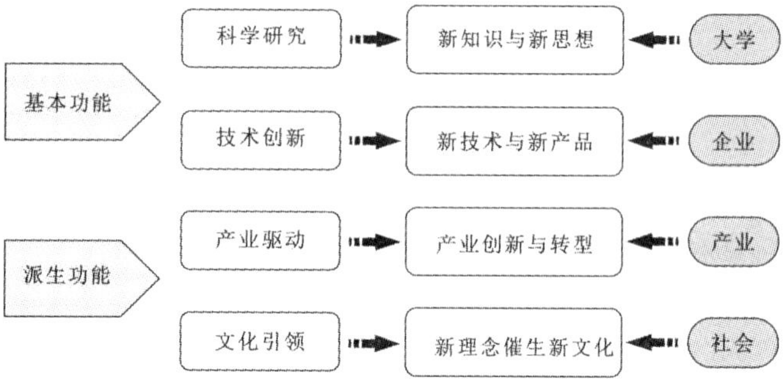

图 1-2　全球科创中心主要功能的逻辑关系

第二节　创新驱动发展:上海建设全球科创中心的使命所系

一、上海建设全球科创中心的战略意义

1. 上海在全球科技竞合中抢占先机的关键举措

随着知识经济时代的来临,国际经济竞争的核心要素发生了巨大变化,科技创新已成为决定国家和城市竞争的关键要素,科技活动正逐步成为一种新的产业形态,一种全新的社会——“科业化”社会正在到来。① 纵观全球,许多国家和地区都在谋划建设全球科创中心。例如,英国于2010年启动实施了“英国科技城”(Tech City UK)的国家战略,试图将东伦敦地区打造为世界一流的国际技术中心。作为传统的国际金融中心城市,美国纽约制定了打造美国“东部硅谷”的宏伟蓝图,计划在曼哈顿以东的罗斯福岛创建一个与加州硅谷抗衡的应用科学园,力图成为“全球科技创新领袖”。

作为我国重要的科技中心城市,上海建设全球科创中心,有利于加速融入全球创新网络,增强利用和配置全球创新资源的能力,加快形成科技

① 科业化是仿照“产业化”这个概念提出来的,借以表示科技研发活动正成为一种新的产业经济活动和产业形态。

对外开放新优势,在日趋激烈的国际科技竞争中抢占先机。

2. 上海服务我国建设世界科技强国的战略要求

党的十八大提出要实施创新驱动发展战略,把科技创新摆在核心的突出位置,以全球视野谋划和推动创新,提高原始创新、集成创新和引进消化吸收再创新能力。十八届五中全会提出了创新、协调、绿色、开放、共享五大发展理念,科技创新是全面创新的核心。改革开放以来,我国已真正融入世界经济版图和全球创新格局,实施创新驱动发展战略、增强自主创新能力,不可能也不应该“闭门造车”,自主创新不是自我创新,更不是自我封闭,而是应该着力提高科技对外开放水平,积极融入全球创新网络格局,大胆引进国外一切可以利用的资源,主动走出国门,在国际舞台中增强自身实力。

作为国际化大都市,上海应积极响应国家战略,推动实施开放式创新,率先建成全球科创中心,集聚全球创新资源,自觉履行继续当好改革开放排头兵和科学发展先行者的重要使命。

3. 上海率先实现创新驱动转型发展的内在要求

历经三十多年的快速发展,上海经济总量已突破两万亿元,跻身世界大城市前十位,但资源环境承载能力也达到了极限,土地资源越来越稀缺,投入产出效益逐年下降,产业转型升级面临严重考验。“十三五”及未来一段时间内将是上海实现城市功能升级和转型发展的关键时期。城市功能升级和转型发展的根本动力就是科技创新,因此,上海应在顶层设计上把科技创新纳入城市发展的总体战略,在强化金融、经济、航运、贸易等传统城市功能的基础上,进一步拓展和强化科技创新功能,使科技创新功能成为城市功能的核心和关键,积极创建全球科创中心。

因此,建设全球科创中心不仅是上海实现创新驱动转型发展的最佳途径,也是加快建设国际经济中心、国际金融中心、国际贸易中心和国际航运中心的重要保障和基础支撑。

二、上海建设全球科创中心的战略部署

2015年5月25日，中共上海市委、市政府发布了《关于加快建设具有全球影响力的科技创新中心的意见》；2016年4月，国务院印发《上海系统推进全面创新改革试验加快建设具有全球影响力科技创新中心方案》，对建设全球科创中心作出了全面部署，提出了上海推进全面创新改革、建设全球科创中心的重点任务和关键举措。

1. 建设综合性国家科学中心

打造高度集聚的重大科技基础设施群，加快上海光源线站工程、蛋白质科学设施以及软X射线自由电子激光、转化医学等大设施建设。建设有国际影响力的大学和科研机构，推动复旦大学建设微纳电子、新药创制等国际联合研究中心。推动上海交通大学建设前沿物理、代谢与发育科学等国际前沿科学中心。推动同济大学建设海洋科学研究中心、中美合作干细胞医学研究中心。把上海科技大学建设成为科研、教育、创业深度融合的高水平、国际化创新型大学。研究设立全国性科学基金会，募集社会资金用于科学研究和技术开发活动。

2. 建设一批创新功能型平台

创新功能型平台是指围绕整个创新链，为各类创新主体在不同创新环节的创新活动提供基础性环境或条件支撑的枢纽型组织体系。创新功能型平台作为枢纽型组织体系，不是单个的机构，而是以在行业内具有较强影响力的某个核心机构为依托，依据产业链与创新链融合发展需要，集聚一批机构而形成的网络化组织体系。《关于加快建设具有全球影响力的科技创新中心的意见》明确提出要"建设若干重大创新功能型平台"，在信息技术、生物医药、高端装备等领域，重点建设若干关键共性技术研发支撑平台和科技成果转化服务平台(表1-1、1-2)。

表 1-1　上海建设全球科创中心关键共性技术研发平台

领域	平台	领域	平台
信息技术领域	上海微技术工业研究院	高端装备领域	燃气轮机与航空发动机研发平台
	上海集成电路研发中心		智能型新能源汽车协同创新中心
	微电子示范学院		微小卫星创新平台
	微纳电子混合集成技术研发中心		
生命科学领域	创新药物综合研发平台	质量技术基础领域	技术标准创新基地
	精准医疗研发与示范应用平台		国家时间频率中心上海计量分支机构
	百万例级人群(跟踪)队列和生物信息数据库		

表 1-2　上海建设全球科创中心科技成果转化及技术转移平台

类别	平台
技术转移类	国家技术转移东部中心
	上海市国际技术进出口促进中心
产业技术孵化类	上海产业技术研究院
	复旦大学张江研究院
	上海交通大学先进产业技术研究院
	上海紫竹新兴产业技术研究院
协同创新类	军民融合创新平台

3. 实施引领产业发展的重大战略项目和基础工程

在国家战略布局、上海自身有基础有望突破且能填补国内空白的领域,基于“成熟一项、启动一项”原则,充分发挥企业主体作用,以及科研院所、高校和企业结合的作用,实施一批上海市重大战略项目和基础工程,解决国家战略性新兴产业发展中的瓶颈问题。重点推进大飞机、北斗导航、高端处理器芯片、集成电路制造及配套装备材料、物联网、智能电网、智能汽车和新能源汽车、新型显示、机器人、原创新药与高端医疗装备、大数据及云计算等一批重大产业创新战略项目建设,积极推进脑科学与人工智能、干细胞与组织功能修复、国际人类表型组、材料基因组、新一代核能、量子通信、拟态安全、深海科学等一批重大科技基础前沿布局(表1-3)。

表 1-3　上海建设全球科创中心科技成果产业化平台

领域	项目等
信息技术领域	建设国内首条8英寸MEMS及先进传感器研发线;打造面向第五代移动通信技术(5G)应用的物联网试验网
生物医药领域	在基因诊断和治疗、肿瘤定向治疗、细胞治疗、再生医疗、个性化药物等领域开展个性化精准治疗示范;开发医学影像诊疗、介入支架等重大医疗器械产品
高端装备领域	开展C919大型客机试飞验证;建设高新船舶与深海开发装备协同创新中心
新能源及智能型新能源汽车领域	开发推广智能变电站系统等智能电网设备,研制微型和小型系列化燃气轮机发电机组、储能电池智能模块和大容量储能系统
智能制造领域	工业机器人、服务机器人、三维(3D)打印相关材料和装备技术
重大科学基础工程	量子通信、拟态安全、脑科学及人工智能、干细胞与再生医学、国际人类表型组、材料基因组、高端材料、深海科学

4. 推动大众创业、万众创新

深化"双自"联动,以制度创新和开放创新推动科技创新,打造若干创新要素集聚、创新特色鲜明、创新功能突出、适宜创新创业、具有较强辐射带动力的创新集聚区。实施"双创"示范基地三年行动计划,结合上海市创业创新优势,打造一批"双创"示范基地,完善创新服务。加快发展"互联网+"创业网络体系,促进创业与创新、创业与就业、线上与线下相结合。建造更多开放便捷的众创空间。实施“互联网+”行动计划,推动大数据发展,持续推进智慧城市建设,提升网络通信能级,降低网络通信费用,加快推动信息感知和智能应用,鼓励发展混合所有制的孵化机构,支持有优势的民营科技企业搭建孵化器等创新平台,探索设立国有非企业研发机构,引导协同创新。扶持“四新”①企业发展,建设国家“四新”经济实践区。鼓励支持创造创意活动,培养具有创造发明兴趣、创新思维和动手能力的年轻“创客”,扶持更多创新创业社区。

三、上海建设全球科创中心的重点举措

国务院印发的《上海系统推进全面创新改革试验加快建设具有全球影响力科技创新中心方案》明确提出,要重点在政府创新管理、科技成果转移转化、收益分配和股权激励、市场化投入、人才引进、开放合作等方面作出新的制度安排,着力创新体制机制,推动以科技创新为核心的全面创新。据不完全统计,自2015年5月《关于加快建设具有全球影响力的科技创新中心的意见》发布实施以来,上海有关全球科创中心建设方面的各类政策文件已有25个(表1-4和图1-3),包括综合引导类、科技投融资类等多个门类。

表1-4　上海有关全球科创中心建设配套政策

综合引导类政策	
1	国务院关于印发《上海系统推进全面创新改革试验加快建设具有全球影响力科技创新中心方案》的通知(国发〔2016〕23号)
2	中共上海市委、上海市人民政府关于加快建设具有全球影响力的科技创新中心的意见
3	关于印发《关于进一步加大财政支持力度加快建设具有全球影响力的科技创新中心的若干配套政策》的通知(沪府办〔2015〕84号)
4	上海市科研计划专项经费管理办法(沪财教〔2015〕95号)

① “四新”是指新技术、新模式、新业态、新产业。

（续表）

科技投融资类政策	
1	印发《关于促进金融服务创新支持上海科技创新中心建设的实施意见》的通知(沪府办〔2015〕76 号)
2	上海银监局关于上海银行业提高专业化经营和风险管理水平进一步支持科技创新的指导意见(沪银监发〔2015〕146 号)
3	上海市天使投资风险补偿管理暂行办法(沪科合〔2015〕27 号)
产业和企业创新政策	
1	关于印发《上海市科技小巨人工程实施办法》的通知(沪科合〔2015〕8 号)
2	关于上海加快发展智能制造助推全球科技创新中心建设的实施意见(沪府办发〔2015〕36 号)
3	上海市鼓励外资研发中心发展的若干意见(沪府办发〔2015〕42 号)
创新创业人才类政策	
1	关于印发《上海市优秀科技创新人才培育计划管理办法》的通知(沪科〔2015〕461 号)
2	关于印发《关于服务具有全球影响力的科技创新中心建设 实施更加开放的海外人才引进政策的实施办法(试行)》的通知(沪人社外发〔2015〕35 号)
3	关于完善本市科技创新领域专业技术职称评聘工作的实施细则(沪人社专发(2016)2 号)
4	关于深化人才工作体制机制改革促进人才创新创业的实施意见
5	关于完善本市科研人员双向流动的实施意见(沪人社专发〔2015〕40 号)
创新创业服务类的政策	
1	关于印发《关于本市发展众创空间推进大众创新创业的指导意见》的通知(沪委办发〔2015〕37 号)
2	关于印发《上海市重点实验室建设与运行管理办法》的通知(沪科〔2015〕177 号)
创新文化与科普类政策	
1	进一步提升公民科学素质三年行动计划(2015—2017 年)

（续表）

2	关于印发《关于推进科技类社会组织在上海加快建设具有全球影响力的科技创新中心中发挥重要作用的若干意见》的通知(沪科协联〔2015〕5 号)
3	关于印发《上海市深化高等学校创新创业教育改革实施方案》的通知(沪府办〔2016〕2 号)
科技成果转化类	
1	关于印发《关于进一步促进科技成果转移转化的实施意见》的通知(沪府办发〔2015〕46 号)
2	关于印发《关于改革和完善本市高等院校、科研院所职务科技成果管理制度的若干意见》的通知(沪财教〔2015〕87 号)
科技园区发展类	
1	中国(上海)自由贸易试验区和上海张江国家自主创新示范区联动发展的实施方案联动发展实施方案
2	张江国家自主创新示范区推进具有全球影响力科技创新中心建设的总体行动计划（2015—2020 年）
其他类	
1	上海市加快推进具有全球影响力科技创新中心建设的规划土地政策实施办法(试行)(沪府办〔2015〕69 号)

注:截至 2016 年 12 月的不完全统计。

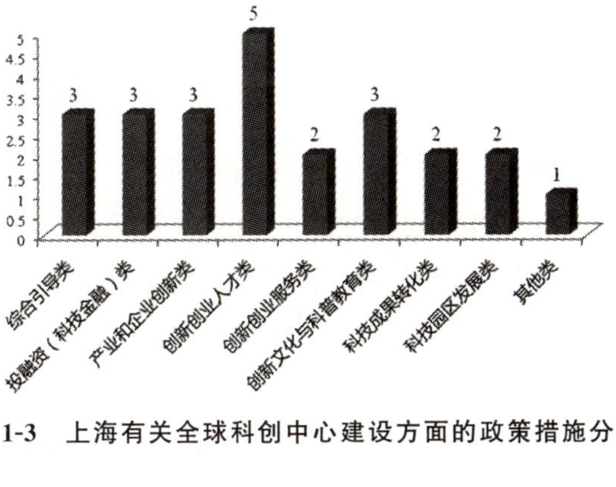

图 1-3　上海有关全球科创中心建设方面的政策措施分类

1. 建立符合创新规律的政府管理制度

坚持市场导向,以互联网思维创新政府管理和服务模式,充分发挥市场配置资源的决定性作用,释放全社会创新活力和潜能。

第一,减少政府对企业创新创业活动的干预,完善事中事后监管,以"管"促"放",深化商事制度、"多规合一"等改革,建立符合创新规律的政府管理制度。对国有企事业单位技术和管理人员参与国际创新合作交流活动,取消因公出境的批次、公示、时限等限制。

第二,改革政府扶持创新活动的机制,完善政府采购促进中小企业创新发展的相关措施,加大对创新产品和服务的采购力度;加强对创新产品研制企业和用户方的双向支持,促进创新产品研发和规模化应用。

第三,改革科研项目经费管理机制,简化科研项目预算编制,改进科研项目结余资金管理,实施科研项目间接费用补偿机制,完善对基础前沿类科技工作持续稳定的财政支持机制,为科学家静下来潜心研究和自由探索创造条件;对市场需求明确的技术创新活动,通过风险补偿、后补助、创投引导等方式发挥财政资金的杠杆作用,促进科技成果转移转化和资本化、产业化。

第四,建立财政科技投入统筹联动机制,建立公开统一的科技管理平台,统筹衔接基础研究、应用开发、成果转化、产业发展等各环节工作,优化科技计划(专项、基金等)布局,梳理整合和动态调整现有各类科技计划(专项、基金等)。

第五,建立上海科技创新评价机制,综合评价上海科技创新总体发展情况,定期发布上海科技创新指数。

第六,完善促进创新发展的地方性法规,制定或修订技术转移等地方性法规,制定促进张江国家自主创新示范区发展的政府规章。

2. 构建市场导向的科技成果转移转化机制

建立科技成果转化、技术产权交易、知识产权运用和保护协同的制度,确立企业、高校、科研机构在技术市场中的主体地位,强化市场在创新要素配置中的决定性作用。

第一,下放高校和科研院所科技成果的管理、使用和处置权,由高校和科研院所自主实施科技成果转移转化,主管部门和财政部门不再审批或备案,成果转化收益全部留归单位,不再上缴国库。

第二,改革高校和科研院所管理体制,推行章程式管理考核模式,探索理事会制度,推进取消行政级别,建立上海科研院所联盟,统筹配置相关创新资源,组织科研院所开展协同创新。

第三,实行严格的知识产权保护制度,建立知识产权侵权查处快速反应机制,完善知识产权行政管理和执法“三合一”机制,建立知识产权信用体系,加强知识产权综合行政执法,强化对侵犯知识产权等失信行为的联动惩戒。

第四,建立知识产权资本化交易制度,简化知识产权质押融资流程,拓展专利保险业务,建立知识产权评估规范。严格按照国家规定,探索开展知识产权证券化业务。

第五,探索新型产业技术研发机制,形成购买服务、后补助、奖励等财政投入与竞争性收入相协调的持续支持机制,培育新型产业技术研发组织。

3. 实施激发市场创新动力的收益分配制度

充分发挥利益导向作用,建立尊重知识、尊重创新、让创新主体获益的创新收益分配制度,完善创新业绩考核、长期激励和职务晋升制度,激发市场主体的创新动力。

第一,完善职务发明法定收益分配制度,制定职务发明方面的政府规章,建立职务发明法定收益分配制度,确定科技成果收益分配的方式、数额和比例,适度提高骨干团队和主要发明人的收益比例。

第二,完善股权激励制度,鼓励符合条件的转制科研院所、高新技术企业和科技服务机构等按照国有科技型企业股权和分红激励相关规定,采取股权出售、股权奖励、股权期权、项目收益分红和岗位分红等多种方式开展股权和分红激励。

第三，完善创新导向的国企经营业绩考核制度，突出创新驱动发展，完善国有企业经营业绩考核办法，建立鼓励创新、宽容失败的考核机制，落实创新投入视同于利润的鼓励政策。

第四，创新国资创投管理机制，允许符合条件的国有创投企业建立跟投机制，并按市场化方式确定考核目标及相应的薪酬水平。

第五，实施管理、技术“双通道”的国企晋升制度，改革国有企业技术人员主要依靠职务提升的单一晋升模式，拓宽技术条线晋升渠道，鼓励设立首席研究员、首席科学家等高级技术岗位，给予其与同级别管理岗位相一致的地位和薪酬待遇。

4. 健全企业为主体的创新投入制度

建立有利于激发市场创新投入动力的制度环境，发挥金融财税政策对科技创新投入的放大作用，形成创业投资基金和天使投资人群集聚活跃、科技金融支撑有力、企业投入动力得到充分激发的创新投融资体系。

第一，强化多层次资本市场的支持作用，支持科技创新企业通过发行公司债券融资，支持政府性担保机构为中小科技创新企业发债提供担保或者贴息支持。

第二，鼓励创业投资基金和天使投资人群发展，对包括创业投资基金和天使投资人在内的上海市各类创业投资主体，上海市以不同方式给予有针对性的支持和引导，有效激发各类创业投资主体对处于种子期、初创期创业企业的投入。

第三，创新和健全科技型中小企业融资服务体系，成立不以营利为目的的市级信用担保基金，为科技型中小企业提供信用增进服务，完善上海市科技企业和小型微型企业信贷风险补偿办法，优化补偿比例和门槛设定机制。

5. 建立积极灵活的创新人才发展制度

建设一支富有创新精神、勇于承担风险的创新型人才队伍，充分发挥市场在人才资源配置中的决定性作用,建立健全集聚人才、培养人才的体制机制,创造人尽其才、才尽其用的政策环境。

第一,打造具有国际竞争力的人才引进制度,开展海外人才永久居留、出入境等便利服务试点和在沪外国留学生毕业后直接留沪就业试点,加大企业高层次人才引进力度,取消海外高层次人才引进的年龄限制,允许符合条件的外籍人士担任国有企业部分高层管理职务,推进张江国家自主创新示范区建设国际人才试验区,建设海外人才离岸创业基地。

第二,打通科研人才双向流动通道,科研人员可保留人事关系离岗创业,在3—5年的创业孵化期内返回原单位的,待遇和聘任岗位等级不降低。探索支持高校形成专职科研队伍建设机制。探索建立弹性学制,允许在校学生休学创业。

第三,改革高校人才培养模式,探索校企联合培养模式,试点建立“学科(人才)特区”,力争2020年前20个左右一级学科点和一批学科方向达到国际一流水平,培育一批在国际上有重要影响力的杰出人才。

第四,完善高校和科研机构考核聘用机制,支持部分高校推进“长聘教职制度”,实施“非升即走”或“非升即转”的用人机制。

第五,有效配置高校的创新资源,落实高校办学自主权,逐步将市属高校经常性经费比例提高到70%,实现市属和部属高校的统一,鼓励市属和部属高校协同创新,支持上海市统筹用好各类创新资源。

6. 推动形成跨境融合的开放合作新局面

坚持扩大对内对外开放与全面增强自主创新能力相结合,发挥上海自贸试验区制度创新优势,营造更加适于创新要素跨境流动的便利环境,集聚全球创新资源,全面提高上海科技创新的国际合作水平。

第一,加大对境外创新投资并购的支持力度,支持上海市企业直接到境外设立基金开展创新投资,鼓励上海市创业投资、股权投资机构加大境外投资并购,支持其与境外知名科技投资机构合作组建国际科技创新基金、并购基金。

第二，大力吸引境内外创投机构落户上海，积极吸引具有国内外综合优势的基金，在自贸试验区开展境内外双向直接投资。

第三，积极发挥外资研发机构溢出效应，鼓励外资研发中心与上海市高校、科研院所、企业共建实验室和人才培养基地，联合开展产业链核心技术攻关。

第四，加强国内外创新交流服务平台建设，支持本土跨国企业在沪设立和培育全球研发中心和实验室，加强联合攻关，鼓励上海市高科技园区创新国际科技合作模式，与重点国家和地区共建合作园、互设分基地、联合成立创业投资基金等，用好中国（上海）国际技术进出口交易会等国家级科技创新交流平台，吸引全球企业在上海发布最新创新成果。建设国际技术贸易合作平台，发挥上海国际技术进出口促进中心、国家技术转移东部中心、南南全球技术产权交易所等的作用，健全面向国际的科技服务体系，形成国际化的科技创新成果发现、项目储备对接和跟踪服务机制。

第三节　创新治理体系：上海建设全球科创中心的制度构建

一、科技体制嬗变：从科技管理转向创新治理

“治理”一词来源于公共管理领域。根据全球治理委员会的定义，治理是各种公共的、私人的机构和个人，管理共同事务诸多方式的总和，它是使不同甚至相互冲突的利益得以调和并且采取联合行动的持续过程。[①] 在治理的理念视阈中，政府、企业和社会组织之间不是零和博弈，而是正和博弈，其合作将产生“1＋1＋1＞3”的效果。政府的宏观调控职能、企业的市场主体作用与社会组织的网络能力，相互配合、彼此补充，协同推动一个国家或地区向着更好的、更健康的方向发展。创新治理是指

① 黄珊.国外大都市区治理模式.东南大学出版社，2003：5-6.

治理理念、结构、模式等在科技公共管理中的运用，是公共治理理念在科技创新领域的延伸，[①]它强调创新管理决策、创新政策制定过程中的多方主体的参与性、合作性以及民主性，是近年来世界各国科技宏观管理的新趋势。

1. 科技管理—创新管理—创新治理：我国科技管理体制的历史演化

在科技体制改革方面，我国经历了由政府主导下的"科技（研发）管理"到发挥市场基础性作用的"创新管理"再到发挥市场决定性作用的"创新治理"的转变（表1-5）。

新中国成立后，我国采取了高度集中的计划经济体制，在科技创新领域也实施了统一计划调配的举国体制，政府在科技创新事务中进行全面管理甚至牵头组织实施科技创新活动。1978年党的十一届三中全会特别是20世纪80年代初期启动科技体制改革以后，在面向市场转型中，注重政府管理和市场机制的相互协调，重视发挥市场配置创新资源的基础性作用。21世纪以来，随着科技创新战略地位的逐步提升，特别是由于国家创新系统的建设和完善，参与创新活动的主体和要素日趋多元，开放、协同、融合成为创新管理和创新服务的重要取向。党的十八届三中全会提出了推进国家治理体系和治理能力现代化的目标，国家创新治理体系和治理能力现代化折射在科技创新领域，就是创新治理体系和治理能力的现代化。可以说，十八届三中全会提出的治理理念和目标追求，成为我国推进创新治理的里程碑，由此，我国科技体制机制改革进入了推进创新治理体系和治理能力现代化的新阶段。

"科技（研发）管理"更多面向的是科研单位，更多运用的是管理手段，更多聚焦的是研发（或科学技术开发）环节，更多着力的是组织科研活动。"创新管理"面向的是产学研用、大中小微等各类创新主体，围绕从研发到产业化应用的创新全链条，采取的主要是服务方式。从"科技管理"到"创

---

① 陈套，尤超良. 我国科技创新系统的治理与创新治理体系建设. 科学管理研究，2015(4).

新管理”，虽然强调了政府管理部门对创新主体的服务功能，但两者都隐含了政府的主导作用和“居高临下”的地位，而在“创新治理”的理念中，政府只是创新网络中的一员，政府这个主体与其他主体处于平等的地位，不同主体之间相互制约、相互协同。

表 1-5 我国科技管理体制的演进历程

	科技管理	创新管理	创新治理
背景	计划经济时代，市场机制极少运用	市场转型时代，充分发挥市场配置资源的基础性作用	成熟市场时期，让市场发挥决定性作用
主体	政府	政府、企业、高校、科研院所、中介组织、金融机构等	政府、企业、高校、科研院所、中介组织、金融机构等
理念	管理和控制	管理、控制及服务	多元参与、民主协商和依法治理
对象	R&D 活动、科学技术	各类创新要素，如资金、人才、成果等	创新体系，产业链、创新链或价值链
工具	行政、科技计划	法律法规、政策以及科技计划等	结构式的控制工具、合同式诱导工具和互动式影响工具交互使用
结构	行政主管部门一学研机构的双向线性结构，更多的是科层式管理	政府科技管理部门、不同创新主体的有限互动，更多的是系统化管理	多层级、多中心、网络化的治理结构。从层级上可分为国家创新治理体系、区域创新治理体系、国家一区域协同治理体系等；从治理主体上可分为政府、企业、科研机构、社会组织协同治理

(续表)

	科技管理	创新管理	创新治理
模式	政府部门是主要管理者,分配科技资源,制定科技政策,围绕研发链展开科技管理工作,管理的重点集中围绕高校、科研院所等科技研发部门内部,关注科学发现和技术发明,忽视或不太重视成果商业化	政府部门是主要管理者,但在科技政策及计划制订等方面较多地听取来自创新主体的意见和建议	由公共和私人部门、个人和机构共同管理公共事务,多主体、多层次、网络化的公共治理模式越来越被认可和接受

2. 创新治理的意义及必要性

多主体、多层级、多中心、网络式、参与型的创新治理理念,旨在提高创新效率,降低创新成本,提升创新资源的配置效率及科技创新与社会、经济等方面的发展协同。

第一,创新治理有利于促进创新资源共享,提高资源配置效率。目前制约我国资源配置的一大问题是条块分割,科技经费分散在不同部门、不同地方。条块分割时常导致国家治理的碎片化状态,正如美国著名中国问题专家李侃如所说,实际上是"支离破碎的权威主义"①,应该整合的没有整合,应该制约的没有制约。这就形成了部门主义、分散主义、地方主义尾大不掉,以及"政府权力部门化、部门权力利益化、部门利益个人化"的现象。

随着现代科技的发展,重要科技创新成果的诞生往往需要跨行业、跨

① 孙福全.推进国家创新治理体系和治理能力现代化.科技日报,2014-11-03.

部门、跨学科、多元主体的网络式合作，这对打破部门界限，促进创新资源共享共用提出了更高的要求。创新治理可以通过加强多部门的联合与协调，推动跨组织联结互动，调动多元主体协同参与，通过创新公私部门合作机制等多样化的联合行动，来共同促进创新资源的共享、提升创新资源的配置和使用效率。

第二，创新治理有利于缓解“政府失灵”，提高政府创新服务效能。在创新治理体系下，政府、大学、研究机构、企业、中介结构等结合为一个有机整体，创新成为在分工基础上的彼此合作、相互协调的行为。创新治理对政府行为提供了约束规则，同时也为发挥各类创新主体在创新中的独特作用提供了重要的制度保障。与其他组织和主体相比，政府在一些方面具有独特的优势。在现代社会条件下，只有政府才有能力将科技活动和经济活动统一起来；只有政府才能够为知识创新提供各种法律法规保护和政策支持；只有政府才能协调好企业、教育和科技等机构之间的联系。但是，由于政府的创新政策可能导致其他市场主体经济动机的扭曲，尤其在发展中国家和地区，当受过训练的行政管理人员的供给非常有限时，官员的官僚主义行为不仅会损害政府政策的实际效果，而且还会危害本来就很脆弱的市场机制。这个时候就很有必要建设一套完备的创新治理机制来有效防范“政府失灵”。因为在现代科技创新活动中，创新已不再是在线性序列上单向作用的产物，而是不同行为者和社会建制相互作用的结果。各类创新参与主体的作用发挥及政府的多元约束可以抑制政府对创新的过度干预，可以有效防范政府行为对创新活动的扭曲。

上海建设全球科创中心需要形成以市场为导向的创新管理体制机制。以市场为导向，发挥市场配置创新资源的决定性作用，并非要否定政府的作用，而是要求政府更好地发挥作用，沿着市场起作用的方向发力，为市场在创新资源配置中发挥决定性作用创造良好的环境。

第三，创新治理有利于克服“市场失灵”，提高市场运行效率。知识是一个多层次的体系，在市场机制的调节下，那些具有公共物品性质的知识的有效供给会出现短缺，因此，市场在基础研究、公益性知识等方面存在失灵问题。传统的解决方法，一是加强政府在创新中的作用，对于社会必需但私人不愿意或无力进入的基础研究和技术领域，由政府投资或给予资金支持；二是建立健全知识领域与经济活动之间的中介机构；三是扩大对外技术交流；四是开辟高新技术园区等。在没有完善的创新治理体系和治理机制的前提下，这些措施虽然可以发挥一定的作用，但是它们之间缺乏协调，不能形成组合效应。例如，由政府支持公益性知识的研究虽然可以一定程度地缓解这些知识有效供给不足的难题，但却容易导致公益性知识研究与经济社会发展相脱节的问题。

完善的创新治理体系既可以发挥市场机制在竞争性领域的驱动作用，又可以克服在非竞争性领域的“市场失灵”问题。这是因为，创新治理体系可以保障技术的私人性和公共性的合理平衡，在有效避免私有化弊端的同时保护创新者追求利益的动机。

第四，创新治理有利于缓解“系统性失灵”。所谓“系统性失灵”，是指创新系统中的各行为主体之间缺乏协调，公共研究部门的基础研究和产业部门的应用研究彼此错位，技术转移机制不健全和信息机制残缺，企业的技术吸收能力薄弱等因素导致国家或区域创新能力贫乏的一种状态。“系统性失灵”势必妨碍技术开发和技术创新，完善创新治理体系则有助于在制度和政策层面缓解和纠正“系统性失灵”。

创新治理本身是一个强调系统化的社会工程，它维护市场机制，但也主张发挥政府的主导作用；它强调企业是创新的主体，但也重视大学和研究机构的重要作用。创新治理有利于促进知识、信息等创新要素在不同创新人员、企业和研究机构之间的流动及融合。知识的流动是创新过程的关键，创新和开发是创新体系中的企业、大学和科研机构等行为者一系列复杂的相互作用的结果。对于政策制定者来说，树立治理的理念有助于找准提高创新能力和竞争力的关节点，有助于找到与制度和政府政策相关的“系统性失灵”问题。从创新治理的角度看，政策就是为了改进在创新体系中的行为者和制度联系的结构，目的在于提高企业的创新能力，特别是企业消化和吸收技术的能力。

3. 创新治理的基本模式

随着创新治理的发展，如何构建适应当前科技发展需要的治理模式成为国内外研究热点。总体上看，目前比较典型的创新治理模式主要有三种：

(1) 多中心协同治理模式。该模式主张在国家科技创新行政机关之外由一个或多个公共机构直接从事科技创新公共事务的治理，安排集体决策过程中的利益相关者进行对话、协商，倡导通过公共论坛的形式开展合作，注重对话的及时性、主体间的信任与相互依赖。论坛自身是由公共机构发起的，参与者也包括非国家行动者，参与者可以直接决策，而且论坛是具有正式组织的(图 1-5)。多中心协同治理模式的对象不仅包含公民个人及其参与的有组织的团体，也涵盖公共机构和非政府利益的相关者；参与形式不仅仅是协商，也有双向沟通和相互影响。

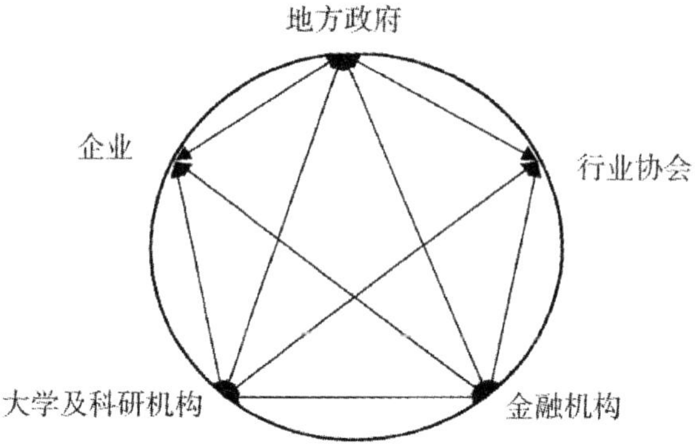

图 1-5　多中心协同治理模式

(2) 多中心网络化治理模式。该模式倡导主体间的谈判，将政府角色从决策和执行转变为指导和协调，赋予地方自主权，丰富治理体系的主体层次，实现治理主体多元化和决策合理化。例如，随着欧洲一体化的深入以及成员国间科技合作的增多，在欧盟范围内，国家将不再是原有科技政策的制定者和主导者,科技政策制定主体多元化,跨区域、跨国科技政策已经成为各国乃至欧盟科技政策的重要组成部分,各国的科技政策体系多元化程度进一步加强,欧洲科技发展已经越发呈现出多主体参与、政府居中协调的特点,而科技政策制定和执行中体现出的集权和分权也将成为欧洲今后科技政策发展的趋势。

(3)多层级治理模式。该模式侧重于体现国家和地区政府间就科技政策制定、监管以及转化间的协商、互助与博弈过程。法国就是多层级治理模式的典型案例。法国的多层级模式是在欧洲一体化进程中权力下放的环境下逐步构建出的,鉴于各地区科技发展水平和层次的不同,倡导各地不同的科技发展需要与中央政府统一的科技政策之间进行对话和谈判。该模式假定权力多元化,倡导多个行动者之间共享特定的资源,注重各级政府政策的特殊性,不主张完全统一的科技政策,主张在竞争之下进行谈判和协商,倡导各地之间以及各地和中央政府之间的互助和博弈,但保留中央政府在科技政策制定和施行中的权威性,协调中央政府和各区域以及各区域之间的利益均衡。多层级治理模式所要实现的是一种半自治的权力,由平等行为主体互相支持,而不是成为几个独立的分支机构,它要达到的是一种自上而下、自下而上的网络治理模式,而地方政府和中央政府间的独立程度正是界定这种网络治理的特点。在多层级治理模式构建过程中,需要实现公共权力和私人权利的分离,而这一过程本身需要中央政府的干预指导。

综上所述,无论是何种创新治理的模式,多中心、多层级、多主体参与都是其共同的基本特征。创新治理需要建立一种开放的管理过程,注重不同主体共同参与的包容性治理,倡导在框架内开放对话,将科技创新系统视为一个整体,以一种反思和包容性的形式对科技创新公共事务进行管理。“参与”“协商”“合作”是科技创新治理的三个关键词,从政府单一主导的科技创新管理到倡导多元主体参加的联合治理,逐渐形成政府、市场、社会和谐共生的治理格局。

4. 创新治理的主要特征及基本要求

创新治理理念强调参与创新的各类主体间的分工、配合与协同。在国家治理体系内，政府部门并不完全垄断和支配一切科技创新资源，拥有科技创新资源、承担科技创新发展使命的还有企业、学校、科研机构、社会组织等主体。创新不再只靠市场和政府力量推动，还必须依靠社会组织的积极介入。社会组织非营利性、非政府性的特点，决定了它能在政府和市场之外的“第三域”发挥独特作用。例如，基金会作为一种民间筹款机制，可以投资被政府和企业忽略的科学研究领域，形成多元化科技投入机制；科技社团作为科技工作者的社会组织，能够提供科普、信息等公共服务；行业协会可以架起沟通企业和政府的“桥梁”，充分发挥政策协调职能，促进创新政策的有效落实。作为政府、市场和社会三方协同的运作设计，创新治理通常具有以下典型特征和基本要求：

第一，创新治理必须遵循科技创新规律。科技规律与经济规律既有机联系又相互区别，不能简单地以经济建设的思维模式来管理科技工作。经济建设活动（项目）一般都有严格的路线和实施方案，有比较明确的投入产出关系，其效果也可在一个比较短的时期内显现出来；而科研活动通常难以确定具体的路线和实施方案，也不能用工程化的思维来推进，很难明确界定投入和产出的关系，其效果的显现存在不确定性。因此，考察科技对经济社会发展的支撑作用，重点是看科技成果转化为现实生产力的程度，核心是促进技术的流动、转移和交易。对科技投入的绩效评估，也不能单纯从经济效益来考察，而要综合考虑科技项目的经济效益、社会效益、生态效益等。

第二，创新治理必须达到政府、市场和社会的平衡。科技产品具有公共产品、私人产品和混合产品的综合属性，科技管理要找准政府、社会、市场三者的平衡点。科技产品可划分为私人产品、公共产品及具有公共产品性质和私人产品性质的混合产品。公共产品包括基础性强、共性强的科学知识及技术成果，其供给具有成本高、规模大、周期长和收益低等特点。公共产品主要是公共投资生产的,在管理上要求公共决策和公共监督,政府在管理过程中要表现出高度的公平公正性和信息透明度。私人产品在科技管理领域更多地表现为企业为获得竞争优势所需的技术,包括专利、专有技术等。混合产品是介于应用研究与产品开发之间的技术、高风险的技术开发等,处在公共产品和私人产品之间。科技管理要区分并充分发挥好政府、市场、社会三种力量。政府是公共科技产品(如基础研究、一部分公益技术和科技基础设施建设等)的投入主体;企业则多介入风险低、竞争性高的私人产品领域(如专有技术的研发、竞争性技术产品的生产和产业化等)。而混合科技产品,如应用研究、竞争前技术、战略技术的研究开发主要是为了地区利益和社会公众利益,一般由政府投资,但由于个人或企业也可以受益,在政府投资分担风险,并给予其相应的权益情况下,一些有实力的企业为某种竞争战略,有可能与政府共同投资。各类社会组织则在"市场失灵"和"政府失灵"的地方提供中介服务。

第三,创新治理必须有利于提高创新资源配置效率。科技创新资源具有稀缺性,优化配置科技创新资源、提高资源利用效率是科技创新治理的核心和关键。科技创新资源不仅是科技创新的基本材料,也是国民经济和社会发展的战略物资,是原始创新和获得知识产权的主要来源。稀缺性是科技创新资源的本质属性。科技资源的稀缺性迫使人们去研究它的最佳配置以及如何实现这种最佳配置。优化配置科技创新资源、提高资源利用效率也就成为一切科技管理工作的核心和关键。要聚焦有限目标,对各个相对独立的科技活动单位、功能结构及其互动关系进行融合、类聚和重组,重新结成为一个新的有机整体,形成一个效能更好的、效率更高的新的科技资源体系,加快现有资源的高效利用、分散资源的集中利用、不同资源的综合利用,变"有限资源"为"无限效率"的根本途径,全方位地为科技创新提供保障。

第四,创新治理具有多元参与的本质特点。参与创新治理的主体包括政府管理部门、各类创新主体和创新中介服务组织。创新主体(科技组织）又可以分为主要从事基础研究的公益性组织和主要从事以营利为目的的商业性组织——企业，以及介于两者之间的半公益性组织，如行业协会、科技社团等中介服务机构等。这些主体间相互依存，以共同的价值观为指导，以达成共同立场为目标进行协商、谈判，通过合作的形式，来解决各个层面上的科技创新发展问题。创新治理需要基于不同主体的特征和利益诉求，加强信息互通、加快构建创新治理体系，有机整合参与创新系统行为的各个方面、各种要素，从而形成机制性的分工与合作、社会化的创新氛围和千军万马参与创新的局面，科技管理部门要从过去单纯着眼于一个个微观项目，事事亲力亲为，转而注重宏观考量，重心放在挖掘、整合、优化丰富的科教资源上，进而调动各方积极性，组织科技攻关的“大合唱”，实现从“单打独斗”走向“合纵连横”。

二、创新治理体系：实现创新治理的制度保障

创新治理体系是创新治理研究的核心概念之一，它是指管理科技创新的制度体系，包括科技创新的体制机制和法律法规安排，具有多主体、多层次和互动性等特征。创新治理体系是实现创新治理的根本制度保障，只有构建完善的创新治理体系才能提高创新治理能力，才能实现高水平的创新治理。

1. 创新治理体系的内涵及构成要素

创新治理体系是创新主体、创新要素之间相互作用而形成的以体制、机制、制度、政策为核心依托的创新活动管理运行体系。创新治理体系包括核心层的价值导向、中间层的制度安排和外围层的政策工具。在这个体系中，主要包括三类要素：一是参与治理的主体，主要包括政府、大学和科研院所、企业、中介组织和社会组织等；二是创新治理的对象，即治理客体，主要是指创新活动所需的各类创新要素，如知识、创新成果、创新资金、创新基础设施等；三是治理主体之间、治理客体之间以及主体和客体之间相互作用的方式和途径，主要包括与创新密切相关的各类制度安排、

政策设计及法律法规等,也包括影响创新活动的各类非制度性的行为规范、道德因素及风俗习惯等等,如科学家共同体的基本规范等。

2. 创新治理体系的运行机制

创新治理体系能否正常或高效地运作,关键在于主客体之间的制度设计和机制安排。一般而言,在创新治理体系中,主要的运行机制包括约束机制、激励机制和协调机制等。

(1) 约束机制。约束机制是对创新系统内部违约者的惩罚制度,通过约束机制直接对系统成员的行为作出限定,防止某些有害行为对创新系统的整体性和创新能力等造成破坏,包括限制性进入机制(如申请政府资助项目的条件要求)、第三方评估机制、司法惩罚机制(如知识产权保护等)和创新系统内部的行业规范(如科研道德、创新文化)等。

(2) 激励机制。激励机制是指通过对创新治理体系各参与主体各方成本和收益的内化,抑制"搭便车"等机会主义行为,即通过声誉机制、收费和价格机制来让多中心主体了解违约的机会成本和合作所带来的收益,收益大于成本的部分就是激励机制的激励根源。在创新系统中,不同创新主体资源相互依赖,价值共同创造和分享,作为"经济人"的成员各方可能会试图少做贡献而多分享价值,这些机会主义行为使整体的创新能力下降和优势丧失。治理主体根据各自的利益诉求而参与创新系统的治理活动,可以抑制短期行为的冲动,为树立和维护良好的信誉提供较强的激励。

(3) 协调机制。协调机制是指不同创新主体之间得以相互接触,实施对资源、技术和知识的共享,形成相互的信任,使得各治理主体在治理目标上达成一致。协调机制包括知识交流和共享机制、文化机制、资质标准化、信任机制等。

三、多元共治模式:全球科创中心的必然选择

从纽约、伦敦、东京等全球典型的科创中心的治理模式来看,多元主

体共治几乎是所有全球科创中心城市的共同特点。一般而言，参与全球科创中心创新治理的多元主体有政府管理部门，高校、科研院所和企业等创新主体，科技社团、中介组织等社会组织，以及金融机构等支持机构，它们在创新治理体系和过程中的功能定位各有不同。

1. 政府：全方位支持与方向性引领

政府是城市和区域发展中的能动性要素，是“游戏规则”的制定者、创新环境的维护者和创新氛围的塑造者。政府的积极参与往往能在很大程度上决定城市未来的发展方向，它是创新的直接投入者、创新发展蓝图的规划者、创新政策和法律法规的制定者。在三螺旋模型中，政府是拥有优先特权的核心主体，对城市外部环境、内部要素以及产业研发活动本身都能产生重大影响，不仅主导着产业与大学之间的合作，为两者牵线搭桥，同时还提供相应的政策支持与协调引导。因此，它在全球科创中心的发展中扮演着宏观管理者和利益平衡者的角色。

2. 企业：创新的核心主体

国家创新系统理论将企业作为创新的领导和关键角色，认为企业是创新之源，也是技术与经济结合的关键环节。企业是科技创新的主导者，而引擎企业或龙头企业是城市和区域科技创新的发动机，对整个城市的科技创新活动具有带动和组织作用。当然，大企业的成长是以大量中小企业的存在为前提的。一个城市的创新活力来自于大量中小科技企业，特别是新创企业的集聚，但只有从中小企业中成长出若干或一批世界级的引擎企业才是全球科创中心形成的重要标志。引擎企业不仅集中了某一行业绝大部分研发投入与产出、带动着产业链上下游企业以及相关配套产业的发展、引领区域产业集群，而且还成为全球创新行业发展的风向标。它们还是技术的“溢出”者，许多新技术和新企业的诞生都是来自大企业的“溢出”效应。

3. 大学和科研院所：基础研究和人才培养的主阵地

大学和科研院所作为专业人才和知识技术的重要摇篮，在区域创新发展中具有独特的作用,是创新治理的重要力量。在全球科创中心的形成和发展中,世界一流大学具有三大功能:知识输出、人才培养和创新实践。现代大学集人才培养、科学研究和创新创业于一体,为城市科技创新发展提供源源不断的优质人才。如果把大企业比作科创中心成长的发动机,大学就是发动机燃料的供应者。大学是人才培养的摇篮和科学研究特别是基础研究的主阵地,是城市创新氛围的塑造者。自从20世纪30年代斯坦福大学的弗雷德·特曼(F. E. Terman)教授把"创新"引入大学以来,现代大学在技术实践和技术商业化方面发挥着重要作用,大学与产业界的联系日益紧密,创新和创业成为研究型大学的新使命。科研院所曾经是我国科研五路大军之一,在创新治理和创新体系中,科研院所与高等学校类似,主要从事知识的生产活动,部分科研院所也具有人才培养功能。但与高校相比,科研院所的知识生产活动更多是应用基础研究,对促进基础研究知识的转移转化和应用具有重要作用。

4. 金融机构:创新的供血机制

金融在现代市场经济中处于核心地位,是连接各要素市场的纽带。金融为科技创新及成果转化提供资金支持,是科技创新的供血机制。科技创新具有高投资、高风险的特点,尤其是科技成果转化为新产品进入市场之前的环节对于资金的需求极大,如果资金链断掉,则往往意味着新产品的夭折,也意味着科技成果转化的失败。政府的投资相对于需求来说是不足的,如果有大量风险投资机构和金融机构愿意投入,对于科技成果转化将起到极为关键的作用。由于大多数风险投资机构和金融机构都是以营利为目的的,具有控制投资风险的本能需求,而对科技成果转化的投资面临较高的不确定性,因此对于这两类机构的介入,需要政府引导作用的发挥和担保机构的积极参与。政府的引导作用主要是在政策上对于相关投资机构和金融机构给予税收优惠;而担保机构的积极参与则是在企业的资金需求与两类机构的避险要求之间提供一个中间缓冲带,分散投资风险。

5．社会组织：专业服务与端点链接

在创新系统的治理中，包括科技社团、行业协会以及各类科技中介服务机构在内的社会组织是极为重要的主体力量。社会组织是创新网络中的一个重要节点，是和企业、政府、大学及科研院所等相互依赖、相互作用的利益主体和治理主体。社会组织在创新治理中的作用主要体现在两个方面：一方面，提供专业化服务，包含高科技产业孵化器、创新服务平台等多种类型，它们可以提供有关科技创新的全方位服务，对科技创新发展具有重要的推动作用，此外如市场、管理、人力、财务、金融、法律等也是其提供服务的重要内容。另一方面，促进各创新主体多中心连动和创新网络端点链接，优化创新创业氛围。产业界、大学及科研院所、政府等具有不同资源优势的创新主体进行合作交流形成的制度创新，是区域创新网络的基础，这种制度创新能够确保企业、高校和科研院所的主体性，有利于改善创新系统的治理结构，优化创新系统的创新氛围。

第二章

柔性编织网络：全球科创中心建设中社会组织的功能定位

按照组织社会学理论，在现实社会中的各类组织都有其特定的核心功能，并形成与核心功能相匹配的价值理念和组织使命，这也构成了各类组织存在和发展的初始合法性。在全球科创中心建设中，社会组织的功能定位既取决于全球科创中心本质特征的要求，也取决于社会组织所具有的独特优势。从这个意义上说，全球科创中心所具有的网络化特征，要求社会组织发挥柔性编织创新网络的作用。

第一节　社会组织及功能分析的理论基础

一、社会组织发展的基本理论解释

在社会学研究中，社会组织分为广义与狭义两种定义。从广义的角度，社会组织是指为了实现特定的目标而有意识地组合起来的社会群体，如企业、政府、学校、医院、社会团体等，是人们为了特定目的而组建的稳定的合作形式。从狭义的角度，社会组织是指在政府、市场、社会之间发挥服务、沟通、协调、公证、监督等作用的非政府、非营利的社团、行业组织、社会中介组织、志愿者团体等。[①] 本书所论述的社会组织是狭义层面

① 王思斌. 社会学教程(简明版). 北京大学出版社，2012：76-77.

的社会组织。

西方学者研究认为，在整个社会中的各类组织可以划分为五种基本类型：第一类是经营性组织，即以利润最大化为目标的企业组织；第二类是行政性组织，即以行政权力为基础对整个社会实施管理的政府组织；第三类是互益性组织，主要是指满足成员共同利益的组织，如职业组织、行业协会、工会、政党、文艺团体、兴趣团体和教会组织等；第四类是社会服务性组织，主要是指致力于服务对象利益的组织，如学校、医院等；第五类是公共服务性组织，主要是指服务于社区成员公共利益的组织，包括图书馆、博物馆、体育场馆等。[①] 在上述五大类组织中，除了第一类经营性组织和第二类行政性组织之外，其他三类都可以归入社会组织的范畴。

与任何其他社会现象一样，社会组织的出现是值得关注的，背后具有深层次的理论蕴含。国内外学者围绕社会组织的产生、运作和治理等方面开展了深入的研究，产生了海量的研究文献，形成了不少具有影响力的理论解释。对此，已有学者做了一些整理工作，以下根据研究成果出版的先后顺序进行梳理。

王绍光认为，社会组织相关的理论包括市场失灵/政府失灵理论、合约失灵理论、供给理论、志愿失灵理论。[②] 我国台湾地区学者王仕园、官有垣和李宜兴从经济学和社会学两大学科的视角对社会组织的相关理论进行了分类，前者包括公共物品理论、政府失灵理论、契约失灵理论、消费者控制理论、企业家理论等，后者包括组织生态学理论、资源依赖理论、制度学派理论、社会资本理论、公民社会理论等。[③] 王名从经济学、政治学和社会学的视角进行了梳理：从经济学视角看，这些相关理论包括市场失

---

① 王绍光. 多元与统一——第三部门国际比较. 浙江人民出版社，1999：107-114.

② 同上书：30-46.

③ 王仕园，官有垣，李宜兴. 非营利组织的相关理论//萧新煌，官有垣，陆宛苹. 非营利部门：组织与运作(第二版). 巨流图书股份有限公司，2009：13-31.

灵、政府失灵、社会组织的积极角色;从政治学视角看,着眼于社会组织与国家、市场和利益群体的相互关系,社会组织具有保护公众免受国家权力之害、对国家的积极建设作用、作为利益群体而存在的意义等;而从社会学视角看,社会组织发挥的作用包括社会自我治理、社会连接相互信任的生态、价值关怀。[①] 徐家良对西方学者和我国学者发展的理论解释进行了区分,前者主要包括政府失灵、市场失灵、志愿失灵、市民社会、第三方治理理论,后者则包括合法性理论和双重赋权理论。[②] 康晓光从政治社会学和公共管理学的视角进行了分类,前者包括多元主义、法团主义、市民社会反抗国家、行政吸纳社会、极权主义理论,后者包括政府失灵、契约失灵、志愿失灵、公共治理理论。[③]

可见,不同学科对社会组织都有关注,但关注点是不一样的,由此发展出不同的理论解释(表 2-1)。总体而论,经济学更多是从供给方和需求方的角度来解释社会组织的存在,包括政府失灵、合约失灵、志愿失灵等理论。社会学视角自然是关注社会组织的社会属性,将其视为一种社会结构来进行分析,包括组织生态学、资源依赖、社会资本等理论。政治学主要关注权力的分配,社会组织与民主之间的关系更为学者们所关注,包括多元主义(公民社会)、法团主义等理论。而公共管理学关注政策过程和具体的治理问题,在新公共管理时代研究者越来越意识到社会组织对国家和社会治理的重要性,包括民营化和合作治理等理论。以上只是从不同学科的角度,对社会组织理论视角的初步划分。实际上对于经验现象的解释和理论的发展往往是跨学科的,很难区分学科之间的界限。

---

① 王名.社会组织概论.中国社会出版社,2010:38-46.

② 徐家良.社会团体导论.中国社会出版社,2011:27-33.

③ 康晓光.非营利组织管理.中国人民大学出版社,2011:203-216.

表 2-1 社会组织的多元理论视角

学科	名称
经济学	政府失灵
	合约失灵
	志愿失灵
社会学	组织生态学
	资源依赖
	社会资本
政治学	公民社会
	法团主义
公共管理学	民营化
	合作治理

资料来源:作者整理。

以下从两方面展开论述:首先,对具有较大影响力的理论视角进行介绍,主要包括政府失灵、合约失灵、志愿失灵、资源依赖理论。其次,对我国学界逐渐发展的若干本土化理论视角进行整理,主要包括合法性、分类控制、合作治理理论。这样的选择无疑具有很大的主观性,不仅没有从理论的微观、中微观层面进行选择,更没有考虑学科的差异性。有必要指出的是,之所以没有将其他的理论视角纳入其中,当然是囿于学识和篇幅的限制,同时也是基于对我国社会组织研究的长期观察。在我国,改革开放以后社会组织快速发展,相关的研究也开始爆发式地增长。[①] 20 世纪 80 年代以来,我国对社会组织的研究主要集中在公民社会抑或法团主义的

① David Horton Smith, Ting Zhao. Review and Assessment of China's Nonprofit Sector After Mao:Emerging Civil Society? Voluntaristics Review, 2016,1(5).

争论上。[①] 这两者无疑对我国社会组织的认识具有帮助,但用这样的理论视角去解释我国社会组织的发展是不够的,缺乏理论上的想象力和洞察力。

1. 政府失灵理论

政府失灵理论是由美国经济学家伯顿·韦斯布罗德(Burton Weisbrod)提出的。[②] 韦斯布罗德认为当时的经济学研究无法解释由非营利组织提供公共物品的现象,他运用传统经济学供给和需求的方式来进行解释和理论发展。王绍光认为,该理论的主要观点是非营利组织是提供公共物品(public goods)的私营主体。[③]

韦斯布罗德的分析是基于民主国家的基本体制提出如下的论证逻辑:社会中的选民对于公共物品和私人物品均有需求,而且具有很大的差异性;政府、市场和非营利组织均是满足选民需求的重要主体。韦斯布罗德分析认为,政府提供公共物品的数量和质量是由政治决策过程决定的,在一般情况下往往满足的是中间选民(median voter)的需求,从而导致部分人对公共物品的额外需求(excess demand)得不到满足,部分人的特殊需求(differentiated tastes)也得不到满足。这就为营利组织和非营利组织的介入提供了机会。

比较而言,在提供公共物品中,营利组织往往面临失败。公共物品具有两个基本的特征:消费的非竞争性和受益的非排他性。所谓消费的非竞争性,是指公共物品在消费市场被提供时,增加一个消费者不会减少其他消费者对该公共物品的消费;所谓受益的非排他性,是指公共物品在消费市场被提供时,很难排除其他消费者对该公共物品的消费。正是基于

① 张紧跟.从结构论争到行动分析:海外中国NGO研究述评.社会,2012(3).纪莺莺.当代中国的社会组织:理论视角与经验研究.社会学研究,2013(5).

② Burton Weisbrod. Toward a Theory of the Voluntary NonProfit Sector in a Three - Sector Economy// E. Phelps, ed. Altruism, Morality and Economic Theory. Russel Sage Foundation, 1975.

③ 王绍光.多元与统一——第三部门国际比较.浙江人民出版社,1999:31.

公共物品的非竞争性和非排他性两种特性，公共物品市场经常出现“搭便车”现象。因此，公共物品是很难由市场主体和市场体系来稳定地供给的。由此推论，非营利组织是提供公共物品的重要主体。

在分析韦斯布罗德的理论时，田凯认为：“非营利组织提供公共物品的数量取决于政府部门能够满足选民的多样需求的程序。在其他条件相同的情况下，对政府提供公共物品的需求越不满意，非营利组织的规模就越大。对于特定的政府输出，消费者需求的差异越大，志愿部门的输出就越大。如果其他条件相同，消费者需求的同质性越高，不满意的需求就越少，非营利部门的规模就越小。”①

关于公共部门的失灵现象，经济学家布凯南（Michael Buchanan）早有深刻的洞察，这为韦斯布罗德提出的解释提供了理论上的营养。布凯南认为，政府失灵主要表现在：第一，公共政策失效政府的决策是一个复杂的过程，尤其对于提供公共物品作出的决策，政府提供的物品具有普遍性、统一性，难以满足特殊偏好的公众需求，而且政府官员出于任职周期的考虑，提供公共物品具有短期性，从而导致公共政策失效。第二，政府工作低效率。政府机构作为公共物品的主要提供者，缺乏同行的竞争压力，没有降低成本的激励机制，再加上缺乏外部监督信息，导致政府工作低效率。第三，政府内部性与扩张。政府内部性是指政府部门及其官员追求的是自身的利益或组织的利益而非公共利益，资源配置效率低下。②布凯南提出的关于公共物品提供过程中的公共政策的失效，实际上指出公共物品提供过程中的失败现象，而政府工作低效、政府内部扩张等因素均是政府公共政策失效的重要原因。

2. 合约失灵理论

合约失灵理论是由美国法学家汉曼斯（Henry B. Hansmann）首次提

① 田凯. 西方非营利组织理论述评. 中国行政管理，2003(6).

② 黎民. 公共管理学(第二版). 高等教育出版社，2011：34-38.

出的。[1] 在现实社会中,生产者和消费者之间的合约会出现失灵的现象。汉曼斯认为,在提供社会服务的过程中,由于服务的复杂性,消费者难以对之进行评估。同时,服务的生产和供给往往是分开的,即采用政府购买服务的方式,消费者难以对服务生产者进行监督。在这样的情景下,由于生产者和消费者的信息不对称,生产者倾向于损害消费者的利益。而与营利性企业比较,非营利组织由于自身非分配约束(nondistribution constraint)的特征,一般不会借信息不对称的优势行损害消费者利益之事。

3. *志愿失灵理论*

志愿失灵理论由美国非营利组织研究专家莱斯特·M.萨拉蒙(Lester M. Salamon)提出。[2] 志愿失灵理论是基于这样的情景提出的:萨拉蒙发现,非营利组织不仅出现在政府失灵与市场失灵的领域,也出现在政府与市场机制良好运作的领域,这对传统的志愿理论形成了挑战。不仅如此,他发现志愿部门本身也并非神话,在提供相关的公共服务时也会失灵,出现能力不足、效率低下和无法满足社会公众合理需求等现象,起不到弥补政府和营利组织不足的作用。

萨拉蒙总结了志愿失灵的四个方面表现:第一,慈善的供给不足(philanthropic insufficiency),表现为社会组织自身能力不足。第二,慈善的特殊主义(philanthropic particularism),表现为社会组织及其捐助者的关注点主要集中在少数人群,不具有普遍性。第三,慈善组织的家长制作风(philanthropic paternalism),社会组织中掌握最多资源者对于组织的运作及决策具有最大的影响力。第四,慈善的业余主义(philanthropic amateurism),社会组织内人员工资福利及志愿者专业能力限制导致提供

① Henry B. Hansmann. The Role of Nonprofit Enterprise. The Yale Law Journal, 1980, 89(5):835-901.

② 莱斯特·M.萨拉蒙.公共服务中的伙伴——现代福利国家中政府与非营利组织的关系.田凯,译.商务印书馆,2008:46.

服务的非专业性。

除了志愿失灵的新概念外，萨拉蒙同时提出了“第三方治理”(third-party government)的新视角，以此来解释政府与非营利组织伙伴关系存在的内在逻辑。第三方治理理论表明在美国联邦政府与州政府地方政府、联邦政府与非营利组织、联邦政府与营利组织的合作关系的广泛存在，这事实上是联邦政府治理结构的根本性变化。同时，第三方治理理论提出联邦政府是资金的提供者与监督者，而包括非营利组织在内的第三方机构则是服务的提供者，这不仅解释了伙伴关系的存在，而且道出了其中的内在逻辑。[①]

4. 资源依赖理论

资源依赖理论主要是由杰弗里·菲佛(Jeffrey Pfeffer)、杰勒尔德·R. 萨兰基克(Gerald R. Salanick)发展提出的。[②] 资源依赖理论的基本假设是，没有组织是完全自给的，只有与环境进行交换才能获得生存。该理论认为，组织需要通过获取环境中的资源来维持生存，而这必然涉及与其所依赖环境中要素的互动，组织依赖环境造成的外在约束性回应就是组织的外部控制；为了改变或者管理组织的外部控制，组织必须具备对控制的环境进行控制的能力。

组织运行与外部环境互动关系是资源依赖理论的主线，即“组织－环境”分析框架是资源依赖理论的主线。[③] 该理论认为，组织与外部环境中的主体处于竞争性的或者共生性的关系，因而组织之间实现相互依赖的规范性合作的思路是寻求建立组织之间的协调一致的环境。[④]

---

① 赵挺. 非营利组织的独立性、绩效与合作机制. 中国第三部门研究，2011(2).

② 杰弗里·菲佛，杰勒尔德·R. 萨兰基克. 组织的外部控制——对组织资源依赖的分析. 闫蕊，译. 东方出版社，2006：45.

③ 赵挺. 公益服务组织与基金会的不对称合作及其矫正. 中国第三部门研究，2012(1).

④ 杰弗里·菲佛，杰勒尔德·R. 萨兰基克. 组织的外部控制——对组织资源依赖的分析. 闫蕊，译. 东方出版社，2006：45，158.

5. 合法性理论

高丙中在韦伯和哈贝马斯等思想家关于合法性理论的基础上,提出了社会合法性、行政合法性、政治合法性和法律合法性的分析概念。① 他认为,社会组织的社会合法性基础是地方传统、当地的共同利益、有共识的规则或道理,行政合法性基础是程序和惯例,获取形式包括机构文书、领导人的同意、机构的符号、仪式等,政治合法性表明社会组织及其活动符合某种政治规范或"政治上正确",这三个层面的合法性解释了社会组织何以能够在法律不一致的情况下"正常"地存在并开展活动。法律合法性意指合法律性,有研究者对 21 世纪初我国社会组织的合法性进行分析,发现,占总数 80%以上的社会组织属于"非法存在",经过合法登记的社会组织也存在内部管理不善、财务混乱甚至违法犯罪等问题。② 随着社会组织法律制度环境的改善,社会组织的合法性也在不断增强。

徐家良和孙钰林在分析郑州温州商会的换届风波现象时,认为既有的合法性的分类无法对此进行很好的解释,专门提出了社会团体外部合法性和内部合法性的分类。③在这个分类中,高丙中提出的四种合法性类型纳入了外部合法性的范畴。所谓社会团体的内部合法性,是指社会团体的成员或准备吸纳为成员的群体对该团体的认同,以及其治理结构能够确保这种认同程度的状态。内部合法性由组织合法性和成员合法性两个要件构成,其中组织合法性是指社会团体内部的权威被接受和承认的程度,反映行业、社会团体与会员之间的关系状态,成员合法性是指社会团体的领导人被普通会员接受、承认并服务管理的状态。

6. 分类控制理论

分类控制是研究我国政府和社会组织关系的一种重要视角。康晓光

① 高丙中.社会团体的合法性问题.中国社会科学,2000(2).

② 谢海定.中国民间组织的合法性困境.法学研究,2004(2).

③ 2006 年 7 月 11 日,郑州温州商会换届,由于成员对换届选举会长的程序及选举的结果存在异议,拒绝承认选举产生的会长,并联名向上级部门反映,由此产生一系列的争论。详见徐家良,孙钰林.论社会团体的内部合法性.甘肃行政学院学报,2006(4).

等提出了分类控制新概念，认为政府为了自身利益，根据社会组织的挑战能力和提供的公共物品，对不同的社会组织采取不同的控制策略。[①] 实际上，政府采取分类控制的策略很大程度上源于“行政吸纳社会”这样特定的国家与社会关系模式。康晓光认为，从国家与社会的权力分配格局来看，政府处于支配地位，社会组织处于从属地位，分类控制是“行政吸纳社会”的核心机制之一。[②]

有学者针对目前社会组织领域发生的新变化，对分类控制的适用性提出了异议。有学者认为，2004 年以来，我国地方政府在对社会组织的管理方面发生了一些新的变化，政府逐步从分类控制转向嵌入型监管，地方政府在对社会组织的吸纳能力、对社会组织管理重点的分化、对社会组织管理制度化水平、对社会组织管理手段多元化四方面的监管水平有了明显提升。[③]也有学者在 2011 年至 2012 年通过对全国 17 个省市的 60 位社会组织员工和政府官员进行访谈，认为政府对社会组织的监管和控制确实是无所不在，但一些地方出现了培育和发展的做法。[④]

7. 合作治理理论

在新公共管理运动后，政府、社会、市场之间如何进行合作并实现有效治理为世界各国政府所关注。志愿失灵理论与市场失灵理论、政府失灵理论共同印证了政府、市场、社会组织三者都不是万能的，社会组织在政府与市场不能有效发挥作用的领域起到辅助功能，但社会组织需要政府和市场的资源，政府与社会组织是相互依赖、相互补充的合作伙伴关系等，这三者间更为中微观的关系有待于更为精细化的经验研究。

---

① 康晓光，韩恒. 分类控制：当前中国大陆国家与社会关系研究. 社会学研究，2005(6).

② 康晓光，韩恒. 行政吸纳社会——当前中国大陆国家与社会关系再研究. 中国社会科学(英文版)，2007(2).

③ 刘鹏. 从分类控制走向嵌入型监管：地方政府社会组织管理政策创新. 中国人民大学学报，2011(5).

④ Fengshi Wu, Kin-Man Chan. Graduated Control and Beyond: The Evolving Government-NGO Relations. China Perspective, 2012(3).

目前，在国家治理能力和治理体系现代化的政策话语下，政府、社会组织、市场之间的合作治理是必然的发展趋势。治理理论强调办好事情的能力并不限于依赖政府的权力、政令和权威，在社会经济管理领域，政府有责任与其他行动主体开展合作，运用新的管理技术和方法，更有效地实现治理目标。[①] 学界已经对此开展了研究，并提出了一些学术概念，如协同治理、协商治理、三圈互动、社会共治。但是，如何具体运用这些分析概念，有待于进一步的理论发展。

二、转型视野下社会组织发展要求

社会转型是整个社会系统结构状态的过渡，从一种社会结构状态向另一种结构状态转变过程中，经济结构、政治结构、文化形态、价值观念等任何一个要素的变动都会对当前的社会结构形态产生影响。随着市场经济体制改革的不断深入，国家结构各方面的转型更加深化，突出体现在以下三个方面：社会成为一个相对独立的提供资源和机会的源泉；相对独立的社会力量形成；民间社会组织化程度增强。[②] 20 世纪后期，在西方社会，伴随着凯恩斯主义混合经济的困顿、福利国家制度的失败、社会主义阵营的解体以及资本主义全球化、新公共管理思潮的盛行等多种因素的交织作用，社会组织在国家从经济和社会退出的领域开始新的崛起。进入 21 世纪的中国，正在经历快速的社会转型，经济体制和行政体制改革是在社会转型过程中国家作出的重要抉择，通过政府职能转变，释放更多社会、经济领域空间，引导社会力量参与等具体政策落实政治经济体制改革。社会组织在国家自上而下推动改革的同时，充分利用改革的有利条件和契机，积极与政府合作，弥补政府职能缺位、越位，提升国家治理能力，实现国家治理体系现代化。政治、经济、社会和生态领域的急剧转型，

---

① 格里·斯托克. 作为理论的治理：五个论点. 华夏风，译. 国际社会科学杂志（中文版），1999(1).

② 孙立平，等. 改革以来中国社会结构的变迁. 中国社会科学，1994(2).

对社会组织发展提出了具体的要求，主要表现在以下几方面：

第一，政治体制改革与社会主义民主政治发展的要求。党的十八届三中全会提出“加快推进社会主义民主政治制度化、规范化、程序化，建设社会主义法治国家，发展更加广泛、更加充分、更加健全的人民民主”的任务。随着社会组织形成第三方力量参与政治，发挥利益代言，参与立法，监督政府执法行为，强化政府问责机制等功能，国家与社会实现了良性互动。

在推进国家治理体系与治理能力现代化的时代背景下，“国家与社会良性互动说”成为国家治理的重要理论基础。[①] 邓正来认为，良性互动关系模式的最终目标是自上而下地营造公民社会，而构建公民社会的具体策略分为两个阶段：第一阶段是形成阶段，国家与公民社会共举，国家自上而下推动改革，转变政府职能，为社会组织在社会经济领域的发展留出空间；社会组织则充分利用改革契机，有意识地、理性地自下而上推动公民社会的营造。第二阶段是成熟阶段，社会组织作为民间力量的代表，往往代言其成员的共同利益，通过合法的制度渠道，逐渐进入公共领域，充分表达意见和声张权利，参与和影响国家立法和公共政策制定过程。[②] 在以上公民社会形成的两个阶段，社会组织成为公民政治参与的有效载体，通过搭建政府与公民之间有效沟通的桥梁，推进政府与社会的良好互动。

第二，社会主义市场经济发展和政府市场进一步分开的要求。经济领域社会组织的发展，是弥补市场和政府双重失灵的结果。理论和实践证明既存在市场失灵问题，也存在政府失灵问题。所谓市场失灵，是指由于内在功能性缺陷和外部条件性缺陷引起的市场机制在资源配置的某些

---

① 国家与社会良性互动说，作为同国家与社会冲突说对应的一种学说，是指国家透过市民社会的构建，逐渐确立国家与市民社会的二元结构，并在此基础上形成一种良性的互动关系；在社会公共领域，国家与社会发展共同的利益“契合点”，各类社会主体在国家的主导下开展社会治理。参见邓正来，J. C. 亚历山大. 国家与市民社会——一种社会理论的研究路径. 中央编译出版社，1999. 俞可平，等. 中国公民社会的兴起与治理的变迁. 社会科学文献出版社，2002：195-196. 郁建兴，关爽. 从社会管控到社会治理——当代中国国家与社会关系的新发展. 探索与争鸣，2014(12).

② 邓正来. 国家与社会——中国市民研究. 四川人民出版社，1998：4-5.

领域运作不灵。所谓政府失灵,是指在政府为弥补市场失灵而对经济社会生活进行干预的过程中,由于政府行为自身的局限性和其他客观因素的制约而产生的无法使资源配置达到最佳效率的状况。

在当前经济转型时期,一方面政府要厘清自身与市场的界限,遵循市场机制自身的调节功能,从宏观视角推动社会主义市场经济的健康发展,监管市场主体的行为,同时减少对市场的微观管制;另一方面,要求经济领域的社会组织承接原来由政府对于经济进行微观管理的部分职能,以自身的非政府性、专业性和独立性,发挥公共经济领域资源配置职能,规范、监督市场主体行为,疏通政府与市场之间存在的信息不对称以及在政府资源配置过程中发挥监督功能,最大程度减少政府寻租行为,弥补政府与市场的双重失灵。

第三,解决社会矛盾冲突和实现社会发展的要求。转型期的中国既面临黄金发展期,同样也遇到了矛盾凸显期,社会领域新的问题不断凸显,需要政府承担起社会管理和公共服务的职能,维持社会和谐与稳定。党的十八大报告明确指出:“必须从维护广大人民根本利益的高度,加快健全基本公共服务体系,加强和创新社会管理,推动社会主义和谐社会建设。”加强和创新社会治理,提供公共服务是政府在社会领域的主要职能,政府是社会治理、提供公共服务的主导者,但主导不是具体包揽,现代政府不是全能政府。

就当前我国的公共服务发展而言,政府职能严重缺位,公共健康、医疗卫生、教育、特殊人群服务等基本社会服务领域都存在政府资源供给不足现象,而与此同时公众对公共服务日益呈现多样化和个性化的需求。出于政府职能转移、社会服务专业化以及满足社会公众多元化公共服务的需要,各种类型的社会组织应主动担当政府提供公共服务的有力协助者角色,发挥组织自身专业化能力和资源优势,与政府建立合作伙伴关系,承接政府外包的公共服务项目,以及针对政府在公共服务领域的缺位,积极主动为社会公众提供多元化服务,满足社会公众的个性化需求,是当前社会组织顺应社会领域政府转型，参与公共服务和社会治理的基本要求。

三、社会组织的不同分类

1. 服务领域角度分类

(1) 社会服务类社会组织

社会服务日益成为社会组织关注的重要领域。无论是在农村还是在城市，越来越多的社会组织参与提供各种服务。这些服务的范围主要包括养老、医疗护理、卫生保健、文化休闲等。在我国，社会服务类社会组织多数在社区开展活动，涉及城市和农村社区服务的各个方面，为改善我国城乡社区状况发挥着积极的作用。

(2) 环境保护类社会组织

环境保护是指对环境、生态与资源的保护。环境保护是当今社会组织最早涉足且集中活跃的领域之一。无论在国外还是国内，都有许多著名的社会组织活跃在这个领域。环境保护领域的社会组织大体集中在自然生态的保护、资源保护、动物保护、污染治理、对污染受害者的救助五方面。①

(3) 经济协调类社会组织

在市场经济条件下，经济活动不仅要依靠企业，其中有许多地方也要依靠社会组织。这些组织主要包括三种类型：第一类是行业协会、商会、企业家协会等，这些社会组织主要由经营者或企业主体组成；第二类是工会组织等，主要由劳动者组成；第三类是律师事务所、会计师事务所、审计师事务所等专业性的经济协调组织。这三类组织通过开展各种形式的联谊交流、信息提供、行业协调、咨询服务等活动，发挥着经济领域的互助、共济、中介功能，对市场经济的运行起着重要的润滑剂和中介作用。②

(4) 科技创新类社会组织

所谓科技创新类社会组织，是指拥有合法地位，通过开展与科技相关

---

① 王名. 非营利组织管理概论. 中国人民大学出版社，2002：6.

② 胡仙芝. 论社会中介组织在公共管理中的职能和作用. 中国行政管理，2014(10).

的公益性活动,所有能够促进科技创新的社会组织。① 科技创新类社会组织在服务科技型中小企业、创新政策协调、辅助构建多元化科技评价体系方面发挥着重要作用。在一些东南沿海省份,出现了一批民办非企业性质的新型研发组织,它们在产业共性技术研究、科技服务等方面作出了新的探索,受到广泛关注。②

2. 主办者角度分类

从主办者角度可以将社会组织分为官办社会组织与民办社会组织,这是在中国语境下形成的特有分类。改革开放以来,随着国家权力控制的放松,经济、社会活力的激发,中国各类社会组织大量涌现。这一批涌现的社会组织具有两条明显不同的生长路径,即"自上而下"的路径和"自下而上"的路径。③

所谓"自上而下"的路径,指的是在政府主动组建或主导下成立和发展起来的社会组织生长路径。官办社会组织就是沿着"自上而下"的路径生长起来的,官办社会组织由于直接脱胎于政府部门,带有浓烈的官办色彩和政府性质,在组织结构、管理方式和财务运作上都与政府有强烈的依附关系。

民办社会组织强调的是其草根性,指的是由民间力量在志愿基础上,自下而上组建、发展的非营利组织,主要与具有官办背景的组织相区别。在我国,草根组织系民间人士自下而上发起,直接从事公益服务或者组织社区活动的一类组织。④ 民办社会组织又大体分为两类,一类是在民政部门正式登记的,具有"合法"身份的民办社会组织;另一类则是没有在民政部门登记注册的,不具有"合法"身份的社会组织。

① 李研,李哲.科技类社会组织发展思路与对策研究.科研管理,2015(11).

② 李研,梁洪力.科技类社会组织在建设区域创新体系中的作用——以中关村为例.中国科技论坛,2014(2).

③ 王名.中国NGO研究2001——以个案为中心.联合国区域发展中心,2001:13-14.

④ 王名.非营利组织管理概论.中国人民大学出版社,2002:3-5.

3. 会员角度分类

根据是否具有会员，社会组织可以分为公益性社会组织和互益性社会组织。公益性社会组织是指为社会上不特定多数人的利益（或社会全体利益）服务的社会组织；而互益性社会组织是指为某一特定群体内的互助性利益服务的社会组织，其价值取向在于根据会员的共同需要为全体会员提供产品和服务。[①] 可见，前者往往是向所有社会大众提供服务，而后者仅仅向会员提供服务。

互益性社会组织是通过各种为其内部会员谋福利的自利性活动来推动自身发展的，无论是得到的好处还是遭受的损失都由会员共同分享和承担，当然前提是互益性社会组织生存和运作的资金也有赖于组织成员提供。公益性社会组织通过向全社会成员提供公共服务，范围广泛地参与到社会管理并推动社会发展，而互益性社会组织虽然是为会员提供服务和产品的内部定向社会组织，对外呈现的是自利的一面，但是其在自利活动中也会辐射出互助效应，以此来推动社会的发展。[②]

4. 提供服务角度分类

从社会组织是否直接提供服务的视角，可以将社会组织分为服务类社会组织和支持类社会组织。前者是那些处于一线的、直接面向和服务于社会公众的社会组织，因此也被称为“操作型社会组织”；后者则是指那些不直接提供公共服务，而是为中小型或者草根组织提供活动经费、能力培训以及政策咨询等支持的社会组织。

我国现有的大多数社会组织是服务类社会组织，数量众多且发展较早。支持类社会组织发展较晚、数量较少且能力较弱，当前我国的支持类社会组织按照其提供给其他社会组织支持的类型可以分为资金支持型、能力支持型、信息支持型、智力支持型、综合管理类支持型、传统服务型、

---

① 王名，贾西津. 中国 NGO 的发展分析. 管理世界，2002(8).

② 褚燕松. 关于互益性社团的公益效应分析. 天津社会科学，2003(5).

支持活动型和论坛。[①] 浦东的恩派公益组织发展中心、上海映绿公益事业发展中心是典型的支持类社会组织。服务类社会组织的长期稳定发展促使其直接提供更好的社会服务,而支持类社会组织的良性发展为前者提供社会服务打下了更好的基础。

5. 法律角度分类

从法律视角可以将社会组织分成合法的社会组织和非法的社会组织。合法的社会组织是指作为政府主管部门的民政部门予以其合法登记并将其纳入自身管理范围内的社会组织,主要包括三类:社会团体、社会服务机构(民办非企业单位)和基金会。截至2016年底,我国共有社会组织70.2万个,其中社会团体33.6万个、社会服务机构(民办非企业单位)36.1万个、基金会5559个。[②]

(1) 社会团体

按照《社会团体登记管理条例》的规定,社会团体是由中国公民自愿组成,为实现会员共同意愿,按照其章程开展活动的非营利性社会组织,包括学术性社团、行业性社团、专业性社团和联合性社团(不包括工会、共青团、妇联、残联、工商联、中国红十字会、中国福利会、社联、文联、科协、宗教团体等)。学术性社团,是指主要由专家、学者和科研人员组成的各类学会、研究会等;行业性社团,是指主要由经济领域各行业相同的企业组成的行业协会、同业公会等;专业性社团,是指主要由经济、社会各领域的专业人员和专业组织组成的各类协会等;联合性社团,是指主要由不同利益需求的人群或各类社团组成的联合体,如联合会、商会、促进会、俱乐部、校友会、联谊会等。

(2) 社会服务机构(民办非企业单位)

按照《民办非企业单位登记管理暂行条例》的规定,民办非企业单位

① 徐宇珊.社会组织结构创新:支持型机构的成长.社团管理研究,2010(8).

② 2016年社会服务发展统计公报.[2017-08-03].http://www.mca.gov.cn/article/sj/tjgb/201708/20170800005382.shtml.

是指由企业事业单位、社会团体和其他社会力量以及公民个人利用非国有资产举办的，从事非营利社会活动的社会组织。按照所属行业可以将民办非企业单位划分为教育事业类、卫生事业类、文化事业类、科技事业类、体育事业类、劳动事业类、民政事业类等。根据《慈善法》的相关表述，“民办非企业单位”这一提法将逐渐被“社会服务机构”的概念所取代。所谓社会服务机构，是指自然人、法人或者其他组织为了提供社会服务，主要利用非国有资产设立的非营利性法人。

（3）基金会

按照《基金会管理条例》的规定，基金会是指利用自然人、法人或者其他组织捐赠的财产，以从事社会公益事业为目的，依法成立的非营利性法人。其公益性主要表现在它不为特定的自然人、法人和其他组织获利，强调的是社会公众的广泛受益。基金会可以分为公募基金会和非公募基金会，前者能够向公众进行公开募捐，而后者不得面向公众开展募捐。公募基金会按照募捐的地域范围，又可以分为全国性公募基金会和地方性公募基金会。

第二节　全球科创中心特征与社会组织功能匹配关系构建

一、功能维度下社会组织的功能界定

组织功能理论认为，任何社会组织都有其存在的宗旨与使命，有其特殊的作用与功能。组织合法性理论与组织认同理论则从正式的法律制度与社会价值体系两个角度进一步对组织的宗旨、使命、作用功能作了明确。① 社会组织的功能就是指社会组织能够满足社会需要的属性，包含

① 于显洋.组织社会学(第二版).中国人民大学出版社，2009：368.

服务、发展、创新等内容,直接确定了社会组织应具备的能力。概而言之,社会组织是由目标相同的一群社会成员组成的社会肌体的器官,作为联结人与社会的中介,社会组织有特定的目标和特殊的作用及功能,为了实现特定的目标与功能,社会组织必须具备与其功能相对应的能力。

从横向来看,社会组织的运作是围绕其功能展开的,这个过程中社会组织会与其他主体(行政组织、营利组织等)产生比较和互动,这就确定了社会组织运作的边界;从纵向来看,随着社会的不断发展,社会组织在社会关系网络的刺激下,其功能范围会出现动态调整,从而进一步影响组织的能力情况,促进能力结构的演化。

二、全球科创中心建设中社会组织的主体地位

在中央和上海市两份有关上海建设全球科创中心的文件中,直接提到多种类型的社会组织,提出要发挥社会组织在全球科创中心建设中的支持和服务功能。

1. 上海张江综合性国家科学中心

综合性国家科学中心正在成为地方发展的新热点,在国家转变经济发展方式、推动经济结构转型升级过程中,成为各地竞相争夺的发展制高点,上海已然在这一过程中拔得头筹。[①] 上海张江综合性国家科学中心是国家发改委、科技部于 2016 年联合批复筹建,作为上海科创中心建设中发挥综合性平台功能的国家区域创新体系基础平台。张江综合性国家科学中心的战略规划,经历了从最初中央为加快浦东地区开发建立的张江高科技园,到上海市政府实施"聚焦张江"战略,再到"张江聚才计划"启动、上海自贸区"扩围",最终张江被上海市委作为上海科创中心建设核心区来打造。

未来张江综合性国家科学中心的建设,将围绕高新技术基础设施集

① 吴明华,夏自钊.国家科学中心新棋局.决策,2016(8).

群的打造、创新型和研究型大学的建设、跨学科和跨领域协同网络平台的搭建以及区域创新组织管理新体制的探索四方面工作开展。①

(1) 上海将以张江综合性国家科学中心为载体,集中布局和规划国家科技基础设施,积极通过政策引导全球高新技术设施落户上海,打造引领全球的高新技术基础设施集群。

(2) 上海本身拥有丰富的教育资源,依托区域范围内一大批高等科研院校体制机制优势,实现教育、科研、高新企业有效对接、深度融合,创新产学研合作机制,促进科研成果的转化。

(3) 现代科技创新领域的突破性研究计划,以跨学科、跨领域的多学科交叉前沿研究计划为主。综合性国家科学中心通过区域平台的搭建,在国家支持和预研究的基础上,在生命、材料、环境、能源等前沿科学研究领域,发起多学科交叉研究计划,以跨学科、跨领域的自由合作,实现科技创新领域的原创性突破。

(4) 组织管理是科技成果转化过程中的关键任务和重点内容,发挥推动成果转化行为主体转换、促进科技领域结构调整以及科技经济紧密结合的功能。② 因此,为发挥张江综合性国家科学中心在区域经济发展中的引领作用,必须积极探索区域创新组织管理新体制。由国家部委、上海市政府以及高校、科研院所和企业共同组成上海张江综合性国家科学中心理事会,下设管理中心,通过政府资金政策的引入、对技术市场主体的行为规范以及区域协调网络的搭建等工作,推动科技成果的转化以及科技创新领域的可持续发展。

2. 全国性科学基金会

基金会在我国的发展经历了从无到有,到目前蓬勃发展的阶段。其

---

① 上海张江综合性国家科学中心获批复.[2016-03-08]. http://www.most.gov.cn/dfkj/sh/tpxw/201603/t20160307_124522.htm.

② 马立人.从组织管理角度谈科技成果转化工作中的几个重点环节.科技进步与对策,2000(9).

中，与当前我国创新驱动发展战略密切相关的是覆盖全国的各类科学研究类基金会，以全国性科学基金会为载体资助和组织的各类创新性研究，是推动科学发展的重要动力。在基金会发展成熟的美国，国家科学基金会围绕学科交叉研究设置和安排资助计划，目的是鼓励学科之间的联系、发展新技术和工具，促进研究成果的转化与应用。[①] 当前，我国探索建立综合性国家科学中心运行管理新机制，配套研究设立全国性科学基金会，作为区域创新科技成果转化基金，为科学研究和技术转化提供基金资源支持，促进产业变革和产业转型升级，进而提升城市和国家实体经济的竞争力。

全国性科学基金会相当于全国范围内科技创新企业、社会组织的上游链条，通过资金支持，以政府购买的方式开展全国范围内科学研究领域基础研究、科学教育、科技人才培养、技术应用推广以及科学政策实施等支持服务工作，以基金会自身的公信力、平台资源整合能力为科创中心建设搭建高校科研院所、企业与基金会自身的合作平台，形成科技人才培育、科学技术研究、生产力转化、高新技术产业可持续发展的资助链。全国性科学基金会具体功能发挥体现在以下几方面：以资金支持的形式实现科技创新领域各类参与主体的业务能力提升；通过科技创新领域创新性的优秀项目资助和支持，为其他区域创新主体起到良好示范推动作用，调动各类创新主体参与区域创新的积极性，鼓励各类企业、社会组织参与科创中心建设；通过基金会自身透明化的资金运作，对外界形成强有力的公信力，吸纳社会、企业投身科技创新领域的资金与资源，形成区域创新资源整合、交流平台。[②]

3. 上海高校科研院所联盟

高校、科研院所作为知识型机构，是实现信息和知识最大化的共享、满足用户对信息与知识的需求、促进学术交流体系的变革以及推动知识

① 樊春良.美国国家科学基金会对学科交叉研究的资助及启示.中国科学基金，2005(2).

② 参见《国务院关于印发〈上海系统推进全面创新改革试验加快建设具有全球影响力科技创新中心方案〉的通知》。

交流、创新与转化的重要途径。与此同时,高校、科研院所是科研人才培养的摇篮与基础科学研究的主要阵地,全球科创中心的建立需要若干高校和科研院所的支撑。[①] 在全球化背景下,高校和科研院所在全球科创中心建设中单一主体地位的功能发挥不再显著,共享型经济促使单一主体加以联合或者聚合,积极开发知识型机构知识库技术,发挥联盟优势,统一提供共享信息,实现知识和技术的共享。[②]上海高校科研院所联盟的成立,是整合创新资源、提升创新能力的重要举措。高校、科研院所作为具有创新精神和创造能力人才的聚集地、创新性学术研究与高新技术革新的源头,是区域科技创新文化体系的重要组成部分,在科创中心建设过程中,发挥人才培育、知识创新、技术革新等多方面的智力支持和成果研究功能。上海本身拥有全国领先的教育资源,高校科研院所联盟的建立将汇集复旦大学、同济大学、上海交通大学、上海科技大学等优秀高等院校,以及中科院在沪科研机构的科研力量,通过各类鼓励性创新政策,集聚创新人才资源,形成良好的科技创新人才支持环境,统筹配置相关创新资源,组织科研院所开展协同创新,完善高校与企业开展技术开发、技术咨询、技术服务等横向合作项目经费管理制度,鼓励开展产学研合作,推动区域创新人才、资源交流,实现重大科技成果研究、科学技术孵化、科技成果转化和科技产业持续发展。[③]

4. 全球研发中心和实验室

鼓励国内知名高校、科研机构、企业与上海市相关单位开展科技创新合作,支持本土跨国企业在沪设立和培育全球研发中心和实验室,加强联合攻关,进一步发挥上海市对长江经济带的辐射带动作用。通过在沪设立和培育全球研发中心和实验室,作为区域创新载体,实现新技术的孵化、全球

① 杜德斌.上海建设全球科技创新中心的战略路径.科学发展,2015(1).

② 陈美华,刘文云,毕煜,岳丽欣.美国机构知识库联盟的建设研究及对我国的启示.图书馆,2015(11).

③ 参见《国务院关于印发〈上海系统推进全面创新改革试验加快建设具有全球影响力科技创新中心方案〉的通知》。

科技人才集聚以及科技成果研发与转化。此外,全球研发中心与实验室借助国家级科技创新交流平台,吸引全球创新资源落沪,开展高新技术研发、发布工作,将上海科技创新中心打造成全球高新技术研发基地。[①]

5. 新型产业研发组织

与传统科研机构相比,新型研发组织具有投资主体多元化、资源配置市场化、管理机制企业化、研发方向需求化、人才队伍国际化等显著特征,注重激发科技人员的积极性和创造性,与区域发展需求、资源禀赋有效融合,日益成为区域创新体系的重要力量。[②] 在目前科技创新领域,创新驱动发展大趋势呈现出新的特点:基础研究、应用研究、技术开发和产业化的边界日趋模糊,科技创新链条更加灵巧,技术更新和成果转化更加快捷,产业更新换代不断加快,科技创新活动不断突破地域、组织、技术的界限,这将带来传统创新主体的功能局限,迫切需要研发组织形式的突破。新型产业研发组织以其灵活的组织形式、运作机制、管理体制以及积极寻求与区域其他创新主体协同合作的优势,成为推动科技创新市场发展的重要力量,在区域创新发展过程中,承担起带动传统产业转型升级,引领战略性产业新兴发展、激活存量科技资源以及集聚和培育创新人才的功能。

三、全球科创中心特征与社会组织功能匹配关系构建

上海建设全球科创中心作为国家当前适应全球科技竞争和经济发展新趋势的重大战略,在推进国家治理体系和治理能力现代化背景下,需要政府与社会组织在科技创新领域展开合作,通过政社合作在区域社会创新领域搭建共同治理的平台,由社会组织承接政府转移的职能,实现全球科创中心建设与社会组织功能有效发挥的衔接。

---

① 参见《国务院关于印发〈上海系统推进全面创新改革试验加快建设具有全球影响力科技创新中心方案〉的通知》。

② 深化科技体制改革促进新型研发组织发展.[2014-01-24]. http://cppcc.people.com.cn/GB/n/2014/0124/c34948-24211588.html.

1. 社会组织"搅动"各界积极回应创新趋势

社会组织所具备的自主性、独立性和灵活性是其成为社会领域的"鲶鱼",[①]并能够形成"鲶鱼效应"的根本。[②] 在我国社会组织涌现之前,大量凸显的社会问题被"阶级斗争为纲"和"一切以经济建设为中心"的发展思路所掩盖,政府、企业受到上述发展思路的影响,看待和处理问题首先以"阶级斗争"和"经济建设"为标准,对于可能引发社会矛盾的社会问题,抱以"不紧不慢、按部就班"的处理态度,导致社会问题的解决很难有大的突破。改革开放后,在经济快速发展的同时,社会组织大量出现,触角遍布社会各个领域,不仅提供服务,而且在整个社会追求经济快速发展的背景下,以其自身的使命愿景,进行价值观和价值理念的倡导,它触动社会的方方面面,包括公共政策的制定和实施过程。社会组织的行动促使政府和企业转变以往过多关注经济发展问题,忽视社会发展问题的做法,对各类社会问题采取比较积极的方式回应,创新社会问题处理机制,在社会领域发挥应有的功能。

同样,在科技创新领域,引入社会组织参与全球科创中心建设,社会组织因具有"鲶鱼效应",能带动社会各界对科技创新作出积极回应。社会组织在科技创新领域的参与,能够通过平台的搭建,使公众参与到科技创新过程和成果分享;通过为创新企业提供法律咨询、会计审核、项目评估等专业性第三方服务,使政府以政府购买的形式帮助创新企业搭建公共服务支持平台;企业借助社会组织搭建的与政府沟通的平台,能更好地把握政策动向、表达利益诉求,实现政府与企业有效需求对接。

2. 社会组织参与全球科创中心多元主体公共服务平台搭建

全球科创中心的建设需要庞大的公共服务体系支持。在提供公共服

---

① 在人力资源管理中,管理者引进组织外部成员或者挖掘组织内部某些成员新的领导风格、思维方式,以此改变原来组织因循守旧、缺乏组织活力的现象,称为"鲶鱼效应"。其中,发挥激发组织活力作用、为组织注入新鲜血液的人被称为"鲶鱼"。

② 冯利,章一琪. 中国草根组织的功能与价值. 中国非营利研究,2014(2).

务方面,政府部门具有“天然”的优势:庞大的公共服务供给总量,充裕的资金来源(财政拨款、财政补贴、社会捐赠),稳定的人力资源,一定的专业性,遍布全国的广泛、稳定的组织体系。[①] 以上政府部门提供公共服务的优势是现阶段社会组织不具有的,一定程度上也是无法企及的。但是,在科技创新领域,社会组织以其特有的自主性、独立性和灵活性,更有助于提高公共服务资源的利用效率。在科技创新领域,大量公共服务资源主要由政府代表公众所有、控制和支配,政府通过购买社会组织公共服务的形式,发挥社会组织的独特优势。比如,一旦发现科技创新过程中的问题,发动新兴企业、公众参与“大众创业、万众创新”,有效利用和整合各类社会资源,以社会组织参与公共服务平台搭建,带动区域创新体系的利益相关者,促使其参与,形成政府、社会组织以及企业、社会公众等多元主体参与的科创中心公共服务体系,以此推动全球科创中心建设。

3. 社会组织参与高度开放创新环境监管

社会组织在科技创新领域发挥的“鲶鱼效应”能对政府、企业、公众产生积极的影响。社会组织在科技创新各界带动的积极回应,根基在于社会组织本身认同科技创新,而且支持并服务于科技创新领域。社会组织除了弥补政府和市场在科技创新领域的不足之外,还积极维护正常、有序的科技创新市场并对高度开放的全球科创中心的创新环境进行监督,帮助消除不利于科技创新市场发育和运行的破坏性因素。

政府为了更好地激励各类主体的创新潜能,打破以往“正面清单”的管理模式,通过“负面清单”管理模式[②]最大程度地激发科技创新市场活

---

① 董文琪.非营利组织的独立与自治.行政论坛,2006(1).

② “负面清单”管理模式是国际投资贸易领域最先引用的概念,是指各国政府在国际投资贸易协定中,按照一定标准以列表形式规定本国一些领域或行业严禁或限制进入,从而可以保留在这些领域的管制权力,在清单之外的领域,政府则无权管制。负面清单作为投资贸易协定中的附件,相对于传统的正面清单列出允许进行投资贸易的具体条目,最大的作用在于营造更为开放、自由的投资贸易环境,促进国际投资贸易自由化。参见孙婵,肖湘.负面清单制度的国际经验及其对上海自贸区的启示.重庆社会科学,2014(5).

力，营造一个开放、宽松、公平的创新市场环境。科技创新领域由“正面清单”向“负面清单”的转变，实质上是政府职能的转变，重新界定了政府与市场的作用边界。与此同时，政府与市场对于开放、自由的创新环境的监管因政府与市场的失灵留出一部分监管真空带，就需要社会组织作为第三方力量填充对创新主体各类创新行为的有效监管。

第三节　全球科创中心建设中社会组织的功能定位

依据国际上许多全球科创中心建设经验，上海建设全球科创中心的关键在于政府简政放权，激发各类创新主体活力。社会组织本身作为科技创新市场中弥补政府部门失灵和市场失灵的主体，承接政府让渡出来的部分职能，在新兴科技创新类企业起步发展阶段提供社会资源和各种专业支持型服务，总体发挥联系产学研及政府部门，嫁接政企各方需求，高效配置资源的作用。

在全球科创中心建设过程中，社会组织作为政府与市场之外的第三方力量，按照其服务功能的不同，可分为社团类社会组织、中介类社会组织和平台类社会组织。其中，社团类社会组织主要为组织内部会员服务，中介类社会组织主要是连接上下游的不同资源，而平台类社会组织主要为其他社会组织搭建平台和提供支持功能。

一、社团类社会组织的服务功能

社团类社会组织是由公民或企事业单位自愿组成，按照章程开展活动的社会组织，包括行业性社团、学术性社团、专业性社团和联合性社团。[①] 根据中国社会组织网查询结果显示，截至 2017 年 7 月，在民政部登

---

① 徐家良.社会团体导论.中国社会出版社，2011:1.

记备案的全国性社团类社会组织共有 1935 个,[①]各自都对应有相应的业务主管单位。

以上四类社团类社会组织中的成员按照自身的兴趣、职业、专业背景等需求,自愿加入组织,围绕组织章程开展各类活动。社团成员有一定的利益需求,在组织中得以实现,因此组织成员的个人利益与组织利益息息相关。以中华医学会为例,该学会是中国医学科学技术工作者自愿组成并依法登记成立的学术性、公益性、非营利性法人社团,其主要业务内容包括定期开展医学学术交流,发现、推荐和培育优秀医学科技人才,向党和政府反映医学工作者的意见和要求等,通过此类业务活动的开展,发挥团结、组织广大医学科学技术工作者,党和国家联系医学科技工作者的桥梁纽带功能,促进中国医学科学技术事业的发展。[②]

参与全球科创中心建设的社团类社会组织以上海高校科研院所联盟、科技类行业协会为例,主要发挥科技创新发展的思想库、孵化培育科技创新人才以及维护科技行业利益等功能。

1. 科技创新发展的思想库

高校、科研院所的主要业务是开展科学研究,围绕国内外经济、政治、科技等热点、前沿话题进行学术交流。上海高校科研院所联盟作为以高校、科研院所形成的知识型机构联盟新形态,在社会对人才的需求、市场、地域优势、政社合作、资源获得及优势互补等方面具有明显优势。[③] 同时,在我国智库类型中,高校、科研院所就是其中一种类型。上海高校科研院所联盟的设立涵盖上海主要高校和科研院所,打破长期以来高校、科研院所以及地方政府在体制上的分割性,对于服务上海市政府智库具有

① 中国社会组织网.[2017-07-23]. http://www.chinanpo.gov.cn/search/orgindex.html?registrationNo.

② 中国医学会官网.[2016-10-24]. http://www.cma.org.cn/gyxh/xhjj/20101115/1289827466990_1.html.

③ 王正清,李飞.大学国际联盟的组织特征、联盟动因与潜在阻隔.比较教育研究,2015(5).

相当的必要性，并具备足够的可行性。根据自身学科发展需要，以及承接政府购买项目委托，依托组织内部科研人才，上海高校科研院所联盟中的成员开展科学技术研究的同时，以学术交流的形式带动国内外顶尖科技人才及信息的汇集，商讨符合国情的科技创新政策，为政府出台科技政策方针出谋划策，在地方政府智库建设中发挥重要作用。

2. 科技创新人才的催化剂

高校、科研院所本身具有专业知识密集、各领域专家学者集聚的优势。一方面，这些组织机构承担着科研项目和科技专利产出的功能；另一方面，高校、科研院所承担着向社会输送科技类专业人才、为科技从业人员开展培训以更新知识系统，以及通过搭建学术交流平台，促进合作与人才引进的功能。上海高校科研院所联盟作为目前我国知识型机构联盟的雏形，通过高校与科研院所之间的结合，实现两类知识型机构间的信息传递和知识共享，以此为两类机构中的科技人员提供良好的知识创新与技术转化环境。联盟在各大高校、科研院所之间搭建起科技知识共享网络，实现了本区域范围内科技知识共享与转化效率的提升，从而不断激发科研人员的积极性，最终推动科技人才技术和能力的提升。

3. 科技行业利益的维护者

作为区域科技创新事业的推动者以及政府具体科技政策方针的实施者，科技类社会组织有自身的发展需求。单独零散的需求不容易被政府采纳，因此通过科技行业协会整合各类科技企业的利益需求，集中向政府部门进行利益表达，更容易影响政府公共政策的过程，维护科技行业的整体利益。科技类行业协会作为科技行业成员的利益维护者，其作用的突显主要通过沟通与维权两大基本职能的发挥。沟通功能是指科技类行业协会，代表科技行业的企业与政府展开沟通，在政府与企业之间架起桥梁，以第三方的身份协调政府与各类科技行业主体之间的关系。在企业与社会其他主体发生矛盾时，科技类行业协会代表企业进行求同存异的协商，直接目的就是维护科技行业主体的利益，实现科技行业的快速发展。维权功能是指科技行业协会实际上是本行业中所有企业整体利益的代言人,通过各种方式向立法机构及政府反映科技行业中的总体利益要求及需求,并以民间的身份参与国家有关法律和政策的制定过程,甚至参与政府同他国政府在科技创新领域所进行的双边及多边贸易协定的谈判等活动。[①]

二、中介类社会组织的专业功能

中介类社会组织,又称"社会中介组织",学界尚没有对此进行明确的概念界定。从西方社会组织发展轨迹可以看出,社会越进步,组织分工越细化,对中介类社会组织的需求越强烈。中介类社会组织按照自身功能的发挥,大致可分为以下三类:

第一类为行业性、发挥自律功能的机构,如各类行业协会、商会。这类社会组织在目前中介类社会组织中占绝大多数。众多科技类行业协会、商会在各自行业内发挥自律、服务功能,行业协会内部则通过制定行业发展规则,规范行业内部企业间的竞争,维护行业整体利益。

第二类是作为第三方出现,为双方当事人提供公证、仲裁、监督等服务的社会组织机构,如公证处、律师事务所、会计事务所、审计事务所等。这类社会组织以自身提供的专业服务获得组织发展空间。

第三类是在项目开展、活动交易过程中起到信息传递、资源连接作用的社会组织,典型的包括科技成果交流中心、人才交流中心以及各类咨询服务机构。

在全球科创中心建设过程中,中介类社会组织以其自身的专业性,通过开展创业组织孵化、技术评估、知识产权服务,以及作为第三方组织进行检验监测认证,发挥承接政府职能转移、传递科技创新信息的功能。

1. 政府职能转移的承接者

从政府能力的有限性看,政府并非全能政府,政府能力的有限性决定

① 鄢雪皎.市场经济体制下行业协会职能与功能的转变及对策.软科学,2003(2).

了政府职能必须与政府能力有效协调。政府一方面要加快自身职能的转移,将一部分非核心职能交给社会组织来承担;另一方面,政府也要积极培育发展各类社会组织,推动其能力建设,使之为承接政府转移的非核心职能作好充分的准备。从政府与社会组织的关系看,社会组织的出现,就是以其自身的专业优势,弥补政府在公共服务领域的缺位、越位。在全球科创中心建设过程中,政府依旧发挥经济调节、市场监管的核心功能,对于非核心职能,如科技项目的评估、科技行业职业技能鉴定、科技从业者评奖评优、知识产权保护等服务支持项目,政府可以通过购买第三方社会组织公共服务的方式,让更专业的社会组织提供。

2. 科技创新信息的传递者

中介类社会组织作为嫁接政府与企业、高校、科研院所的桥梁,面对政府更了解企业在技术创新中的特点,更有资格代表企业或行业表达有关技术创新方面的诉求;面对企业,更全面地了解或熟悉政府有关技术创新方面的法律法规和政策,大量地掌握相关的行业内技术创新的信息,对行业内各企业技术创新的历史、现状、人才有比较清醒的认识,并对技术创新的发展具有一定的前瞻性研究。科技类中介组织通过市场调研,可根据企业的实际需求,为高校、科研院所甚至具体科研人员提供一定的信息和课题建议。对于政府与企业、高校、科研院所之间不对称的需求信息,能够有效对接,充分发挥区域科技创新网络中科技信息传递者的功能。

三、平台类社会组织的整合功能

平台类社会组织更多地发挥资源链接、整合功能,为社会组织发展提供服务。在现实中,平台类社会组织通常与中介类社会组织相混淆。两类社会组织虽有相似之处,但相较于中介类社会组织,平台类社会组织服务的范围更大。

平台类社会组织涵盖的社会组织类型广泛,一是政府主导的,发挥枢组作用的社会组织，如共青团、妇女联合会、工会组织、政府为开展基层党建工作而设立的社区服务中心、社会组织孵化中心等。二是一些社会成员自发创立的、以社会组织发展过程中的实际需求为导向的支持性组织，为初创期的社会组织提供人力、物力和财力等资源支持。这类社会组织自身不提供直接针对个人的服务，主要通过自身组织资源平台的搭建，培育孵化新兴社会组织，联系服务同类社会组织，沟通协调政府与社会组织。上海映绿公益事业发展中心就是典型的由民间发起，业务范围涵盖社会组织培训、咨询、评估、交流等，致力于促进社会组织能力建设与发展、倡导公益合作的非营利性社会组织。

平台类社会组织的主要功能是区域资源枢纽的功能，进行资源整合，协调科技创新网络主体开展合作。在全球科创中心建设中，综合性国家科学中心作为科技创新资源的整合平台，将国内知名高校、科研机构、企业和上海相关单位的科技创新资源在平台上进行对接，鼓励这些组织开展创新合作，并以全球科创中心建设中的区域创新合作开展为契机，能进一步发挥其对整个长江经济带的辐射功能。

第三章

走在创新前沿：浦东社会组织发展轨迹和内在动力

本章梳理了浦东社会组织从开发开放的萌动而发，到综合改革试点中快速成长，再到自贸试验区蓬勃发展的演变轨迹。结合浦东开发开放的时代背景和社会组织发展的典型案例，深度剖析自浦东开发开放以来的不同阶段浦东社会组织发展的状况及特征，并在此基础上，结合全球科创中心建设的新契机，描述浦东社会组织未来发展的新方向、新目标。

第一节　开发开放:浦东社会组织的萌动而发

一、开发开放大潮中的政府职能转变

1. 浦东开发开放大潮的袭来

20 世纪 80 年代，一场伟大的思想解放运动在我国掀起了改革开放的浪潮，我国开始真正以主动把握世界现代化发展趋势的姿态，迈开了走向现代化的步伐，开启了探索中国特色社会主义现代化道路。80 年代末，基于在经济全球化浪潮中争取一个有力位置的战略思考，邓小平提出:“现在有一个香港，我们在内地还要造几个‘香港’，就是说，为了实现我们的发展战略目标，要更加开放。”[①]不难理解，邓小平的意思就是在国

① 邓小平文选(第三卷). 人民出版社，1993:267.

际经济发展格局中，我国仍需要几个具有国际影响的经济中心城市，而在当时的背景之下，上海在地理位置、交通条件、人才资源、国际联系等方面拥有独特的优势，最具在21世纪建设成为国际经济中心城市的潜力，浦东开发开放的战略决策就是在这样的共识基础上形成和提出的。

1990年4月18日，党中央、国务院宣布同意上海加快浦东开发，在浦东实行经济技术开发区和某些经济特区的政策。上海市委、市政府积极响应中央要求，提出“开发浦东、振兴上海、服务全国、面向世界”的方针，并将城市功能开发的总体目标设定为：经过几十年的努力，建设具有世界一流水平的外向型、多功能、现代化的新区，为把上海建设成为国际经济、金融、贸易中心之一和现代化国际城市奠定基础。也就是说，国家战略决策中的浦东开发开放不是单纯地将浦东建设成为一个加工区或者纯粹意义上的工业开发园区，而是要建成一个“新市区”。就此，浦东肩负着重要的使命登上历史舞台，迎来了开发开放的大潮。

2. “小政府、大社会”政府职能转变的探索

浦东“新市区”的建设要求使制度创新成为开发开放的应有之义，这既是把浦东建设成为现代化国际大都市的体制保证之一，也是浦东为全国提供改革创新样板的责任所在。在这个阶段，传统体制下政企不分、政府机构重叠庞大、人浮于事的弊端被逐步认识，“新公共管理”运动所倡导的有限政府、责任政府则得到了国际社会的普遍认可。与“大政府”相比，“小政府”具有职能相对有限、机构规模较小、运作效率较高等诸多优点，[①]因此，“小政府”的政府类型在20世纪后期席卷全球的公共管理改革浪潮中被许多国家所推崇。

浦东开发开放正逢其时，一方面是浦东的开发开放内含着政府体制创新的要求，“小政府、大社会”的理念恰好契合这一要求；另一方面是浦东的政府体制框架构建可以看成是在“白纸”上的描绘，不涉及原有部门

① 王甲成．“小政府”：渊源、意义及其向度．江南社会学院学报，2005(2)．

之间的利益调整,推行起来阻力较小。对正处于政府职能转变探索时期的中国而言,“小政府”的政府类型成为可选择的有效路径之一,而浦东则成为“小政府”路径探索最适合的实践区域。因此,当浦东开发开放构筑新的管理机构时,基本的共识就是要按照改革的要求,借鉴市场经济国家的经验,建立一个高效、精干的“小政府”式管理机构。在中央政府的战略决策与有力推动下,上海市政府作为制度创新的执行者,根据“小政府、大社会 ”的理念,强调“精简、统一、高效”的原则与“大系统管理”的方式,开启了政府职能转变的有益探索。具体而言,浦东开发开放初期,在组织机构建设方面采取了“减、并、转、拒、增、放”六大做法。其中,“减”就是精兵简政,并明确只有“简政”才能“精兵”;“并”就是在浦西由几个部门承担的职责,在浦东有条件的完全可以并到一个部门行使,合并某些职能相近的机构;“转”就是把一些不适宜再由政府部门管的事情,转为社会团体管理;“拒”就是对不符合“小政府”职能范围,一些企业或民间机构要求浦东政府做的,可以婉拒;“增”就是增加服务功能、管理功能,把一些该管没人管的事“管”起来;“放”就是权责下放,对某些在传统上由局行使的职能在浦东可以由局以下部门行使。①

二、“小政府、大社会”体制催生社会组织

1. 浦东社会组织的萌动而发

20 世纪 90 年代初,“小政府、大社会”作为我国政府职能转变与浦东政府管理体制构建的理念指导,其内涵就是要通过减少政府的职能,调整政府的权力,使社会逐渐承接并独立管理原属政府职能范围的某些事项,实现政府机构和政府人员的缩减、社会权利的扩大以及社会自治能力的提高,从而实现促进效率提升、推动社会快速前进的目标。因此,从理论上看,“小政府、大社会”的内涵不仅要求政府“小”,更要实现社会“大”的

① 赵启正.浦东逻辑——浦东开发与经济全球化.上海三联书店,2007:219.

目标，即社会有充分的权利实现自我治理。从实践上看，浦东进行组织机构建设的六大做法中，“减”“转”“拒”“增”“放”五种做法均涉及社会组织。也就是说，政府要实现减政放权，婉拒或转移有关职能、增加社会服务等均需要有相应的社会组织进行职能承接。因此，培育和发展社会组织成为浦东“小政府、大社会”管理体制建设中的重要一环。

2. 典型解析：罗山市民会馆

在浦东的开发开放阶段，罗山市民会馆作为浦东在社会管理和公共服务领域“明星”式的社会组织，是“小政府、大社会”理念所催生的产物之一，其运作也是这一阶段中社会组织发展的典型代表。

20 世纪 90 年代中后期，浦东开发快速推进，原先的农村地区在很短的时间内变为开发区和城市化地区，随着行政区划的重新调整，新的罗山路街道应运而生。而此时，上海市召开了第一次“社区工作会议”，正式提出了“社区建设”的概念，并迈出了探索新型社区管理和公共服务模式的步伐。浦东作为体制创新的样板区域，始终秉承着“小政府、大社会”的理念，希望走在全国的前列。因此，在当时浦东社会发展局主要领导的推动下，决定把罗山路街道作为试验区，探索“共建、民办、共管”的社区公共服务新模式，1996 年罗山市民会馆在浦东顺势成立。①

罗山市民会馆的成立实现了浦东社会组织发展在组织形式和运作机制上的两个创新。首先在组织形式上，罗山市民会馆共有四个出资方：浦东社会发展局作为政府职能部门出资 260 万元、罗山路街道办事处作为所在地政府提供一家闲置幼儿园的场地、浦东社会发展基金会出资 90 万元、上海基督教青年会投资 100 万元。罗山市民会馆承担了传统意义上由政府行政机构负责的社区管理与公共服务的职能，但又采用不同于传统的组织形式，它以相对独立的身份介入社区公共服务，在政府提供的“零租金”馆舍与政府承诺购买部分服务的基础上承担会馆自身所有的运

① 谢群慧. 一所市民会馆的生存课题. 浦东开发，2008(11).

营费用,包括人员工资、福利等,政府与其建立平等的契约关系,不干预其具体的运行。其次是在运作机制上,罗山市民会馆一方面创设了多方参与、集体协商式的运作机制,由罗山市民会馆四个出资方的代表及作为收益方的社区居民代表共同组成管理委员会,由管理委员会负责罗山市民会馆运营中的决策和监督。另一方面,罗山市民会馆也引入公民自助理念,依靠"在老百姓中存在着的很大的一股志愿精神"来运作市民教室、假日托儿所、医疗咨询、图书馆、护理员培训班等40多个服务项目。

罗山市民会馆的出现是浦东在"小政府、大社会"理念下,在社会管理和公共服务领域的可贵探索,这一探索得到浦东政府的大力支持与推崇,并获得了社会各界的广泛关注,成为开发开放时期浦东社会组织发展的创新典型。①

3. 开发开放中的浦东社会组织:类"雇佣"关系

在"小政府、大社会"管理体制建设的理念下,在浦东政府的支持引导中,浦东社会组织得到了较好的发展。具体表现在:第一,社会组织数量逐年增长且速度加快。在浦东开发开放之初,1991年浦东社会组织数量几乎为零,而经过10年的发展,2001年浦东社会组织的数量发展到267家,占上海市社会组织总量的比例达到6%左右。第二,社会组织发展取得了一系列的成就。其中,第一个成就是以罗山市民会馆为代表的社会组织成功参与到社会服务提供中,并在我国首开政府购买社会组织服务的先河。第二个成就是社会组织的发展促进了浦东专业社工队伍的发展。1997年,浦东率先从中国青年政治学院引进社会工作专业人才,促进了浦东社会工作者队伍的建设与发展。1999年,浦东又率先成立了民间发起、自主运作的社会工作者行业管理机构——浦东社会工作协会,负责社会工作者专业队伍的招募、培训、管理和评估等工作,并在学校、医院、社区等地开展社工服务,大大促进了社会工作者队伍专业化、规范化的发展。第三个成就是有关社会组织发展的各项制度不断建立完善,如

① 杨炳珑.罗山市民会馆,温馨的社区大家庭.中国社会报,2001-03-03.

浦东2004年开发制定的《社会工作者国家职业标准》，被当时的国家劳动和社会保障部认可并上升为国家标准。[①]

总的来说，在浦东开发开放阶段初期，浦东社会组织的发展以政府为主要推动力量，多数社会组织自上而下建立，并参与到社会管理与服务中来，在运作中较多地依赖于政府的支持。而随着浦东开发开放的不断深入，浦东的经济与人口进入了高速增长期，这在对浦东政府社会管理与服务提出更高要求的同时，也间接促进了社会组织的发展，此时，更多的社会组织如雨后春笋般自下而上建立，并在专业化、规范化的运作模式中不断进行探索。但这一阶段的社会组织发展整体是在政府的主导下探寻社会组织与政府之间的合作，多数情况是政府将某一服务项目与相应资金交给某一社会组织进行执行，因此，这一阶段的政府与社会组织是一种类“雇佣”关系。

第二节　综合改革试点：浦东社会组织的快速成长

一、综合改革试点的社会治理内涵

1. 综合配套改革试点的确立

浦东作为改革开放的产物，已经深深地打上了改革的印记。党的十四大以来，历次党的全国代表大会都对浦东开发开放提出明确要求，要求浦东“在制度创新和扩大开放等方面走在前列”，更好发挥“在改革开放和自主创新中的重要作用”。进入新世纪后，党中央强调“要继续搞好浦东开发开放，加快体制创新，不断提高外向型经济层次，努力在更高的起点上实现快速发展”。[②] 在此背景下，2005年6月21日，国务院第九十六次常务会议批准上海浦东为国家综合配套改革试验区。会议要求，浦东综合配套改

---

① 谢群慧.建立现代社会组织体制：新任务　新要求——访浦东新区区委党校副教授冯梦成.浦东开发，2013(6).

② 杜家亳.站在更高起点加速浦东发展.浦东开发，2004(9).

革试点要着力转变政府职能,着力转变经济运行方式,着力改变二元经济与社会结构;要把改革和发展有机结合起来,把解决本地实际问题与攻克面上共性难题结合起来,把实现重点突破与整体创新结合起来,把经济体制改革与其他方面改革结合起来,率先建立起完善的社会主义市场经济体制,为推动全国改革起示范作用。在中央“三个着力”的要求下,浦东为综合配套改革试验设定了更为具体的目标。其中,在转变政府职能方面就提出了“探索建立互补型、高效率的行政管理体制,强化政府社会管理与公共服务的职能,推进社会事业改革”等目标。由此可见,浦东综合配套改革试点的确立为浦东社会管理与公共服务类社会组织的发展提供了新的契机。

2. 社会治理内涵的发展

随着浦东综合改革试点的确立,“社会治理”的概念也逐渐深入到改革发展的实践中。“社会治理”的概念是在“治理”这一术语的基础上产生的,在西方有着较为深入的研究历史。美国学者罗西瑙(James N. Rosenau)将治理定义为:“一系列活动领域里或隐或显的规则,它们更依赖于主体间重要性的程度,而不仅是正式颁布的宪法和宪章。”罗西瑙认为,治理是一种在共同目标和规则支持下的活动,治理主体不一定是政府,也不需要依靠国家强制力量来实现。① 而英国学者格里·斯托克(Gerry Stoker)则从治理主体的多元、治理责任的模糊、主体间权力的依赖、治理网络的自主以及治理工具的现代性五个层面对治理内容作了进一步的丰富和拓展。② 20世纪末,国内学者也开始对治理理论进行研究。毛寿龙将治理与统治、行政和管理区分开来,认为治理介于负责统治的政治与负责具体事务的管理之间,它是对于以韦伯(Weber)的官僚制理论为基础的传统行政的替代。③ 俞可平认为,治理是指官方的或民间的公

---

① 詹姆斯·罗西瑙.没有政府的治理.张胜军,刘小林,等,译.江西人民出版社,2001:5.

② 格里·斯托克.作为理论的治理:五个论点.华夏风,译.国际社会科学杂志(中文版),1999(1).

③ 毛寿龙,等.西方政府的治道变革.中国人民大学出版社,1998:7.

共管理组织在一个既定的范围内运用公共权威维持秩序，并在各种不同的制度关系中运用权力去引导、控制和规范公民的各种活动，以实现最大限度地增进公共利益，满足公众需要的目的。① 张康之就社会治理模式中的德治与法治、社会治理者的责任、社会治理中的价值与契约精神等伦理层面的内容进行了研究，赋予了社会治理以人文情怀。② 总结国内外学者观点可见，社会治理是一种以人为本的治理方式，它以各行为主体间的多元合作和主体参与为治理基础，在科学规范的规章制度指引下，更好地应对社会问题，促进社会资源合理配置，满足民众合理需求。它打破了传统的、高度集中的、政府主导下的等级组织管理方式，为协调国家、市场和社会三者的关系提供了一个新的实现渠道，蕴含着互动合作、公平民主与协商参与等理念。③

社会治理源于西方发展较为完善的公民社会与契约精神之中，这一理论要有效指导我国的发展，其内涵就必须考虑到我国治理文化的传统性、治理情景的复杂性以及治理地域的特殊性。在 21 世纪初，国内学者已经对社会治理展开了广泛的研究，而在改革开放持续推进、经济社会高速发展的浦东，特别是综合改革试点确立并提出具体改革目标的基础上，社会治理的内涵得到了进一步的丰富与发展。具体而言，就是在培育、鼓励、支持、引导社会组织发展的同时，以多元合作和多主体参与为理念指导，通过完善的制度建设，进一步加强政府职能转移与权力下放，使社会组织、营利组织、社区单位等多主体，基于市场原则、公共利益共同参与到社会管理与服务中。由此可见，社会治理理论的发展又为浦东社会组织的发展提供了有效的理论支撑与方向指导。

---

① 俞可平. 治理与善治. 社会科学文献出版社，2000:5.

② 张康之. 行政道德的制度保障. 浙江社会科学，1998(4).

③ 向德平，苏海. “社会治理”的理论内涵和实践路径. 新疆师范大学学报(哲学社会科学版)，2014(6).

二、现代社会治理中社会组织大显身手

1. 政府与社会组织的良性互动

自2005年起,浦东在综合配套改革试点的背景下,为进一步转变政府职能,强化社会管理与公共服务,实现有效的社会治理,在强调发挥政府职能与企业组织积极作用的同时,也提出了要充分发挥社会组织的积极作用。[①] 因此,浦东政府以构建新型政社关系为突破口,大力发展社会组织,完善社会组织的登记、发展监管体系,打造政社互动的工作平台,有力地促进了政府调控机制与社会协同机制的互联、政府行政功能与社会自治功能的互补、政府管理力量与社会调节力量的互动。2005年,浦东政府出台了《关于促进浦东新区社会事业发展的财政扶持意见》,提出了大力发展公益性民间组织,鼓励社会力量举办社会事业,引导各类资金参与社会公益事业等要求。2007年,浦东在《关于着力转变政府职能建立新型政社合作关系的指导意见》中提出,要逐步实现政府与民间组织和社会组织的"六个分开",即主体、机构、职能、人员、资产、住所分开,以进一步确立社会组织的独立法人地位,提升社会组织自主运作的能力。同年,浦东又出台了《关于促进浦东新区民间组织发展的若干意见》及其实施细则,提出要积极发展行业协会、重点发展社区公益性民间组织,培育扶持涉民间组织等内容。

在政府的政策、资金支持下,浦东社会组织不断探索与政府的良性互动,在社会管理与服务中发挥越来越重要的作用,逐渐成为社会治理中的重要主体之一。特别是2007年《浦东新区关于政府购买公共服务的实施意见》的印发,浦东的社会组织介入到原来由政府直接举办的,为社会发展和人民日常生活提供的管理服务与协调事项中,进一步推进了政府职能转变与行政管理体制的改革进程,有效推进了浦东综合配套改革试点

---

① 李慧芹.充分发挥社会组织在浦东新区综合配套改革试点中的重要作用.社团管理研究,2008(9).

工作。在管理服务方面,浦东公共服务的全流程被划分为“管、办、评”三大块,而社会组织在这三大块均有着较为突出的表现,并在“办”与“评”两个领域发挥出重要的“划桨”功能。2006 年,随着浦东第一家区级市民中心的成立,以浦东社会工作协会为代表的部分社会组织,实际参与到市民中心的管理中来,组织各类社团开展培训、讲座等多种活动。此外,各类社会组织也通过项目申请的形式积极参与到社会服务的举办与评估中,探索政府购买服务的政社合作新模式。在社会协调方面,具有代表性的是 2006 年“浦东新区医患纠纷人民调解委员会”的成立,该委员会作为第三方群众组织,聘任了 5 名来自法律界和医学专业方面的调解员,与医院、政府部门没有任何行政隶属关系,其中立性得到了院方、患方以及管理方的认可。此外,该委员会的成立也开启了浦东在劳资方面、教育方面以及物业管理方面协商机制建立的探索进程,极大地增强了“大社会”的自我调节机能。

2. 典型解析:上海公益社工师事务所

上海公益社工师事务所是在浦东综合改革试点强化政府社会管理与公共服务职能,推进社会事业改革的背景下成立的,是浦东综合改革试点阶段社会组织发展的典型代表之一。

上海公益社工师事务所成立于 2007 年 9 月,是一家扎根于社区,积极响应社区需要,提倡社区参与和社区关怀,并致力于为社区居民提供多元化服务的社会工作专业服务机构。该事务所秉持“以人为本、社区为本、优势为本”的服务宗旨,积极响应社区居民及社区发展的需要,有效整合运用社会资源,以提升社区居民的生活品质,促进社区参与、社区关怀和社区融合为目标,提供各类优质、专业的社会服务。目前,上海公益社工师事务所由社会工作专家领衔、专业社会工作者组成,聚焦社会救助、优抚关爱、家庭与儿童以及社会工作督导、研究与培训等领域,其服务项目已覆盖了整个浦东 36 个街镇,并扩展至浙江的嘉兴、海宁等长三角区域周边城市。

作为综合改革试点阶段成立和发展的社会组织，上海公益社工师事务所具有这一阶段社会组织发展的代表性特点：一是社会组织的内部治理逐步完善；二是致力于社会服务领域，特别是社区服务领域的专业能力提升；三是对政府购买社会组织服务的申请、实施更加专业规范；四是社会组织更加注重志愿者与志愿精神的培训与培养。

第一，内部治理逐步完善。首先，上海公益社工师事务所建立了较为完善的组织架构，从上至下包括董事会、监事会、总干事、副总干事、项目主管、项目助理、一线社工、志愿者等。其次，事务所也一直严格按照国家的各项规定，履行社会组织管理的各项义务，完善组织的内部章程制度。如员工手册的修订，在关注员工福利待遇的同时，细化并明确了各岗位人员的岗位职责，更加注重绩效考核，激发公益员工的工作动力。此外，财务报销制度、文档管理制度、对外宣传制度、项目管理制度等都在不断建立和完善中。最后，事务所也制定了中长期的发展规范，希望在接下来的发展中进一步引用企业管理经验，健全和优化机构管理方法。在纵向上，对公益员工进行培训、完善内部沟通，强化社工的服务意识和敬业精神。在横向上，建立员工激励体系，注重机构社工需求的满足，发挥公益员工在专业服务中的主动性和创造性。

第二，致力于社会服务领域的专业能力提升。上海公益社工师事务所目前主要致力于社区扶贫帮困、社区精神文化建设与和谐社区建设等几个方面。在社区扶贫帮困方面，事务所以浦东低保家庭、单亲家庭、外来人员（包括外来媳妇、外来务工人员、流动儿童等）等为主要服务对象，运用专业化的社会工作理论与精准细致的服务，通过搭建资源链接平台、个人或家庭增能服务、精神慰藉等方式来实现服务帮困的主要功能。在社区精神文化建设方面，事务所一个自然年度内，要围绕娱乐交友、公益性讲座、医疗卫生安全宣传等方面开展七十多次社区活动，这些活动在社区居民自我展示、自我认可以及社区生活基本常识丰富方面发挥着重要作用。在和谐社区建设方面，事务所致力于在社区居民中形成一线社工关爱志愿者，并在这些志愿者的带领、帮扶下在社区居民之间形成互帮互助，共同参与的浓厚氛围，增进了居民对社会工作以及社区建设的认同感和归属感。在综合改革试点阶段，随着社区治理理念的不断深入，类似于上海公益社工师事务所的各类社区与服务类社会组织蓬勃发展。

第三，积极参与政府购买社会组织服务。上海公益社工师事务所十分重视政府购买社会组织服务项目，并积极参与项目申请与承接。目前事务所已经承接了浦东新区“家庭专业社工服务”项目、“新启程”家庭成长计划——社会救助对象社会工作介入项目、“暖阳行动”——优抚对象社会工作介入项目、“青云腾飞计划”——贫困家庭资产建设干预项目、“关爱功臣”——优抚对象社会工作试点项目、“浦东新区陆家嘴等九街镇低保困难家庭子女培训助学项目”、浦东低保家庭千户调查项目（2014、2015）、浦东社会救助社会工作培训项目、嘉兴市与海宁市社会工作专业服务督导项目、上海市关爱功臣项目督导服务以及海宁市社会工作督导人才培养计划服务项目等，这些项目多来源于政府职能转移过程中对社会组织服务的购买。综合试点改革中的浦东各类社会组织都逐步重视并主动申请政府职能转移过程中形成的购买服务项目，项目申请更加规范、项目执行更加到位，在浦东政府职能转变中发挥着重要的作用。

第四，注重志愿者与志愿精神的培训与培养。上海公益社工师事务所十分重视志愿精神培育与志愿者的培训。以居委会民政老师，退休的街道、居委会工作人员，以及在校学生等为主要的志愿者培养对象，以社区居民、社区周边企业员工为潜在的志愿者培养对象，在各类活动中积极宣扬志愿精神，招募志愿者，形成良好的志愿氛围。事务所的志愿者培训分为线上和线下培训，线上培训主要是通过建立微信群、QQ群等在网上进行交流，以新媒体的方式拉近社工与志愿者的距离，同时增进沟通的效果；线下培训主要是定期围绕志愿者服务表单填制、上门访谈技巧方法、服务政策普及、服务经验分享等方面展开，旨在传授社会工作服务理念、技巧、方法，提升志愿者队伍的服务素养。浦东各类社会组织对志愿精神的宣传与志愿者的培训有效地促进了整个社会志愿氛围的形成,使社会成员逐渐认识到自身作为社会治理主体之一的重要作用,促进了社会发展中的自治与共治。

3. 综合改革试点中的浦东社会组织:政社合作关系探索

在一系列社会组织扶持政策的保障下,在浦东政府的大力引导和支持下,也在社会组织的自我探索发展中,浦东社会组织在数量与质量两个方面均得到了充分的发展。在数量方面,2007 年,浦东社会组织为 603 家,到 2008 年 6 月发展为 684 家,2009 年增加到 713 家,2012 年达到了 1550 家,数量的增长十分显著,增速也逐步提高。在质量方面,浦东社会组织不断参与到社会管理与公共服务的序列中来,基本实现了社会组织直接参与公共服务提供,并能通过自身"上下沟通"作用的发挥促进公共政策的发展,同时还在维护良好的价值取向、促进公民精神和社会参与发展等方面发挥了一定的作用。而综合试点改革阶段中的浦东政府,则通过提供一定的法律保障、经费支持、税收减免等,进行有效的监督管理等,使政府与社会组织之间的政社合作关系得到明确,合作路径也得到了进一步的探索与深化。

2006 年,浦东率先建立中国第一个公益组织孵化器——上海浦东恩派公益组织发展中心(NPI)。这一带有全国示范性的创新模式获得了政府、资助机构、业界、媒体和各方专家的广泛关注和肯定。2008 年,上海慈善大会将"公益组织孵化器"项目评选为"最佳项目创新奖"。国家民政部对这一模式也给予了高度评价,并多次强调要在上海乃至全国更大范围内对孵化器模式进行推广。2009 年 12 月,上海第一个旨在扶持公益性社会组织的公益服务园区——浦东公益服务园开园。园内凝聚了先进的社会组织管理与服务理念,汇集了极具代表性的公益组织机构和专业人才,实现了资源整合与共享,促进了社会组织参与社会管理和公共服务。[①] 2012 年，浦东公益服务园项目获得第六届“中国地方政府创新奖”。2012 年 8 月，浦东公益一条街作为浦东先行先试，激发社会活力的又一项创新举措开启了入驻招募工作，公益一条街是浦东公益的“梦工场”和公益资源的聚集地，更是社会组织公益服务的展示窗口、创新思维的灵动空间，其主要功能定位为：(1) 探索社区公益组织可持续发展的模式，提升社会组织服务社会的能力；(2) 探索社会服务的多种实现途径，推广和展示公益产品和服务；(3) 探索社区公益服务的社会认同，宣传公益理念、传播公益文化；(4) 促进政府、企业、社会组织、社区公众的多方参与和合作，完善浦东公益生态链。[②]

在浦东综合改革试点阶段，从公益组织发展中心到公益服务园，再到浦东公益一条街，这是政府支持、引导社会组织发展的结果，也是社会组织不断探索和发展的结果。在这一阶段，浦东社会组织在数量上迅速增长，质量上不断提高，同时社会组织也抓住综合改革试点的契机，在与政府的良性关系方面不断探索，逐步从开发开放初期的类“雇佣”关系向相对平等的“政社合作”关系转变，在社会治理的大背景下，积极承担起社会组织的责任，履行社会组织的应有义务，不断参与到社会管理与公共服务中。

第三节　自贸试验区：浦东社会组织的蓬勃发展

一、自贸试验区建设中的国际通行规则

1. 自贸试验区的成立背景

2013 年 9 月 29 日，中国(上海)自由贸易试验区正式挂牌成立，这是党中央、国务院从国内外大势出发，统筹国内国际两个大局，顺应全球经

---

① 谈燕. 上海首个公益服务园在浦东开园. 解放日报，2009-12-16.

② 浦东公益一条街入驻招募公告. [2012-08-31]. http://www.shstj/gov.cn/node2/modc3/n5/n53/u8ai12302.html.

贸发展趋势，在新形势下推进改革开放的一项重大国家战略，也是我国顺应全球经贸发展新趋势，实施更加积极主动对外开放战略的一项重大举措、重大尝试。自贸试验区建设是中央交给上海的重大任务，也是上海加快推进“四个中心”建设和加快实现“创新驱动、转型发展”的重大机遇，肩负着我国在新时期加快政府职能转变、积极探索管理模式创新、促进贸易和投资便利化发展等重要使命，涉及政府职能转变，推进外商投资管理体制改革，探索建立准入前国民待遇和负面清单管理模式，扩大服务业开放，深化金融领域的开放创新，提升开放型经济水平等方方面面的内容。中国(上海)自贸试验区的建设，是新时期改革开放的试验田，要为全面深化改革和扩大开放探索新途径、积累新经验。

2. 自贸试验区建设的任务要求

随着自贸试验区正式挂牌成立，《中国(上海)自由贸易试验区总体方案》也随之公布，该方案阐释了自贸试验区建设涉及的 5 个方面任务和 90 多项政策措施。具体包括：第一，自贸试验区建设要加快政府职能转变。主要是深化行政管理体制改革，改革创新政府管理方式，按照国际化、法治化的要求，积极探索建立与国际高标准投资和贸易规则体系相适应的行政管理体系，推进政府管理由注重事先审批转为注重事中事后监管。第二，自贸试验区建设要扩大投资领域的开放。选择金融服务、航运服务、商贸服务、专业服务、文化服务以及社会服务领域，扩大对外开放，除银行业机构、信息通信服务之外，暂停或取消投资者资质要求、股比限制、经营范围限制等准入限制措施，营造有利于各类投资者平等准入的市场环境。第三，自贸试验区建设要推进贸易发展方式转变。包括鼓励跨国公司设立亚太地区总部和营运中心；深化国际贸易结算中心、融资租赁业务创新、期货保税交割、跨境电子商务服务等改革试点；推动服务外包业务发展；探索形成具有国际竞争力的航运发展制度和运作模式等。第四，自贸试验区建设要深化金融领域的开放创新。包括加快金融制度创新，在自贸试验区内对人民币资本项目可兑换、金融市场利率市场化、人民币跨境使用等方面先行先试。增强金融服务功能，推动金融服务业对符合条件的民营资本和外资金融机构全面开放等措施。第五，自贸试验区建设要营造良好的监管和税收制度环境。包括建立国际高水平投资和贸易服务体系，创新监管模式，推进实施“一线放开”，坚决实施“二线安全高效管住”。进一步强化监管协作，形成公开、透明的管理制度。同时，在维护现行税制公平、统一、规范的前提下，探索与自贸试验区相配套的税收政策。自贸试验区建设的各项任务要求对区内社会组织的发展提出更高要求的同时，也为金融、贸易类社会组织的发展提供了新的平台和契机。

二、国际化视野下社会组织的功能扩展

1. 自贸试验区建设对社会组织发展的任务要求

自贸试验区的建设是顺应全球经贸发展的要求，也将自贸试验区置于国际化、全球化的视野之下。在自贸试验区的建设中，政府是规则的制定与监督者，维护和保障自贸试验区稳定有序的发展；市场是逐利的引路人，引领一批又一批的逐利者为自贸试验区创造新的商业模式与新的经济动力；而社会组织则肩负着将具有共同目的和目标的国内外经济主体及其他主体聚集起来，通过引导和整合，促进各类组织市场化、国际化、社会化发展。《中国(上海)自由贸易试验区总体方案》也指出要“积极鼓励社会力量参与市场监督”，因此，在自贸试验区建设中，竞争市场环境的营造、政府职能的转变和社会治理体制的创新，都应当将社会组织建设纳入其部署之中，这也为自贸试验区社会组织的发展提出了更多的任务与要求。

第一，社会组织要推进自贸试验区市场化进程。自贸试验区的市场化有赖于市场本身对资源的配置，又有赖于有特定目的的市场人所形成的团体——社会组织。这是因为社会组织内部可以通过“权益分配方式的改进”来促进和保证市场经济的自由运转。因此，社会组织应发挥自身

协商民主载体的重要功能，做到既能促进市场的民主公平，又能推进公共服务资源的市场化，促进经济的公平、透明。

第二，社会组织要提升自贸试验区的国际竞争力。一方面，自贸试验区的建立发展有利于吸引具有国际水准社会组织的加入，这一类型的社会组织具备国际最先进的组织规章制度，熟悉掌握国际劳工标准、绿色环境标准等知识，能够有效弥补国内社会组织在这一方面所缺乏的知识与能力，帮助自贸试验区企业单位在国际贸易谈判过程中取得应有的权利。因此，自贸试验区的各类国内社会组织应主动学习国际社会组织的相关制度规范，加强与国际社会组织的沟通协调，不断提升自身的生存活力，实现快速成长发展，以更好地服务自贸试验区的建设。另一方面，在自贸试验区发展过程中，社会组织主动承担起相关单位在贸易纠纷中的调解、调停工作，这样不仅可以有效地减少当事人的诉讼成本，也有助于缓和利益双方的矛盾，减少国际贸易的风险，利于可靠稳定投资环境的建立，提升自贸试验区在国际发展中的综合竞争力。

第三，社会组织要承接自贸试验区政府职能转变，加强法制建设。自贸试验区采取负面清单的管理模式(法无禁止即可为)，并注重政府在管理过程中简政放权，但新制度的运行不可避免地存在漏洞，容易带来风险和损失。这个时候就需要社会组织来弥补政府简政放权所留下的制度漏洞和社会空间。社会组织通过组织内部的规章制度可以对所在行业和组织成员进行自律约束，这样就避免了放权后的管理空地，有效承接政府权力的让渡和转移，更有助于实现政府与市场、政府与社会以及不同利益群体之间的良性互动。①

根据自贸试验区建设对社会组织发展提出的任务和要求，自贸试验区的社会组织发展涉及四个方面的内容：一是发挥社会组织资源整合的功能，服务自贸试验区的市场化发展；二是发挥社会组织协商平等的作

① 张俊杰，邓宇汝，吴超．上海自贸区内社会组织发展研究．劳动保障世界，2016(11)．

用,促进自贸试验区各主体之间矛盾调停与协商合作;三是发挥社会组织社会服务功能,进一步深化政府职能转变;四是发挥社会组织风险承受能力强、创造性强的优势,增强自贸试验区的国际影响力与竞争力。

2. 典型解析:上海市生物医药行业协会

上海市生物医药行业协会成立于2002年12月,是由上海及相关省市生物医药企业、相关大学、科研院所和产业园区等单位自愿组成的跨部门、跨所有制的非营利的社会团体,在浦东注册办公。

上海市生物医药行业协会自成立之初就围绕“促进产业发展”这个中心,积极践行“沟通协调、自律诚信、搭建平台、竞争有序”的工作思路,发挥政府管理部门与企业之间的桥梁作用,为政府提供战略研究、产业规划等服务,为企业提供政策宣读、项目申报、信息咨询、人才推荐、专利代理、法律援助等服务,并通过开展国内外技术交流、行业沟通、引进国际先进技术和产品等,引导上海生物医药企业走向规范化管理,促进上海生物医药行业的发展。2013年,自贸试验区挂牌成立,上海市生物医药行业协会在发挥好自身既有功能的基础上,积极探索,不断创新,有效地承担起自贸试验区建设所要求的整合社会资源、促进协商平等、加强社会服务、提升自贸试验区国际竞争力的任务要求,成为自贸试验区建设中社会组织发展的典型代表之一。

上海市生物医药行业协会作为标杆性行业协会坚持不断探索、不断完善,在行业协商合作、政府职能承接以及行业规范发展等方面发挥了重要作用,为自贸试验区建设中社会组织的任务承担打下了坚实基础。在行业协商合作方面,该协会搭建合作交流平台,组织行业会展招商,开展国内外经济技术合作交流,促进了行业经济的发展。该协会组织的上海国际生物技术与医药研讨会、上海国际医疗设备与生物技术展览会、中国国际生物技术和仪器设备博览会以及丹麦生物医药推介会、美国伊利诺伊州—上海生物医药研讨会等都是具有国际性、前沿性的会议,通过这种类型会议的举办,有效地促进了各类合作,提升了自贸试验区的国际影响力。此外,该协会也注重争议处理机制的建立,制定并颁布了《上海市生物医药行业协会受理争议处理管理办法》,指导行业内争端的有效解决。在政府职能承接方面,该协会参与政府行业发展规划制订和国际国内行业标准制定工作,如上海市生物医药产业发展"十二五"规划、上海市危险化学品生产企业"十一五"布局规划、中国国际工业博览会中长期发展规划、上海市生物制药行业污染物排放标准等。此外,该协会还参与了《上海生物医药产业发展报告》《上海市国民经济和社会发展报告·生物医药篇》《浦东新区生物医药产业统计报告》《上海年鉴》等的编写工作,在出色完成政府转移职能的同时,也促进了行业的不断发展。最后,在行业规范发展方面,该协会制定行业标准、行规行约,建立行业质量检查制度与自律规范制度,开展行业内评比达标表彰活动,举办"优秀企业评选""协会社会责任奖""诚信企业认定"等活动,并配合有关部门打击假冒伪劣商品,维护消费者权益和行业整体利益。

2013 年,随着上海自贸试验区的挂牌成立,上海市生物医药行业协会更加明确自身提升自贸试验区国际影响力与竞争力的使命与责任,积极探索筹建了上海市生物医药应用示范工程产业技术创新战略联盟,并不断扩大"谈家桢生命科学奖"的国际影响力。

上海市生物医药应用示范工程产业技术创新战略联盟的主要任务是:参与生物医药产业政策、法规和规划的研究和制定;整合生物医药产学研资源,推动联盟成员单位引进和开发生物医药新产品和新技术;搭建国际化、专业化的技术服务平台,提供国际先进水平的生物医药产品产业化技术支持、协作;构建生物医药产业信息数据共享平台;提供仪器设备共享服务;培训和引进具有国际水平的产业化高端人才;开展生物医药物联网平台研究;促进联盟成员间的技术合作、技术交流和技术转移等。其宗旨在于通过长效、规范的联盟机制,联合上海地区致力于从事生物医药产业化技术研究开发、临床应用与市场推广的独立法人单位,加强联盟成员间的协作与交流,指导企业对生物医药产业化技术的应用,解决阻碍产业发展的瓶颈和新药产业化碰到的问题，推动上海生物医药产业化和产业国际化的发展，从而提升上海自贸试验区生物医药产业的国际影响力。

"谈家桢生命科学奖"是为了促进我国生命科学、医学、药学及相关领域的科技进步和产业发展，促使生物技术产业领军人物的不断涌现，由国家科技部批准设立的。该奖项下设"谈家桢生命科学成就奖""谈家桢生命科学产业化奖"和"谈家桢生命科学创新奖"三个奖项，每年奖励费用为人民币115万元，由上海市生物医药行业协会承办。"谈家桢生命科学奖"自2008年设立以来，其影响力逐渐扩大并吸引在中华人民共和国境内从事生命科学事业并作出成就的科学家、教授参加评选。"谈家桢生命科学奖"在国内国际上的知名度和影响力不断提升，这也间接地促进了自贸试验区国际影响力的提升。

3. 自贸试验区下的浦东社会组织：平等合作伙伴关系

在自贸试验区建设的国际化视野下，浦东社会组织积极拓展组织功能，不断提升服务能级，各类高端论坛、展示会、交易会不断举办，各类金融投资、资产管理、外包服务等新型的社会组织也不断建立。2013年，浦东社会组织总量为1662家，占上海市社会组织总量的14%；2014年，浦东各类社会组织总量达到1764家。这些社会组织在服务于自贸试验区市场化发展的同时，更为有效地承接了政府的转移职能，逐步与政府、企业等各类主体建立起平等的合作伙伴关系，并从平等合作伙伴关系出发，不断提升自身产业发展促进、资源整合与协商调停等组织功能，取得了一系列的成绩。

首先，平等合作伙伴关系促进了社会组织与政府的合作互动，通过联合举办论坛、展销会、交易会等方式，吸引国际知名产业巨头入驻自贸试验区。例如，由上海现代服务业联合会与中国（上海）自贸试验区管委会联合举办的"第九届制造服务外包国际论坛暨2013中国（上海）服务外包展示交易会"就吸引了众多金融机构、金融信息服务机构、资产管理机构、工程设计机构、商业保险企业及各类具有代表性的外资巨头的入驻。①

其次,平等合作伙伴关系提升了社会组织的资源整合能力,促进了自贸试验区各类新兴行业的发展。由中国电子商会、上海外联发商务咨询有限公司与灏飞信息科技(上海)有限公司联合成立的中国电子商会投融资工作委员会,就以自贸试验区为基础,整合和协调各方面金融资源和社会资源,促进金融投融资服务形成合力,并与电子行业企业相对接,解决该行业项目融资难、成本高的问题。该委员会倾力于融合资本、科技及政策的优势资源,全力打造全面服务的金融投资服务平台,为会员提供的服务包含政策支持及定制化、投融资服务与通道、跨境投资顾问、资本项目多元对接四大服务板块,具体包括促进会员企业相互交流,整合并利用资金、技术、人才、政策等资源,积极扶持会员企业成长,为投资和项目创造最大的商业价值。该委员会的成立顺应了自贸试验区发展的新要求,也体现出社会组织与政府、企业各主体的平等合作,为自贸试验区电子行业企业的发展提供更广阔的发展空间,也成为中国电子企业走向世界的桥梁和最佳助推器。②

最后,平等合作伙伴关系强化了社会组织的协商调停作用,有效地促进了自贸试验区内各类矛盾争端的解决。中国(上海)自贸试验区国际商事联合调解庭暨上海文化创意产业法律服务平台知识产权调解中心于2013年11月在自贸试验区揭牌成立。该调解庭以上海经贸商事调解中心、上海文化创意产业知识产权法律服务平台为依托,是独立的第三方调解机构。除了本土的专家服务团,调解庭还与英国有效争议解决中心、国际仲裁协会、新加坡国际调解中心、香港国际仲裁中心、香港调解会、美国最大的争议解决机构JMS公司等著名调解机构合作,通过商事调解这一符合国际规范和惯例的法律资源,帮助中外当事人高效处理商事纠纷,特

---

① 何秀芳,刘宇.第九届制造服务外包国际论坛圆满落幕.中国贸易报,2013-12-31.

② 上海自贸试验区将成立中国电子商会投融资工作委员会.[2016-02-01].http://www.shanghai/gov.cn/nw2/nw2314/nw2315/nw18454/u21aw1101309.html.

别是国际商事纠纷和知识产权纠纷等。①

在自贸试验区的建设过程中，浦东社会组织不仅实现了数量上的增长，也实现了类型的丰富、功能的拓展和服务的国际化，成为社会治理体系中具有独立性和话语权的重要主体之一，与政府、企业及其他各类主体建立起平等的合作伙伴关系。在组织类型方面，浦东社会组织在完善传统社团、民非组织的同时探索建立各类委员会、联合会等，以契合自贸试验区发展的新任务；在功能方面，浦东社会组织从传统的会员服务领域不断向金融投资、资产管理、争端调停等方面拓展，满足了自贸试验区发展的新需求；在服务国际化方面，浦东社会组织举办各类高端国际论坛、研讨会、展销会，并逐步按照国际惯例建设起国际商事纠纷、知识产权纠纷调解机制，促进了自贸试验区与国际轨道的有效对接。

第四节　全球科创中心建设：浦东社会组织国际化发展新契机

一、浦东社会组织国际化发展的良好基础

经过二十多年持续快速的发展，浦东社会组织已经形成了较大的规模和合理的结构，积聚起较强的内在发展动能，为在全球科创中心建设中进一步推动浦东社会组织的国际化发展奠定了良好的基础。

第一，以浦东承担国家战略使命为导向，积极引导社会组织走创新发展之路。20 世纪 90 年代，浦东开发开放是我国面向 21 世纪进一步加快对外开放的国家战略，因此，浦东天然具有承担国家战略使命的“基因”。浦东社会组织的成长和发展也必然体现这一“基因”要求，无论是开发开放之初的社会组织萌动而发、综合改革试点阶段的社会组织蓬勃发展，还

① 姚丽萍. 上海自贸区国际商事联合调解庭揭牌. 新民晚报，2013-11-20.

是自贸试验区背景下的社会组织创新发展，浦东社会组织的发展走的就是服从和服务国家战略要求的创新之路，塑造出内生型的动力和创新性的气质。

第二，以政府职能转变和完善综合监管体系为契机，主动探索社会组织管理制度改革和综合监管体系建设。浦东开发开放战略内含政府体制创新的要求，“小政府、大社会”的理念符合这一要求。浦东借鉴市场经济国家的经验，建立高效、精干的“小政府”式管理机构，开启政府职能转变的有益探索。政府职能转变的一个重要突破口是简政放权，深化行政审批制度改革，规范行政审批的方式和程序，减少行政审批事项，简化行政审批手续，提高行政审批效率。浦东抓住综合改革试点的契机，主动探索对社会组织的并联审批、分类管理、事中监督等一系列改革新举措，初步构建起社会组织的综合监管体系。

第三，以政社分开和政策供给创新为基础，全面推进社会组织服务支持体系建立和完善。在市场经济条件下，政府、企业（营利性组织）和社会组织（非营利性组织）的三元结构，相互独立并分工协作，这是保障经济社会可持续发展的重要基础。政社分开，既是促进社会组织独立健康发展和功能作用发挥的客观需要，也是促进政府职能转变和加强社会建设的必然要求。浦东在“小政府、大社会”的理念下，以政社分开为前提、以政府职能转变为基础、以政府购买服务为纽带，探索新型政社合作互动关系，出台许多政策，从资金、项目、人才等方面大力支持社会组织发展，采取孵化、培育、奖励等方式推进建立协同化的社会组织服务支持体系。

第四，以社会治理和公共服务为指向，不断加快社会组织功能塑造和作用发挥。在改革开放持续推进、经济社会高速发展的浦东，社会治理的内涵得到了进一步的丰富与发展。在培育、鼓励、支持、引导社会组织发展的同时，以多元合作和多主体参与为理念指导，通过完善的制度建设，进一步加强政府职能转移和权力下放，使社会组织、营利组织、社区单位等多元主体在市场原则和公共利益的基础上，共同参与社会管理和公共服务供给，浦东社会组织的功能日益完善、专业化水平不断提高，社会组织独特和有效的作用得到社会的普遍认同。

第五，以内部治理和能力提升为重点，着力保证社会组织的持续健康发展。社会组织的内部治理的规范程度不仅影响社会组织自身的健康发展，而且在相当程度上影响浦东经济社会运行的实际绩效，进一步说，也是浦东开发开放、综合改革成效的衡量指标。浦东紧紧抓住社会组织内部治理这个关键点，以社会组织能力提升为目标，通过加强培训、树立典型、示范引导、规范文本等方式，有效推进社会组织内部治理结构的不断健全、内部治理制度的不断完善、内部治理能力的不断提高，为浦东社会组织的持续健康发展打下了扎实的基础。

二、浦东社会组织国际化发展的基本趋向

全球科创中心建设是以政府为指导，科技企业、人才及其他各类主体共同参与的社会活动，在各类主体中，社会组织由于不受政府层级化管理的束缚，同时不存在追求利润的冲动，[①]而能更好地联系政府、企业、个人，发挥好桥梁纽带与“黏合剂”的作用，将全球科创中心建设中的各个主体联系交织在一起，因此，社会组织是全球科创中心建设的重要主体之一。

社会组织历来具有整合社会资源、促进科技发展、促进文化培育等多重功能，在全球科创中心建设的背景下，社会组织的这些功能必须被放大、拓展并与国际要求接轨。在整合社会资源方面，全球科创中心建设要求创新资源高度集聚，而社会组织则可以充分发挥其吸引优秀人才、搭建交流平台、促进设备设施共享等功能；在促进科技发展方面，全球科创中心建设要求形成“政、产、学、研”相结合的模式并促进科技成果转化，而社会组织一方面可以直接参与学术研究与科技创新，另一方面可以通过提

① 李研，梁洪力. 科技类社会组织在建设区域创新体系中的作用——以中关村为例. 中国科技论坛，2014(2).

供知识产权服务、法律服务、融资服务等加快科技成果转化进程；在促进文化培育方面，社会组织是文化培育的重要载体，其可以通过普及科学知识、宣传科学思想、培育容错机制等方式为全球科创中心建设营造浓厚的文化氛围。

全球科创中心建设为浦东社会组织的发展提供了新的契机，特别是科技类社会组织有了更为广泛的作用空间。因此，浦东社会组织应积极探索、逐步完善，加强能力建设，重视品牌塑造，不断拓展自身为全球科创中心建设的服务功能；发挥柔性织网的作用，更好地吸引科技创新人才与资源，增强科技创新与成果转化服务能力；营造有利于科技创新的浓厚文化氛围，不断提升浦东社会组织的全球影响力，在科技创新、资源集成、人才吸引、国际交流、成果转化、文化传播等方面发挥有效作用。

第四章

望闻问切：浦东社会组织发展状况的实证研究

2011年以来，伴随经济社会转型步伐的加快，浦东社会组织进入一个稳步发展和相对成熟的新阶段，社会组织数量稳步增长，行业结构和空间结构更加优化，治理结构不断完善，为全球科创中心建设提供了良好的组织基础和文化环境。本章基于“十二五”期间(2011—2015)浦东社会组织的年检数据，从实证研究的角度描述浦东社会组织发展的总体状况以及科技创新型社会组织发展的基本情况，并对浦东社会组织的作用能力作出科学的客观评价。

第一节　浦东社会组织发展现状的总体描述

一、浦东社会组织稳步发展态势

1. 社会组织数量稳步增长：占全市1/7左右

浦东社会组织总量由2011年的1148个增加到2015年的1566个，增长36.41%，其中，社会团体由2011年的291个增加到339个，增长16.49%；民办非企业单位由2011年的857个增加到1223个，增长42.71%；基金会从无到有，2015年为4个(表4-1)。

表 4-1　浦东社会组织数量(2011/2015)

年份 类别	2011	2015	近五年增长率(%)
社会组织总数(个)	1148	1566	36.41
社会团体(个)	291	339	16.49
民办非企业单位(个)	857	1223	42.71
基金会(个)	—	4	—

截至 2015 年底,上海全市经民政部门核准登记的社会组织共 13355 个,浦东社会组织已达 1566 个,占全市的 1/7 左右。

第一,社会团体稳步上升。2011 年以来浦东社会团体呈现稳步上升态势,2011 年为 291 个,2012 年为 300 个,2013 年为 321 个,2014 年为 332 个,2015 年为 339 个(表 4-2、图 4-1)。

表 4-2　浦东社会团体数量(2011—2015)

年份 数量	2011	2012	2013	2014	2015
数量(个)	291	300	321	332	339
增长数量(个)	—	9	21	11	7
同比增长(%)	—	3.09	7.00	3.43	2.11

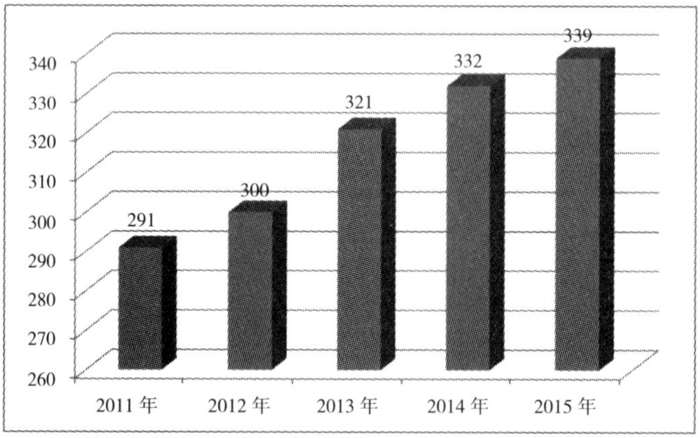

(单位:个)

图 4-1　浦东社会团体数量(2011—2015)

第二,民办非企业单位快速增加。2015 年底,浦东共有民办非企业单位 1223 个,相较于 2011 年度净增加 366 个,增长 42.71%(表 4-3、图 4-2)。

表 4-3　浦东民办非企业单位数量(2011—2015)

年份 数量	2011	2012	2013	2014	2015
数量(个)	857	932	1042	1135	1223
增长数量(个)	—	75	110	93	88
同比增长(%)		8.75	11.80	8.93	7.75

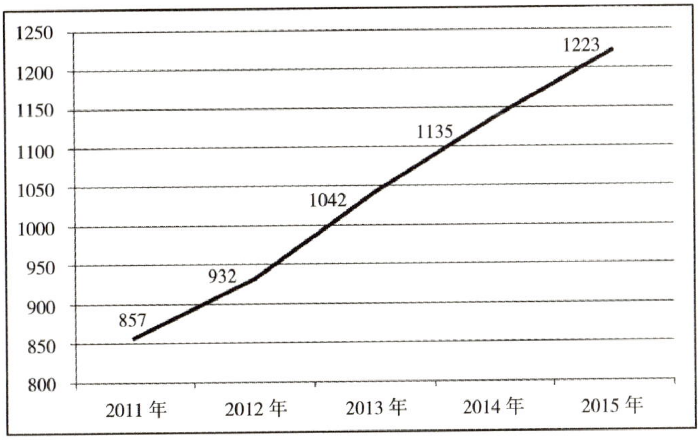

(单位:个)

图 4-2　浦东民办非企业单位数量(2011—2015)

2. 社会组织行业分布富于弹性:分布在 13 个领域

2015 年底,浦东社会组织分布在法律、工商服务业、教育、科学研究、农业及农村发展、社会服务、生态环境、体育、卫生、文化、职业及从业者组织、宗教、其他等 13 个行业类型,其中:法律类 15 个,占 0.96%;工商服务业类 100 个,占 6.39%;教育类 411 个,占 26.24%;科学研究类 62 个,占 3.96%;农业及农村发展类 43 个,2.75%;社会服务类 600 个,占 38.31%;生态环境类 10 个,占 0.64%;体育类 64 个,占 4.09%;卫生类 66 个,占 4.21%;文化类 122 个,占 7.79%;职业及从业者组织类 15 个,占

0.96%;宗教类5个,占0.32%;其他类53个,占3.38%(表4-4、表4-5)。

表4-4　浦东社会组织行业类型分布(2011—2015)

(单位:个)

类型＼年份	2011	2012	2013	2014	2015
法律	9	11	14	15	15
工商服务业	65	73	86	97	100
教育	370	380	401	407	411
科学研究	56	57	57	58	62
农村及农村发展	27	35	42	44	43
社会服务	422	458	499	552	600
生态环境	11	11	11	11	10
体育	43	45	50	53	64
卫生	55	56	60	63	66
文化	59	65	89	105	122
职业及从业者组织	10	11	14	14	15
宗教	5	5	5	5	5
其他	16	25	35	43	53
总计	1148	1232	1363	1467	1566

表4-5　浦东社会组织行业类型占比(2011—2015)

(%)

类型＼年份	2011	2012	2013	2014	2015
法律	0.78	0.89	1.03	1.02	0.96
工商服务业	5.66	5.93	6.31	6.61	6.39
教育	32.23	30.84	29.42	27.74	26.24
科学研究	4.88	4.63	4.18	3.95	3.96
农村及农村发展	2.35	2.84	3.08	3.00	2.75
社会服务	36.76	37.18	36.61	37.63	38.31

(续表)

类型＼年份	2011	2012	2013	2014	2015
生态环境	0.96	0.89	0.81	0.75	0.64
体育	3.75	3.65	3.67	3.61	4.09
卫生	4.79	4.55	4.40	4.29	4.21
文化	5.14	5.28	6.53	7.16	7.79
职业及从业者组织	0.87	0.89	1.03	0.95	0.96
宗教	0.44	0.41	0.37	0.34	0.32
其他	1.39	2.03	2.57	2.93	3.38

从2010年到2015年,浦东各行业类型的社会组织都有较快发展。其中,科学研究、生态环境、宗教类社会组织的数量总体保持平稳;法律类、农业及农村发展、职业及从业者组织类社会组织的数量稳中有进;教育、工商服务业、体育、卫生、文化类社会组织数量稳步上升;社会服务和其他类社会组织发展活力持续增强(图4-3-1、图4-3-2)。

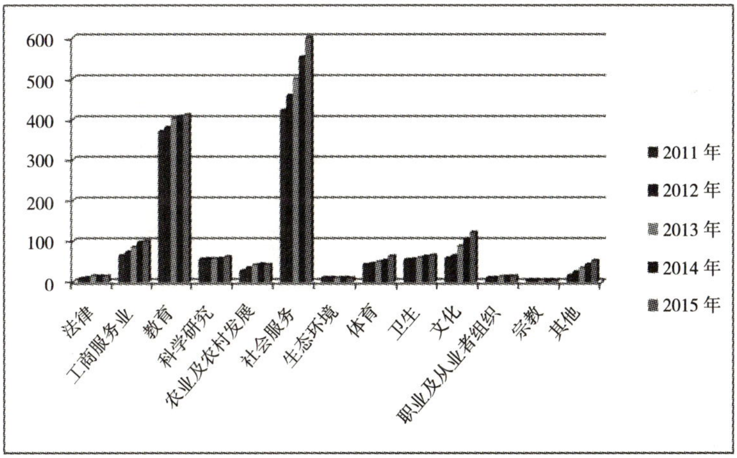

(单位:个)

图4-3-1 浦东社会组织行业分布图之一(2011—2015)

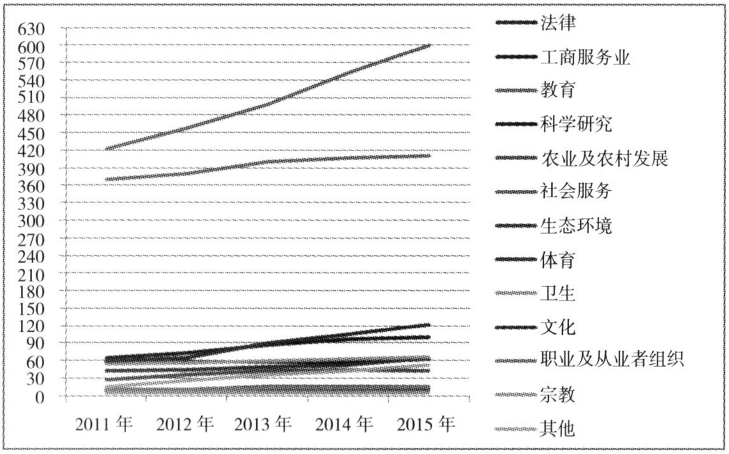

（单位：个）

图 4-3-2 浦东社会组织行业分布图之二(2011—2015)

3. 社会组织空间分布更加均衡:覆盖全部 36 个街镇

2011 年,浦东各街镇社会组织数量发展不够均衡,其中高东镇和老港镇只有 8 个,惠南镇最多,为 91 个。2011 年到 2015 年,浦东各街镇社会组织数量都有稳步发展,其中塘桥街道的社会组织数量从 65 个增加到 108 个,增长最快(表 4-6),花木镇、陆家嘴街道、张江镇、三林镇、周浦镇等街镇的社会组织发展也较为迅速,数量有较大增幅(图 4-4-1、图 4-4-2)。

表 4-6 浦东社会组织空间分布表(2011/2015)

（单位：个）

年份 街镇	2011	2015	增长率(%)
北蔡镇	26	30	15.38
曹路镇	19	35	84.21
川沙新镇	73	89	21.92
大团镇	18	28	55.56
东明路街道	15	19	26.67
高东镇	8	16	100.00

(续表)

街镇 \ 年份	2011	2015	增长率(%)
高行镇	20	24	20.00
高桥镇	29	41	41.38
航头镇	30	42	40.00
合庆镇	20	24	20.00
沪东新村街道	25	31	24.00
花木街道	52	77	48.08
惠南镇	91	106	16.48
金桥镇	30	38	26.67
金杨新村街道	56	64	14.29
康桥镇	23	34	47.83
老港镇	8	14	75.00
陆家嘴街道	55	81	47.27
南汇新城镇	14	20	42.86
泥城镇	13	21	61.54
浦新路街道	28	39	39.29
三林镇	37	52	40.54
上钢新村街道	25	31	24.00
书院镇	16	26	62.50
唐镇镇	13	22	69.23
塘桥街道	65	108	66.15
万祥镇	12	14	16.67
潍坊新村街道	54	67	24.07
新场镇	16	25	56.25
宣桥镇	15	25	66.67
洋泾街道	74	81	9.46
张江镇	70	99	41.43
周家渡街道	22	35	59.09
周浦镇	24	42	75.00

（续表）

街镇　　年份	2011	2015	增长率(%)
祝桥镇	22	28	27.27
南码头街道	30	38	26.67
—	1148	1566	36.41

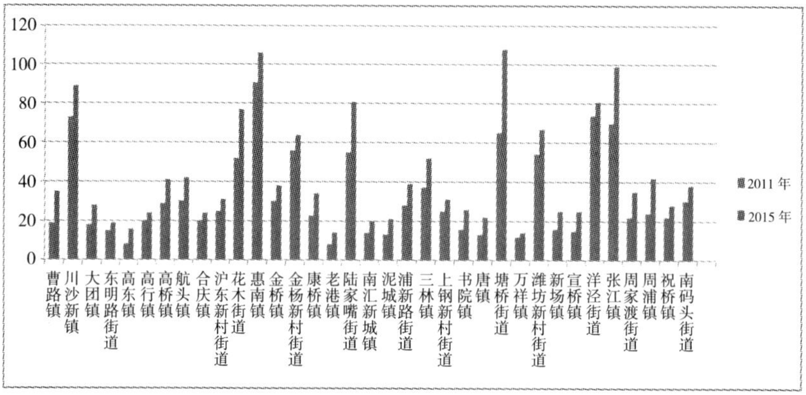

（单位：个）

图 4-4-1　浦东社会组织空间分布图变化图(2011/2015 年)

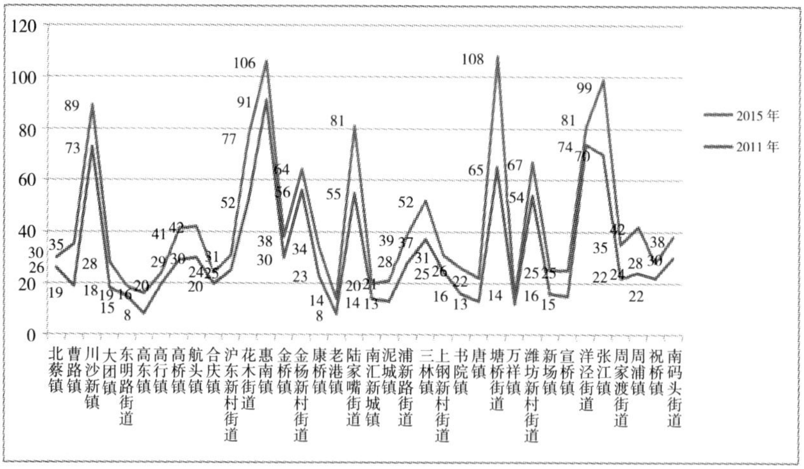

（单位：个）

图 4-4-2　浦东社会组织空间分布变化图(2011/2015 年)

二、浦东社会组织结构逐步优化

浦东从开发开放之日起，一直在大胆探索和试点，在社会组织数量增加的同时，不断优化社会组织类型结构和治理结构，提高社会管理和公共服务水平。2005 年起，结合浦东综合配套改革试点，先行先试，将一些原由政府承担的职能事项转由社会组织承担，既为政府职能转变提供了有力支撑，也为社会组织发展提供了前所未有的机遇。

2011 年以来，浦东社会组织的类型结构不断优化，治理结构不断合理化和制度化，与经济社会发展更加协调。社会组织在承接政府转移功能、整合社会资源、引导社会参与、推动产业发展、协调社会关系等方面发挥出更大的作用。

1. 社会组织典型类型发展概述

浦东鼓励社会组织的多类型发展，在社会团体和民办非企业单位中许多是公益性组织、支持性组织、枢纽性组织和行业协会商会。本书以社区公益性社会组织和行业协会商会类社会组织作为典型进行简要分析。

(1) 社区公益性社会组织

2011 年以来，浦东公益性社会组织数量逐年增长，占每年新登记社会组织数的一半左右，服务内容包括为社区提供就业服务、社会保障服务、救助服务、公共卫生和计划生育服务、文化服务、安全稳定服务、环境保护服务、生活服务和专业化社会工作服务等。2015 年，共有 178 个公益性社会组织新落户浦东，覆盖全部 36 个街镇。这些新增的社会组织在 2015 年承接、实施了 493 个公益服务项目，涉及为老、助残、护幼、环保、社区融合、帮困等多个领域。

浦东先后登记成立 46 个包括社区事务工作站、社区服务管理中心、社工服务社等社区社会组织，接受政府委托，从事社区管理、社区服务及社区事务协调等方面的工作。

浦东有序培育承担社会事业管理事务的社会组织。在教育领域成立了近20个教育中介服务的社会组织，承接政府管理职能，将外来务工人员子女就学的简易学校管理，郊区薄弱学校管理以及民办非学历教育的管理委托社会组织承接。在卫生领域成立了以医学会为主，社会卫生管理专家加入的上海瑞尔医院管理评估咨询中心，对浦东范围内的各类各种经济成分的医疗机构的运营管理进行评估，形成院方、患者、管理三方协商机制。在体育领域支持各体育协会积极承办、协办在浦东开展的各项国际、国内的体育赛事和活动，并在排球、篮球、围棋、桥牌等诸多赛事项目中获得优异成绩。

(2) 行业协会商会类社会组织

浦东行业协会商会改革发展始终与浦东综合配套改革紧密相关，与上海自贸试验区建设和全球科创中心建设紧密相连。截至2015年底，浦东行业协会商会共有63个，比2011年增加13个，增长率为26%，其中行业协会21个、商会12个、企业协会30个(表4-7)。

表4-7 浦东行业协会商会发展情况

(单位:个)

类型＼年份	2006	2007	2008	2009	2010	2011	2012	2013	2014	2015
行业协会	11	12	18	18	19	21	21	21	21	21
商会	1	2	2	4	8	10	12	12	12	12
企业协会	15	15	15	16	18	19	22	24	31	30
合计	27	29	35	38	45	50	55	57	64	63

在浦东行业协会商会中，现代服务业和高新技术产业领域的协会发展较快。从行业分布来看，租赁和商务服务业的行业协会商会数量最多，约占54%；信息传输、软件和信息技术服务业的行业协会商会数量次之，约占11%；制造业的行业协会商会数量第三，约占8%；涉及其他8个领域的行业协会商会数量，约占27%。从组织分类来看，企业协会数量最多，占48%；行业协会数量次之，约占33%；商会数量最少，占19%。

2. 社会组织类型不断丰富

浦东社会组织发展生态建设持续推进,社会组织类型不断丰富。2009 年 12 月,建立了我国首个公益服务园,在此基础上进一步丰富政府哺育、社会自我发育以及项目孵化培育等多种模式,不断拓展园区功能。2011 年,新建基金会服务园,2013 年开发浦东公益一条街,招募有赢利模式的公益组织或支持性的社会组织入驻,探索社区公益组织可持续发展的模式和社会服务的多种实现途径。

目前,浦东公益示范基地已经形成了由"三园一街"(即浦东公益服务园区、浦东基金会服务园、塘桥社区公益服务园和浦东公益街)构成的社会组织发展生态圈;由上游基金会,中游支持型、枢纽型、专业性、示范性社会组织,下游有丰富多样的社区操作性、实务性社会组织构成的社会组织发展公益链;由专业孵化、规范引领、人才输送、公共服务、项目发展等构成的公益服务园区发展机制。

三、浦东社会组织治理不断完善

2007 年 4 月,浦东政府制定了《关于着力转变政府职能、建立新型政社合作关系的指导意见》和《关于促进浦东新区民间组织发展的若干意见》等综合性文件,迈出了"政社分开"的关键一步。通过梳理政府和社会组织的基本职能和职责边界,政府与社会组织在主体、机构、职能、资产、住所、人员实现了"六分开"。近年来,浦东以健全权责明确、协调运转、有效制衡的法人治理结构,围绕会员利益和会员服务的核心目标,促进社会组织治理结构的优化。

1. 健全合理的组织结构

浦东按照自主运作、自我管理的原则,不断健全和完善规范社会组织的组织结构,使社会组织结构达到职责清晰、运转灵捷的状态。

第一,理顺社会组织内部各机构之间的关系。浦东要求在社会组织章程中明确规定会员(代表)大会、理事会、监事会和办事机构的职责。其中，社会组织的会员（代表）大会是最高权力机构，理事会是执行机构，监事会是监督机构，日常事务由秘书长负责管理。在此基础上，进一步制订具体明晰、操作性强的会员（代表）大会表决程序、理事会决策规程、会长（理事长）的职权及执行机构和办事机构的职权。

第二，公开竞聘择优产生社会组织会长（理事长）。浦东社会组织采用公开选举方式，理事会理事（常务理事）、监事由会员（代表）大会选举产生；会长（理事长）、副会长（理事长）由理事会选举产生。

第三，有条件的社会组织实行秘书处专职制。浦东社会组织实行秘书长聘任制，由理事会聘任，其人选要求具备相应资质的在职人员。建立精干的职能管理部门，向社会公开招聘专职管理人员；浦东社会组织管理人员逐步职业化并提供良好的福利待遇。

2. 建立规范的运作机制

社会组织的科学决策机制是形成有效的治理机制的前提；适当的激励机制是实现有效的治理机制的过程；规范的监督机制是达成有效的治理机制的保障。浦东重点在以下四个方面推动建立规范的社会组织运作机制。

第一，按照民主协商原则，建立协商调节机制。浦东社会组织制定内部“议事规则”，建立各种例会制度、稳定的信息沟通渠道、内部议事规则和程序、多层次的对话交流制度等。

第二，按照多元筹措原则，建立经费筹措机制。浦东社会组织积极探索多元化的筹资方式，包括：(1) 建立和完善会费缴纳制度。(2) 建立募捐、义演义卖等捐赠收入制度。(3) 以专业化方式进行劝捐运作。(4) 争取政府资助，包括委托、外包、购买、划拨、免税等。(5) 扩大服务收费，如收取会议注册费用、承担社会职能开展有偿性服务等。(6) 创办经济实体等。

第三，按照公开透明原则，建立财务审计机制。浦东社会组织资产管理严格执行国家的财务管理制度，接受政府有关部门和社会专业机构的审计，定期向会员（代表）大会汇报财务状况，公开财务审计报告。

第四，按照责任与义务平衡原则，建立监督约束机制。浦东许多社会组织的常设机构能够做到定期向政府管理部门和会员汇报工作情况，自觉接受监督；社会组织的会员则有责任遵守和响应经民主协商确定的各项决定和建议；依据约定，对违反章程的会员予以处罚。

3. 出台治理结构制度化的相关法律和改革

2012年，浦东为促进社会组织内部治理结构的完善，出台了《浦东新区民办非企业单位规范化建设指导意见》和《浦东新区社会团体规范化建设指导意见》。在梳理法规中有关社会组织规范化建设内容的基础上，对相关要求进行明确，进一步推进社会组织内部治理结构的完善，推进社会组织基础制度的完善，推进社会组织的自我管理和政府管理的精细化。

2014年4月，浦东以四类社会组织直接登记为契机，围绕实现社会组织自我监督有方、法律监管有力、政府监管有效、社会公众监督有序的现代社会组织综合监管体系，进一步加强浦东行业协会商会自治自律和诚信建设，通过加强年检实地检查、引入第三方力量、推动信息公开、规范法人治理结构等方式，促进浦东行业协会商会健康有序发展。

4. 推动行业协会商会直接选举

为了增强民主办会能力，健全内部治理结构，切实维护会员的民主权益，浦东引导和促进社会组织扩大直接选举范围。新成立的上海浦东商业保理行业协会、换届选举的上海浦东外商投资企业协会，改变了原有由理事会选举产生负责人的方式，在浦东新区率先采取无记名投票方式，由会员（代表）大会直接选举产生会长、副会长、理事、秘书长和监事，并对协会《章程》、会费标准等进行投票表决。整个选举和投票过程规范、公开、透明。

5. 加强社会组织人才队伍建设

浦东建立健全社会组织内部激励和约束机制，发挥社会组织从业人员的工作积极性和主动性。在社会组织中逐步推开社会工作者资格认定及职业水平评价，推动社会组织人才的专业化、职业化、年轻化。

四、浦东社会组织承接政府职能

1. 浦东明确政府与社会组织的职能定位

浦东在加快推进政府职能转移过程中，明确政府与社会组织之间的职能定位。凡是公民、法人和其他组织能够自主解决的事项，凡是市场机制能够自行调节的事项，凡是社会组织通过自律能够解决的事项，除法律有规定的外，行政机关不应干预。优先将社会组织的行规制定、行业的管理与协调职能（如协调、准入、评比等）、社会事务管理与服务职能（如法律服务、环境保护、宣传培训、社区事务、公益服务等）、技术服务与市场监督等职能（如业务咨询、统计分析、决策论证、资产项目评估等）转移给社会组织。

根据公开、公正、公平的原则和"小政府、大社会"的模式，浦东明确把属于服务、协调、研究等公共事务由政府转交给社会组织承担：一是将社会组织自律和发展管理转移给社会组织；二是把过去主要由政府承担的政策调研和学术研究，转为政府和社会组织共同承担；三是将政府职能部门的科学论证、社会协调和服务管理等工作前移给社会组织；四是将与行业发展相关的一些管理职能转移给行业学会、商会等行业性组织。

2. 编制社会组织承接政府职能目录清单

浦东在加快政府职能转移的目标要求和职责分解的基础上，编制社会组织承接政府职能目录清单，设计社会组织承接政府职能的路线图。

第一，提供行业咨询与公共服务。鼓励专业机构在一定范围内开展专业业务，将浦东区域内适合专业机构办理的事项，交由专业机构承担，或者引入竞争机制和社会参与机制，通过购买服务等方式，引导和培育专业机构发展。① 在咨询、市政、环卫、绿化、金融、外贸、人力资源咨询与开

---

① 唐德龙，杨君，高翔. 自贸区建设与社会组织承接政府转移的职能. 现代经济探讨，2015(3).

发、卫生、交通等向社会公众提供公共服务行业,大力引进社会组织,提供专业性的公共服务。浦东把行业性的行业规划、行业规范标准、行业内资质认定与评审、执业资格及职称评定、行业技能与业务培训、行业区域合作、行业重大项目预评估等相关职能逐步转移给行业协会。在社会组织承接政府职能转移的公共服务方面,浦东在医疗卫生、公益慈善、环境保护、文化教育、社区建设、行业管理、中介服务、法律咨询等公共服务领域把相关职能转移给社会组织。

第二,参与社会管理与社会治理。大部分有活力、富创新精神的社会组织以公益或互益为宗旨,其视野开阔,重视改善服务,积极寻找生存和发展机会,并主动推动内部管理的规范化、科学化、专业化,专业能力和服务能力不断增强。浦东鼓励社会组织承接社会管理与社会治理方面的政府职能,如社区事务、公益服务、法律服务、人民调解、宣讲培训等社会管理类的职能转移给专业性中介组织、公益慈善类及学术性社团、社区公益基金会等社会组织来承担。在承接政府职能转移的社会管理领域,社会组织强调提高服务质量,确立以社会公众满意为中心的营销战略,吸引政府和社会公众的关注。政府则通过社会组织的献计献策,实现政策倡导,表达民意、传达民情、体察民情,及时了解不同社会成员的利益诉求以及存在的矛盾和冲突。浦东重视社会组织成为政府与社会之间整合载体的作用,推动社会公众参与,促进公共价值的协调,唤醒公共意识,缓和社会矛盾,培育社会资本。

第三,参与行业监管与市场监管。多元主体参与的监管体系可以提高行政效率,节约行政成本。在全球科创中心建设中,浦东进一步推进行政管理方式创新,由原来注重事先审批转为注重事中事后监管,提高市场监管的参与度,推动形成行政监管、行业自律、社会监督、公众参与的综合监管体系。浦东鼓励和吸引社会组织成为有效联结政府与市场主体,协助政府宏观调控,参与市场监管,把诸如行业调研调查、评估报告、决策认证、资产或项目评估等职能交由专业性社团或社会服务机构来承担。比如，位于浦东的上海石材行业协会属于完全社会化的行业协会，其日常经费来自会员单位每年缴纳的会费，以及为石材行业企业提供服务、咨询等费用。上海石材行业协会在其所处的狭小、竞争性强的行业中，参与制定行业规范和标准，提供更加专业的咨询服务，协助政府进行行业监管，减少“政府失灵”现象的发生。[①] 另外，浦东鼓励行业协会以及调解、仲裁、知识产权等中介服务类社会组织在协调解决知识产权纠纷与保护上，完善知识产权统一管理、执法和纠纷的多元解决机制；在劳资关系上推行企业与劳动者的集体协商机制和劳动争议处理机制。

第四，提供环保建设与监督。社会组织在环境保护方面可以发挥较大作用，很多环保社会组织拥有专业的团队和专家、实践经验以及灵敏的反应能力，可以为全球科创中心建设中的浦东环保工作贡献力量。浦东借助社会组织的专业力量提供咨询和进行监督，鼓励辖区内企业申请国际通行的环境和能源管理体系标准认证，采用先进生产工艺和技术，节约能源，减少水、气、尘等中含有的污染物和二氧化碳等温室气体的排放量。浦东还鼓励环保社会组织探索开展环境影响评价分类管理，提高区域环境保护效率。

3．以公益招标为契机实行公益创投机制

2010年以来，浦东启动社区公益服务项目招投标试点，福利彩票公益金资助社区公益服务方式由“拨”转“招”，打造了一批深受社区群众欢迎的优质、专业的社区公益服务项目，扶持了一批有能力、讲诚信的公益性社会组织，提高了福利彩票公益金资助公益项目的使用效率和社会效益。

第二节　浦东科技创新型社会组织的现状分析

一、科技创新型社会组织的含义和分类

组织功能理论认为，任何社会组织都有其存在的宗旨与使命，有其特

① 唐德龙，杨君，高翔. 自贸区建设与社会组织承接政府转移的职能. 现代经济探讨，2015(3).

殊的作用与功能。按照作用领域的角度对社会组织进行分类,科技创新型社会组织通过开展与科技创新相关的公益性活动,能够在促进科技创新方面发挥特定的作用。据此,本书把浦东社会组织中主要从事与科技创新直接相关的确定为科技创新型社会组织并分为三类:科技创新型社团类社会组织、科技创新型中介类社会组织、科技创新型平台类社会组织。在此基础上,本书把浦东社会组织中符合上述分类的科技创新型社会组织的数据进行了分类统计。

截至2015年底,浦东共有141个社会组织在从事与科技创新直接相关的服务和活动,占浦东社会组织总数的9%。其中,科技创新型社团类社会组织有73个,科技创新型中介类社会组织有12个,科技创新型平台类社会组织有56个。在浦东141个科技创新型社会组织中,有42个是在"十二五"期间成立的,占浦东科技创新型社会组织总数的29.79%,说明浦东逐渐意识到社会组织的转型性、重要性以及不可替代性,充分调动社会组织在全球科创中心建设中的作用,大力发展直接从事与科技创新相关的活动和服务社会组织,已成立的社会组织也在努力调整业务领域,加大对科技创新的资金投入和人才投入,积极为上海建设具有全球影响力的科创中心做出贡献。

二、浦东科技创新型社团类社会组织发展现状①

根据2011—2015年浦东社会组织年检数据(下称"年检数据"),2011年,浦东科技创新型社团类社会组织共58个,2012年为60个,2013年为64个,2014年为68个,2015年为73个(表4-8、图4-5),总体数量呈现稳步上升态势。

① 下文所引述的数据来自于笔者对浦东社会组织相关年份年检数据的分类统计。

表 4-8　浦东科技创新型社团类社会组织数量(2011—2015)

(单位:个)

年份	社团类社会组织数量
2011	58
2012	60
2013	64
2014	68
2015	73

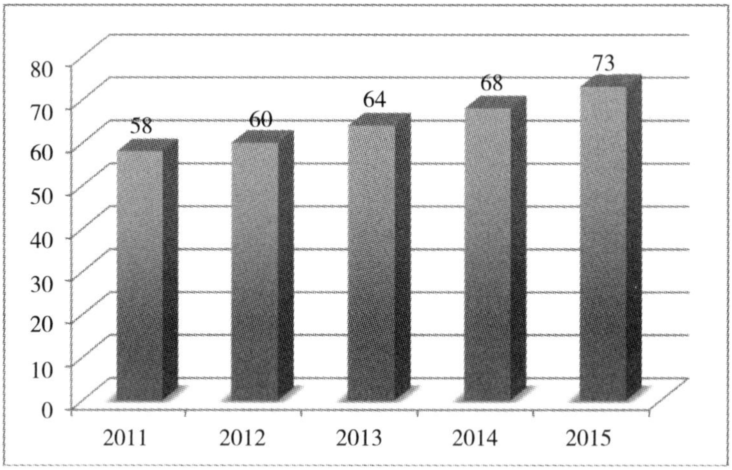

(单位:个)

图 4-5　浦东科技创新型社团类社会组织数量(2011—2015)

根据 2015 年的数据统计,浦东科技创新型社团类社会组织所涉及的行业领域多达 8 个:行业类型为法律的有 2 个、工商服务业的有 32 个、教育的有 3 个、科学研究的有 18 个、社会服务的有 2 个、生态环境的有 4 个、卫生的有 1 个、职业及从业者组织的有 5 个、其他的有 5 个(表 4-9、图 4-6、图 4-7)。

在浦东科技创新型社团类社会组织中从事工商服务业类和科学研究

类的占总数的69%,其中,工商服务业类的社团以行业协会商会为主,行业协会商会经济属性和功能突出,具有专业、信息、人才、机制等优势,可以动员和整合行业资源,壮大行业人才队伍,为技术创新和成果推广带来更多可能性。科学研究类的社团主要是指各类学会,它们的功能主要是学术研究、学术交流、为科技工作者搭建交流沟通的平台,这些学会有的历史悠久,如上海市浦东新区数学学会、上海市浦东新区物理学会等都是在20世纪70—80年代登记成立的,迄今已走过了四十多年,不仅管理规范、制度健全,而且累积了大量的学科人才资源。

表4-9 浦东科技创新型社团类社会组织行业类型(2015)

(单位:个)

行业类型	数量
法律	2
工商服务业	32
教育	3
科学研究	18
社会服务	2
生态环境	4
卫生	1
职业及从业者组织	5
其他	5
总计	72

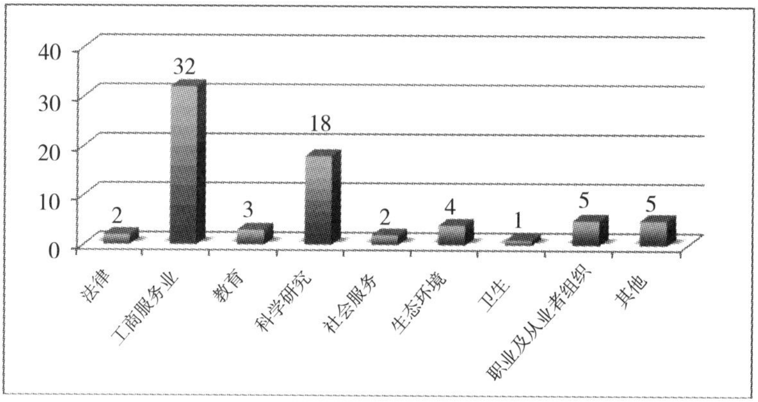

（单位：个）

图 4-6-1　浦东科技创新型社团类社会组织行业类型之一(2015)

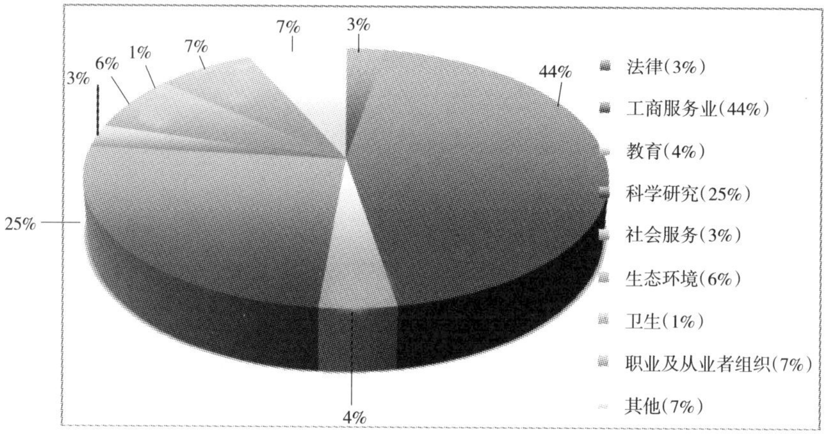

图 4-6-2　浦东科技创新型社团类社会组织行业类型之二(2015)

三、浦东科技创新型中介类社会组织发展现状

关于社会中介组织，学界至今没有一个严格而确切的定义。有学者认为，社会中介组织是指居于政府与市场之间的、为政府和市场提供中介

服务的一种特殊的社会组织。[①] 也有学者将社会中介组织定义为在市场经济条件下,按照一定的法律、法规、规章,或根据政府委托,遵循独立、公平和公正原则,凭借其特有的社会服务功能、沟通功能、公正鉴定功能和监督管理等功能,沟通政府与经济主体之间、政府与社会之间、经济主体与经济主体之间、经济主体与社会之间等的信息,协调双方利益,行使监督和管理职能,为全社会提供各种中介服务的自律性社会组织。[②]

根据以上定义,科技创新型中介类社会组织主要是在科技领域为社会提供中介服务的自律性社会组织。到"十二五"末,浦东科技创新型中介类社会组织共有 12 个,占浦东科技创新型社会组织的8.5%。这 12 个中有 11 个是 2000 年后成立的,可见科技创新型中介类社会组织的发展是与浦东改革开放的进程密切相关的。

根据 2015 年年检数据,浦东科技创新型中介类社会组织中,行业类型为教育的有 8 个,占总数的 67%,另外 4 个的行业类型分别为科学研究、社会服务、生态环境和其他(表 4-10、图 4-7)。

表 4-10　浦东科技创新型中介类社会组织行业类型(2015)

(单位:个)

行业类型	数量
教育	8
科学研究	1
社会服务	1
生态环境	1
其他	1

① 龚禄根. 中国社会中介组织发展研究. 中国经济出版社,2006:4.

② 周耀虹等. 中国社会中介组织. 上海交通大学出版社,2008:7-8.

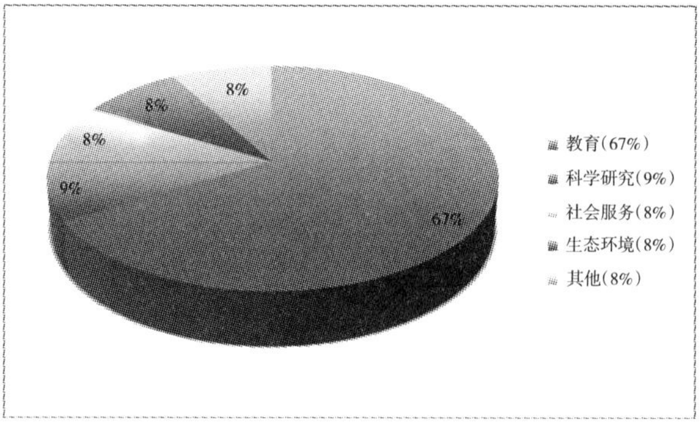

图 4-7　浦东科技创新型中介类社会组织行业类型(2015)

四、浦东科技创新型平台类社会组织发展现状

科技创新型平台类社会组织的主要功能是资源整合、协调科技创新主体,主要包括各种研究院和研究中心,以及各类联合会。根据年检数据,2011 年,浦东科技创新型平台类社会组织共有 38 个,2012 年有 40 个,2013 年有 50 个,2014 年有 51 个,2015 年有 56 个(图 4-8),保持平稳增长态势,说明浦东科技创新型平台类社会组织处在蓬勃发展阶段。

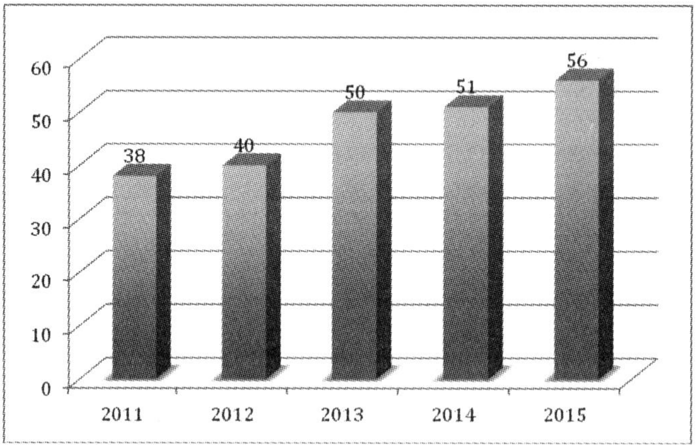

(单位:个)

图 4-8　浦东科技创新型平台类社会组织数量(2011—2015)

科技创新型平台类社会组织的主要服务对象是科技工作者,其功能定位以科学研究为主。在浦东科技创新型平台类社会组织中,有 24 个从事科学研究,占总数的 42.85%,以各种研究院和研究中心为主力,如上海城置建筑技术研究院、上海节能研究中心等;排在第二位的行业类型为工商服务业,有 12 个,以企业联合会、促进会为主,如上海市浦东科技金融服务联合会、上海市张江高科技园区发展事务协商促进会等;其他行业类型的组织数量大致相近(表 4-11)。值得关注的是,浦东科技创新型平台类社会组织的活动领域也涉及人文科学和社会科学,如上海陆家嘴智慧社区信息发展中心发布的《上海陆家嘴智慧社区总体规划》及开发的智慧社区 APP,已成为全上海乃至全国在"互联网+"背景下利用大数据进行社区治理的典范,引发社会关注和好评。

表 4-11 浦东科技创新型平台类社会组织行业类型(2015)

(单位:个)

行业类型	数量
法律	1
工商服务业	12
教育	3
科学研究	24
农业及农村发展	3
社会服务	5
生态环境	1
文化	1
职业及从业者组织	1
其他	11
总计	62

第三节 浦东社会组织作用能力的科学评价

一、社会组织作用能力评价的理论依据

1. 社会组织能力建设的概念研究

20世纪80年代提出社会组织能力建设命题后，研究者主要从社会组织的宗旨、目标或使命的角度界定其能力建设，并对社会组织的能力建设内容和具体途径进行了讨论。但是，目前关于社会组织的能力建设并没有统一、现成的具体定义，有一些学者或多或少指出了能力和能力建设的特征性，即与其组织的目标、宗旨或使命有关。

有学者根据发达国家社会组织能力建设的经验，并结合我国民间组织的发展实际，提出民间组织的能力建设是指为实践其章程规定的宗旨、目标有意识进行的自我组织、自我建设、自我发展的活动与过程。[①] 有关社会组织的具体能力研究视角则主要集中于组织的核心能力方面。有学者从组织公益性的角度指出，公益性作为社会组织的根本价值准则，是推动社会组织发展的核心能力，而公益目标的实现程度是检验社会组织实际状况的基本标准。[②] 而从社会组织能力建设的具体途径上看，主要涉及外部（宏观）和内部（微观）两个方面的渠道设计，在外部的宏观层面上主要涵盖了政府的作为，包括法律、政策、制度体系以及财政资金等方面的内容，[③]而内部微观层面的举措则主要在于社会组织自身，其中包含了

---

① 高成运.民间组织能力建设的视角与路径.学会，2006(5).

② 沈亚平，陆明远.公益与效率：中国非营利组织的目标体系研究.学会，2006(5).

③ 李红艳.我国非政府组织发展的困境与建议.社会科学辑刊，2007(6).毛军权.基于政府视角的社区民间组织发展瓶颈问题及其对策.经济体制改革，2010(2).刘振国.中国社会组织的治理创新——基于地方政府实践的分析.经济社会体制比较，2010(3).

对某项具体能力(如筹资能力)的讨论,[①]要注重专业人才培养和内部治理机制的完善,[②]通过加强社会组织的评估来提升组织能力。[③] 这些研究都在一个或几个方面对社会组织的能力建设提出了意见,但都未对能力和能力建设作出真正的定义和结论,缺少具体细化的概念内涵、切实可行的建议举措。另外,行业协会这类社会组织,虽然与其他社会组织存在一定程度的共性,但其更显著的组织性质和职能"个性"并未有效体现。因此,作为维护整个行业利益的互益性组织,行业协会的能力建设内容还需要作进一步的探讨。

2. 对社会组织能力结构的初步探讨

目前,有些学者对社会组织的能力结构进行了初步研究。例如,有学者从非营利组织核心能力的管理流程进行论述,认为整个管理流程由核心能力的选择、建设、使用和保护四个过程构成,并在此基础上研究基于核心能力的目标管理、人力资源管理和营销管理及其对非营利组织核心能力的影响。[④] 也有学者从社会资本视角研究了非营利组织的核心能力建设问题,基于非营利组织既有的社会资本及其资本增值的潜力,认为非营利组织核心能力主要包括合作能力、筹资能力和公信能力,并指出非营利组织的能力建设要走上与政府相互增权的发展路径,实行社会资本相互增值与发展双赢。[⑤] 行业协会作为近几年发展较为迅速也较为成熟的社会组织,学者们对其能力结构的探讨也颇多。

许多学者从不同角度对社会组织能力的具体构成进行分析,如认为行业协会筹资能力非常重要,并且认为服务会员能力的强弱也会较多地

---

① 王洛忠. 中国非营利组织的筹资困境及改善对策——以美国非营利组织的筹资经验为借鉴. 新视野,2012(1).

② 卢丽华. 非政府组织在创新社会管理中的角色彰显. 湖北社会科学,2011(8).

③ 邓国胜. 非营利组织评估体系研究. 中国行政管理,2001(10).

④ 曹雁翎. 中国非营利组织的核心能力管理. 东北财经大学学报,2004(1).

⑤ 林闽钢. 社会资本视野下的非营利组织能力建设. 中国行政管理,2007(1).

影响到筹资能力；[①]把行业协会的能力分为“结构能力、运作能力和关系能力”，并构建出组织能力的“S-O-R 模型”；[②]围绕行业协会行业服务、行业自律、行业代表、行业协调的四大功能探讨行业协会能力结构，认为行业协会能力包括服务企业能力、行业规制能力、行业代表能力、公共协商能力。[③] 在这些初步的研究中，学者们初步提出了社会组织的能力构成，并引出了从功能到能力的研究路径，提出了“重要能力”的概念。

本书提出社会组织能力结构形成机制的三部曲：第一，组织的宗旨与使命、组织的合法性以及组织的认同决定了社会组织存在所内含的社会功能，其中，与实现社会组织宗旨和使命直接相关的是核心功能，社会组织在发展中与其他各类主体互动而衍生的起支撑性作用的是延展功能。第二，组织功能的划分决定了应该有层次性的能力与之对应，这些能力包括体现社会组织目标和宗旨的核心能力、保证社会组织良性运转与持续发展的重要能力，以及社会组织与其他各类主体互动衍生出的起辅助性支撑作用的延展能力。第三，组织运转不是封闭的，而是与其所处的社会关系网络不断交换调整的，外部环境对其产生刺激，社会组织就必定要有相应的能力调整，而调整后的能力状况又对其所处的社会关系网络产生反应，从而实现社会组织治理地位的提升。

当然，社会组织能力结构形成机制的三部曲是一个逐渐完善的过程，需要随着社会组织自身的发育发展而成型，或者可以说，社会组织能力结构形成机制的成型是衡量社会组织发展状况的标尺之一。

3. 浦东社会组织能力评价的维度设计

综合学者的研究观点，结合浦东的现实情况以及浦东社会组织 2011—2015 年的年检数据，本书从以下三个维度对浦东社会组织的能力

---

① 江华，潘旦. 民间商会的筹资能力与治理机制：以温州为一个支点. 改革，2008(12).

② 张冉. 行业协会组织能力定位研究——基于经济学的视角. 当代经济管理，2007(10).

③ 于蜀. 多维度下的行业协会能力建设研究——基于政府、社会与行业协会互动发展的视角. 社团管理研究，2012(10).

进行评价:

第一个维度是服务和活动的能力。当前,我国政府职能严重缺位,公共健康、医疗卫生、教育、特殊人群服务等基本社会服务领域都存在政府资源供给不足现象,而与此同时公众对公共服务日益呈现多样化和个性化的需求。各种类型的社会组织应主动承担起政府提供公共服务的有力协助者,发挥组织自身专业化能力和资源优势,积极主动提供多样化的服务。这既是社会组织生存和发展的关键职责,也是完善国家治理现代化的基本要求。根据年检数据,将从组织的行业类型、业务范围、国内外合作三个方面对浦东社会组织服务和活动的能力进行评价。

第二个维度是资源获取的能力。资源是组织能力的源泉,组织行为学理论认为,组织的行为能力与它的资源动员能力有关,在其他条件不变的情况下,组织所获得的资源数量决定了组织的行为能力。因此,没有资源,组织将无法生存。对于社会组织来说,资源一方面是财力资源,另一方面则是人力资源。后面将从这两个方面来评价浦东社会组织的资源获取能力。

第三个维度是内部治理能力。完善的内部治理结构是一个组织正常运转的基础,一个完整的内部治理结构应该有健全的理事会、监事会和日常办事机构,另外还需要有稳定的领导层,包括法定代表人、会长及秘书长。以上是评价浦东社会组织内部治理能力的指标。

二、浦东社会组织作用能力的总体评价

1. 服务和活动能力评价

根据2011—2015年浦东社会组织年检数据,浦东各类社会组织数量都有增加,其中,文化类、法律类、农村及农村发展类社会组织涨幅明显,分别为106.78%、66.67%和59.26%。但从绝对数量上看,教育类和社会服务类社会组织占据绝大多数。从占比情况来看,2011—2015年间,所占比例上升的社会组织行业类型有7类,分别为:法律类、工商服务业

类、农村及农村发展类、社会服务类、体育类、文化类、职业及从业者组织类,而占据绝对数量优势的教育类社会组织在这5年中占比有所下降,说明浦东社会组织正朝着多方位、多领域的方向发展。

但是,也要注意到三点:一是生态环境和宗教类社会组织5年间基本没有变化;二是科学研究类社会组织占比有所下降;三是无法准确归类的社会组织越来越多,说明浦东社会组织在科技创新和资源环境方面所做的努力还不够。上海建设科创中心亟须社会力量支持,在这样的大背景下,浦东社会组织更应该加大在科技领域的资金投入和人才投入。

2011—2015年间浦东社会组织的业务范围大致分为13类(表4-12),与行业类型相似。其中,从事教育培训和服务的组织最多,学术研究、组织活动、承接政府职能、信息发布与咨询的社会组织也不在少数,与此形成鲜明对比的是,从事考核评估、编辑出版、成果转化和国内外合作的组织比较少。总体来讲,浦东社会组织工作范围基本涉及了社会各个领域,以教育培训和服务为主,科技创新方面的工作还需加强。

表4-12 浦东社会组织业务范围(2011—2015)

(单位:个)

项目 \ 年份	2011	2012	2013	2014	2015
学术研究与交流、课题研究、考察调研、组织学习	267	296	335	352	366
维权、调解、交流沟通、建言献策	135	143	155	159	162
教育、培训(课程培训、人员培训等)	604	636	691	710	733
宣传(政策宣传、形象宣传、产品宣传等)、贯彻法律法规、反腐倡廉	111	123	132	142	148
承接政府职能、接受委托	115	130	151	190	210
管理(机构管理、行业管理等)	111	122	139	152	157

续表

项目＼年份	2011	2012	2013	2014	2015
组织活动(包括参观、讲座、党建、联谊、体检、休养旅游、比赛、公益活动等)	175	194	235	256	288
信息发布、信息咨询	211	229	251	273	281
服务(包括策划、为老服务、社区服务、“四技”服务、会务服务、各种技术服务等)	544	584	643	712	764
考核评估、评比表彰	56	62	70	72	75
编辑出版、标准制定	29	30	33	30	30
成果及产品的转化与推广	26	28	30	32	33
国内外合作	29	32	38	43	45

浦东社会组织国际合作情况不够理想,2011—2015 年,大部分社会组织没有进行国际合作或者合作次数较少(表 4-13)。虽然外籍员工的数量较多,但非常集中,约 1/4 的外籍员工集中在上海市民办中芯学校,这是一所双语学校,所以外籍员工的人数众多。

表 4-13　浦东社会组织国际合作情况(2011—2015)

项目＼年份	2011	2012	2013	2014	2015
开展国际合作项目(个)	31	19	27	49	34
组织或参加国际会议(场)	77	35	42	42	62
组织出境交流考察(批)	80	108	95	98	82
接待境外来访(批)	191	155	162	170	129
聘请外籍员工人数(人)	457	418	377	419	465

2. 资源获取能力评价

(1) 财力资源

2011—2015 年,浦东社会组织的财务状况,包括收入和净资产的总数、平均值及增长率等健康良好(表 4-14、图 4-9、图 4-10、图 4-11)。

2011—2015 年,浦东社会组织收入增长明显。2015 年收入 52.67 亿元,是 2011 年的近 1.2 倍,其中,2014 年增长速度最快,增长率达到了 35.79%,收入平均值的增长率也达到了 26.16%。

2011—2015 年,浦东社会组织净资产增长幅度虽不如收入增长,但也有了明显的增长,2015 年净资产总额 23.05 亿元,比 2011 年增长了 72.85%。

值得注意的是,有部分社会组织处于负资产状态:2011 年有 103 个社会组织,2012—2014 年数量有所下降,2015 年又上升至 119 个,但所占比重下降。

表 4-14　浦东社会组织财务状况(2011—2015)

类目 年份	收入合计(元)	收入平均数(元)	收入增长率(%)	净资产合计(元)	净资产平均数(元)	净资产增长率(%)
2011	2404469612.50	2094485.73	—	1333280396.51	1161394.07	—
2012	2811104674.09	2281740.81	16.91	1568018222.79	1272742.06	17.61
2013	3447243902.63	2529159.14	22.63	1873498757.71	1374540.54	19.48
2014	4680901603.39	3190798.64	35.79	2143766300.73	1461326.72	14.43
2015	5267219332.84	3363486.16	12.53	2304610272.48	1471654.07	7.50

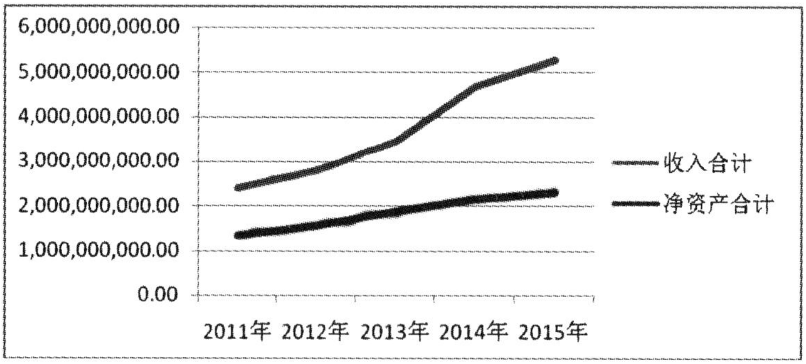

(单位:元)

图 4-9　浦东社会组织收入和净资产情况(2011—2015)

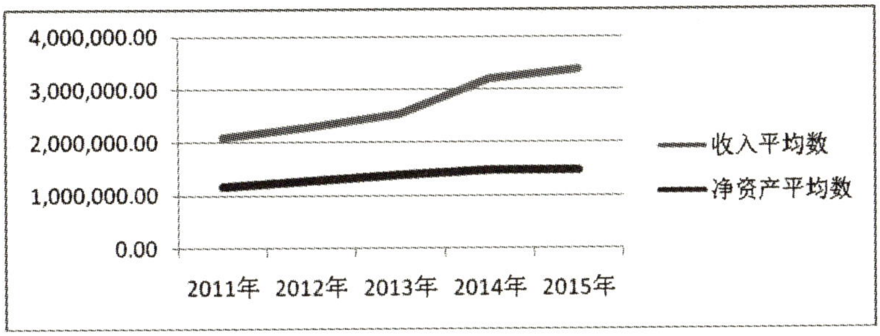

(单位:元)

图 4-10 浦东社会组织收入和净资产情况(平均值)(2011—2015)

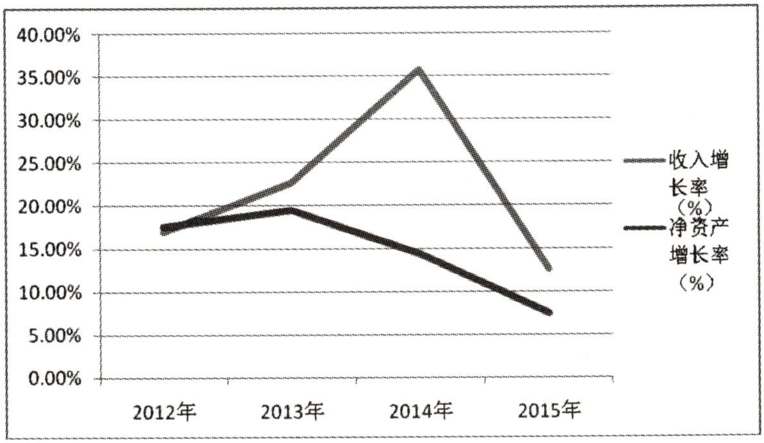

图 4-11 浦东社会组织收入和净资产情况(增长率)(2011—2015)

(2) 人力资源

总体来看,浦东社会组织工作人员队伍建设良好,尤其是专职人员所占比例很高,2015 年更是达到 86.15%(表 4-15)。浦东社会组织的单位会员和个人会员的数量保持平稳,但近两年来有小幅下滑,这提醒新成立的社会组织应尽快壮大会员队伍(表 4-16)。

表 4-15 浦东社会组织工作人员情况(2011—2015)

项目 \ 年份	2011	2012	2013	2014	2015
工作人员总数(人)	25905	28102	34071	49385	50153
工作人员平均值(人)	22.57	22.81	25.00	33.66	32.03
工作人员增长率(%)	—	8.48	21.24	44.95	1.56
负责人总数(人)	3778	4063	4467	4772	4887
负责人平均值(人)	3.29	3.30	3.28	3.25	3.12
负责人增长率(%)	—	7.54	9.94	6.83	2.41
专职人员总数(人)	19313	22249	26616	41729	43209
专职人员平均值(人)	16.82	18.06	19.53	28.45	27.59
专职人员增长率(%)	—	15.20	19.63	56.78	3.55
专职人员占工作人员比重(%)	74.55	79.17	78.12	84.50	86.15
占比增长率(%)	—	4.62	−1.05	6.38	1.66

表 4-16 浦东社会组织会员情况(2011—2015)

项目 \ 年份	2011	2012	2013	2014	2015
单位会员(个)	27750	32366	37232	40231	36860
单位会员平均值(个)	24.17	26.27	27.32	27.42	23.54
单位会员增长率(%)	—	16.63	15.03	8.05	−8.38
个人会员(人)	609114	603576	614456	607740	589150
个人会员平均值(人)	530.59	489.92	450.81	414.27	376.21
个人会员增长率(%)	—	−0.91	1.80	−1.09	−3.06

3. 内部治理能力评价

浦东社会组织理事会较为健全，每年都保持稳定增长，且平均每个组织有理事会成员 10 人左右。常务理事方面，除 2014 年有小幅度下滑外，其余年份都保持增长，尤其是 2012 年和 2013 年增长明显，但平均数上，平均每个组织只有不到2位常务理事,比例上也在20%以下徘徊。常务理事是在理事会闭会期间行使理事会职权的理事,因此应根据自身规模情况配备一定的常务理事,以保证组织的正常运行。而在日常办事机构方面,浦东社会组织的数量明显不足,平均每个组织日常办事机构不足1个,还有很大提升空间。监事会方面,浦东社会组织的监事会数量尚可,增长呈现波动状态(表4-17、4-18、4-19)。

表4-17 浦东社会组织理事会情况(2011—2015)

项目 \ 年份	2011	2012	2013	2014	2015
理事会人数(人)	11046	12643	13338	14834	15694
理事会人数平均值(人)	9.62	10.26	9.79	10.11	10.02
理事会人数增长率(%)	—	14.46	5.50	11.22	5.80
常务理事人数(人)	1818	2054	2188	2147	2166
常务理事人数平均值(人)	1.58	1.67	1.61	1.46	1.38
常务理事人数增长率(%)	—	12.98	6.52	−1.87	0.88
常务理事占理事会人数比例(%)	16.46	16.25	16.40	14.47	13.80

表4-18 浦东社会组织日常办事机构情况(2011—2015)

项目 \ 年份	2011	2012	2013	2014	2015
日常办事机构数(个)	258	247	247	247	178
日常办事机构平均值(个)	0.22	0.20	0.18	0.17	0.11
日常办事机构增长率(%)	—	−4.26	0.00	0.00	−27.94

表4-19 浦东社会组织监事会情况(2011—2015)

项目 \ 年份	2011	2012	2013	2014	2015
监事会人数(人)	1181	1499	1497	1779	1924
监事会人数平均值(人)	1.03	1.22	1.10	1.21	1.23
监事会人数增长率(%)	—	26.93	−0.13	18.84	8.15

4. 能力评价主要结论

第一，活动领域覆盖较全，但存在薄弱点比较明显的问题。浦东社会组织涉及的活动领域较为全面，其中以社区服务和教育培训的发展最为突出，数量最多、作用较为显著。但是，在科学研究、生态环境等与全球科创中心建设相关的领域，社会组织的发展比较薄弱，不仅数量偏少，而且在支持全球科创中心建设中的重要作用未能得到体现。

第二，内部治理情况基本良好，但存在“形大于实”的问题。浦东社会组织理事会和日常办事机构的基本架构健全，监事会建设有所进展，但在发挥理事会、监事会及日常办事机构内部治理有效性方面存在不足。

第三，资源获取状况有所改善，但存在苦乐不均的问题。浦东社会组织的财务状况总体健康良好，一些社会组织收入增长明显，专职工作人员也保持在较高水平。但是，浦东社会组织资源获取状况不稳定，对政府资源的依赖过大，一些新成立的社会组织获取资源能力不足，会员数量较少，活动不多，影响力较弱。

第四，浦东社会组织国际合作有所开展，但存在能力严重不足的问题。浦东社会组织能够开展与国际社会组织的交流活动，也尝试一些国际合作项目。但是，与浦东处于我国对外开放前沿的地位相比，浦东社会组织的国际交往数量偏少、形式简单，国际合作能力严重不足，国际化发展任重而道远。

三、浦东科技创新型社会组织能力评价

1. 浦东科技创新型社团类社会组织的能力评价

(1) 服务和活动能力评价

根据年检数据，浦东科技创新型社团类社会组织的业务范围分为13大类(表4-20、图4-12)。

表 4-20 浦东科技创新型社团类社会组织业务范围

(单位:个)

序号	业务范围	组织数量
1	学术研究与交流、课题研究、考察调研、组织学习	44
2	维权、调解、交流沟通、建言献策	17
3	教育、培训(课程培训、人员培训等)	43
4	宣传(政策宣传、形象宣传、产品宣传等)、贯彻法律法规、反腐倡廉	16
5	承接政府职能、接受委托	20
6	管理(机构管理、行业管理等)	12
7	组织活动(包括参观、讲座、党建、联谊、体检、休养旅游、比赛、公益活动等)	15
8	信息发布、信息咨询	39
9	服务(包括策划、为老服务、社区服务、"四技"服务、会务服务、各种技术服务等)	29
10	考核评估、评比表彰	12
11	编辑出版、标准制定	32
12	成果及产品的转化与推广	7
13	国内外合作	2

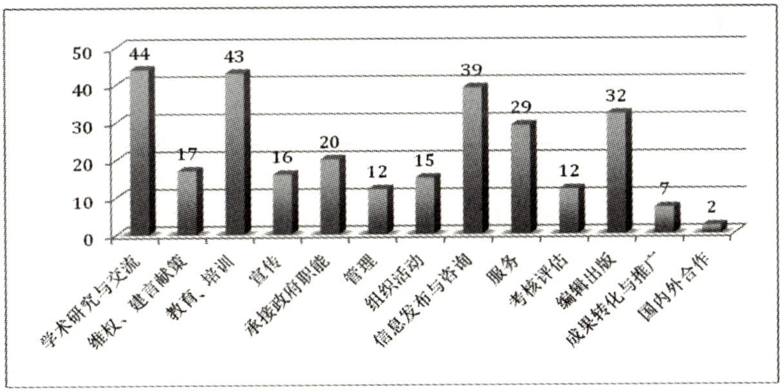

(单位:个)

图 4-12 浦东科技创新型社团类社会组织业务范围

浦东科技创新型社团类社会组织主要通过学术研究、教育培训和信息咨询发挥作用。学会、协会是科技创新型社团类社会组织的主要组成部分，这些组织的核心功能就是为相关领域的科技工作者搭建学术交流的平台，因此，举办学术会议、发表学术期刊、开展课题研究和调研考察是这些组织的核心工作和主要作用方式。另外，这些学会、协会聚集着大批专业技术水平高、创新思想活跃的科技工作者，是上海建设全球科创中心的重要人才资源，对这些人才资源进行教育培训，可以让他们更好地将创新思维转化为创新成果，增加科技创收，成为行业领域的精英和带头人，为建设全球科创中心做出更大贡献。

建设全球科创中心需要科技创新型社团类社会组织树立全球视野，汲取国际经验，加强国际合作。“十二五”期间，浦东科技创新型社团类社会组织开展国际合作项目 13 项，支出总计 39.96 万元；组织或参加国际会议 62 场，平均每年 10 余场。

（2）资源获取能力评价

① 财力资源

根据年检数据，2011 年，58 个浦东科技创新型社团类社会组织收入共计近 4900 万元，平均每个组织收入 84 万元；到 2015 年，58 个组织收入增长至 9000 多万元，平均每个组织收入 125 万元。净资产方面，2011 年，28 家组织净资产 5442 万元，2015 年达到 8651 万元（表 4-21、图 4-13）。

表 4-21　浦东科技创新型社团类社会组织收入和净资产情况（2011—2015）

年份	总收入（元）	总收入增长率（%）	净资产（元）	净资产增长率（%）	总收入平均值（元）	净资产平均值（元）
2011	48675826.21	—	54422370.68	—	839238.38	938316.74
2012	52984022.93	8.9	54804559.45	0.7	883067.05	913409.32
2013	86645684.16	63.5	63327203.73	15.6	1353838.82	989487.56

续表

年份	总收入（元）	总收入增长率（%）	净资产（元）	净资产增长率（%）	总收入平均值（元）	净资产平均值（元）
2014	89454547.12	3.2	72088833.14	13.8	1315508.05	1060129.90
2015	91354654.33	2.1	86518588.21	20.0	1251433.62	1185186.14

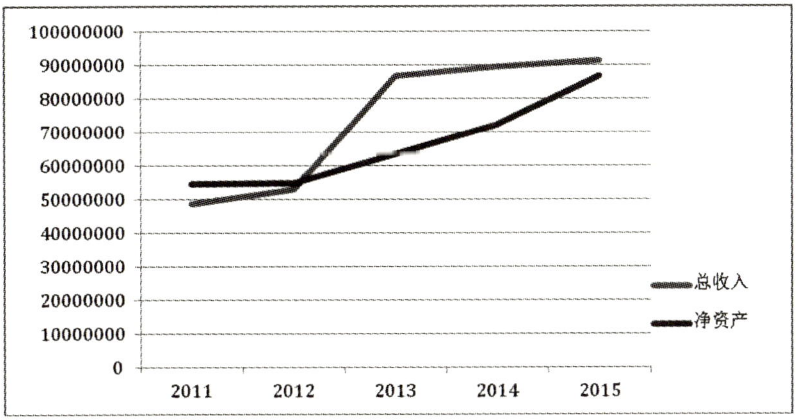

（单位：元）

图 4-13 浦东科技创新型社团类社会组织收入和净资产情况（2011—2015）

“十二五”期间，浦东科技创新型社团类社会组织的总收入和净资产出现了明显的增长，说明科技创新型社团类社会组织蓬勃发展，运行状况良好。但是，也必须看到，组织之间的收入差距在逐步扩大：2011 年，收入最多的组织一年收入 600 余万元，有 1 个组织没有收入。到了 2015 年，这个差距扩大到 2000 余万元，没有收入的组织增加到 4 个。在浦东科技创新型社团类社会组织中，收入较高的成立时间普遍较早，同时业务和活动领域主要集中在工商、医药、水利、石油等行业；而没有收入或收入较低的行业类型则较为分散，成立的时间也有早有晚，这反映了浦东科技创新型社团类社会组织的发展情况参差不齐。

② 人力资源

人才是建设科创中心的核心，是发挥社会组织功能的关键。“十二五”期间，浦东科技创新型社团类社会组织努力扩大会员队伍，实施更具吸引力的人才政策，着力吸收优秀科技人才成为会员。2011 年，浦东科技创新型社团类社会组织共有会员 21035 人；2015 年，会员总数增长至 30661 人，比 2011 年增长了 45.76%，平均每年增长 11.44%，会员增长速度相当可观(表 4-22)。

表 4-22　浦东科技创新型社团类社会组织会员情况(2011—2015)

(单位：人)

年份	个人会员	单位会员	会员总数
2011	12384	8651	21035
2012	14262	9605	23867
2013	14638	13552	28190
2014	15399	13492	28891
2015	14983	15678	30661

2011 年，浦东科技创新型社团类社会组织共有工作人员 437 人，其中专职人员 311 人，占工作人员总数的 71.17%；2015 年共有工作人员 653 人，其中专职人员 328 人，占工作人员总数的 50.23%。以上数据一方面表现出浦东科技创新型社团类社会组织的工作人员队伍在不断壮大，但另一方面也提醒应加快工作人员专职化的步伐(表 4-23、图 4-14、图 4-15)。

表 4-23　浦东科技创新型社团类社会组织工作人员情况(2011—2015)

年份	工作人员总数(人)	专职人员总数(人)	专职人员所占比例(%)
2011	437	311	71.17
2012	437	295	67.51
2013	447	323	72.26
2014	664	315	47.44
2015	653	328	50.23

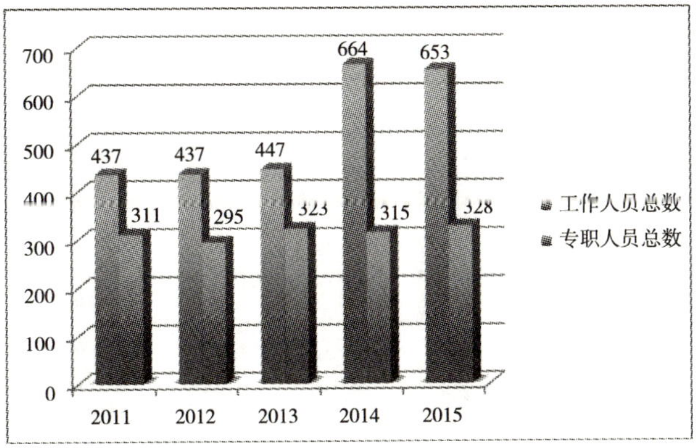

(单位:人)

图 4-14　浦东科技创新型社团类社会组织工作人员数量情况(2011—2015)

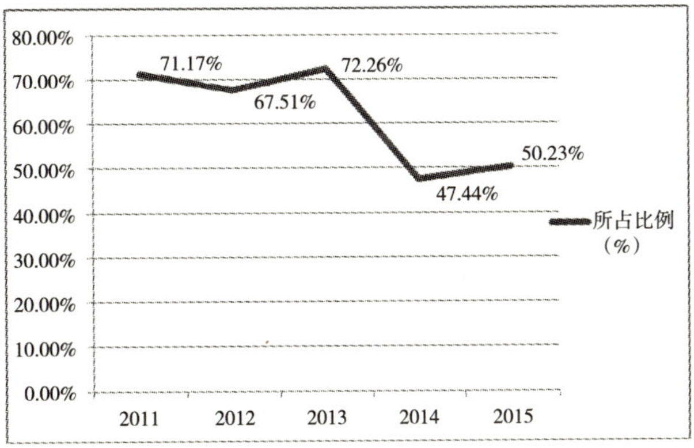

图 4-15　浦东科技创新型社团类社会组织专职人员占工作人员总数比例情况(2011—2015)

(3) 内部治理能力评价

浦东科技创新型社团类社会组织不断完善内部治理结构,成立理事会和日常办事机构。2011 年,设有理事会的科技创新型社团类社会组织共 56 个,到 2015 年增长至 73 个(图 4-16)。截至 2015 年,浦东科技创新型社团类社会组织共有理事会人数总计 608 人,其中常务理事 812 人。日常办事机构方面,2011 年共设立 50 个日常办事机构,2012 年为 54 个,2013 年为 54 个,2014 年为 43 个,2015 年为 48 个,虽有小幅波动,但总体保持平稳(图 4-17)。

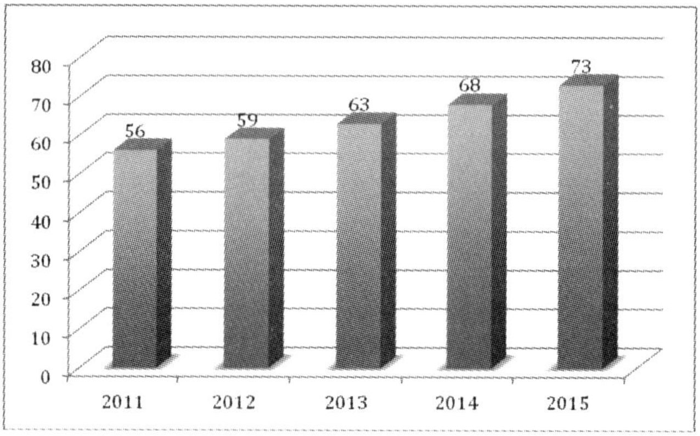

(单位:个)

图 4-16　设有理事会的浦东科技创新型社团类社会组织(2011—2015)

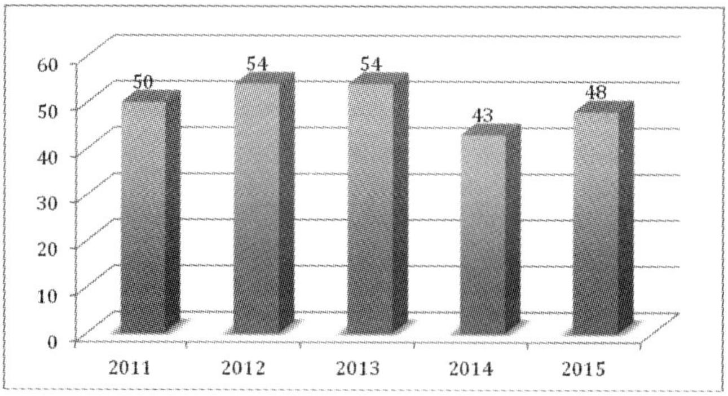

(单位:个)

图 4-17　浦东科技创新型社团类社会组织日常办事机构数量情况(2011—2015)

除日常办事机构以外,浦东科技创新型社团类社会组织还成立了分支(代表)机构。分支(代表)机构是组织拓展活动领域和业务范围的重要手段,标志着组织规模和影响力在不断扩大。2015 年,浦东科技创新型社团类社会组织共设立分支(代表)机构 37 个,比 2011 年增长了 208.33%。“十二五”期间浦东科技创新型社团类社会组织的活动范围有了非常显著的扩展,影响力有了很大提升,这是推进社会组织现代化治理体系建设的有力体现(图 4-18)。

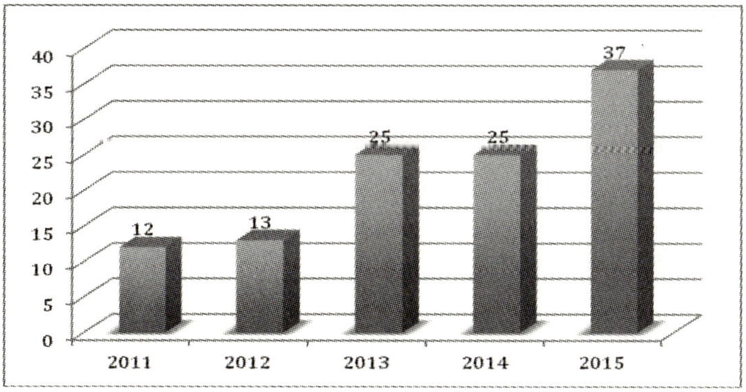

(单位:个)

图 4-18 浦东科技创新型社团类社会组织分支(代表)机构数量(2011—2015)

2. 浦东科技创新型中介类社会组织的能力评价

(1) 服务和活动能力评价

浦东科技创新型中介类社会组织是以教育培训为主,其他业务范围还包括:学术研究与交流、组织活动、信息发布和咨询、提供服务、成果及产品的转化推广等。浦东科技创新型中介类社会组织充分利用广阔的社会网络,重点支持和大力发展研究开发、技术转移、检验检测认证、创业孵化、知识产权、科技咨询、科技金融等专业科技服务和综合科技服务,传递科技信息、提供科技服务,做好政府和社会组织之间的桥梁作用。

国际合作方面，根据年检数据，“十二五”期间，浦东 12 个科技创新型中介类社会组织共开展国际合作项目 11 项，组织或参加国际会议 9 场。总体上看，浦东科技创新型中介类社会组织的作用方式比较单一、国际合作不够积极。

(2)资源获取能力评价

① 财力资源

虽然“十二五”期间浦东科技创新型中介类社会组织收入的增长率有小幅波动，但是整体收入和净资产都维持在较高水平，2015 年平均每个组织收入 532 万余元，净资产 265 万余元(表 4-24、图 4-19)。目前浦东科技创新型中介类社会组织的财务状况总体较好，主要原因在于其从事的主要领域是教育培训，建设全球科创中心的目标对各类科技人才提出较高的要求，进而形成对教育培训的强烈需求。

表 4-24　浦东科技创新型中介类社会组织收入和净资产情况(2011—2015)

年份	总收入(元)	总收入增长率(%)	净资产(元)	净资产增长率(%)	总收入平均值(元)	净资产平均值(元)
2011	43506410.42	—	17829442.37	—	3955128.22	1620858.40
2012	55844273.16	28.4%	19880085.82	11.5%	5584427.32	1988008.58
2013	68549891.60	22.8%	20704930.72	4.2%	6854989.16	2070493.07
2014	63443808.53	−7.5%	24839595.15	20.0%	6344380.85	2483959.52
2015	58518834.70	−7.8%	29105980.65	17.2%	5319894.06	2645998.24

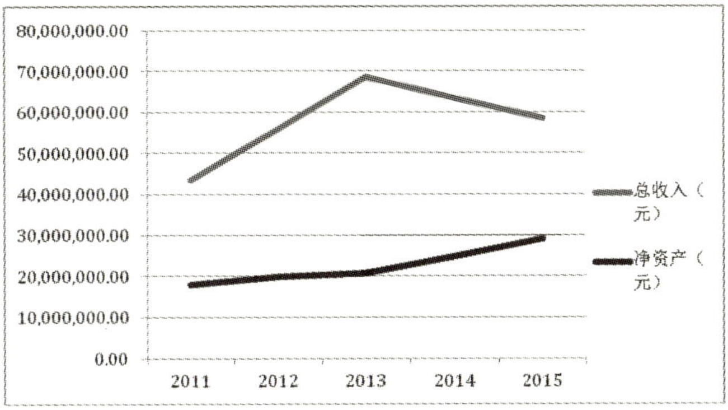

(单位:元)

图 4-19 浦东科技创新型中介类社会组织收入和净资产情况(2011—2015)

② 人力资源

2015 年,浦东科技创新型中介类社会组织共有工作人员 271 名,比 2011 年增长了 48.90%,平均每个组织有工作人员 24.63 人,其中,专职人员从 2011 年的 115 人增长至 157 人,增长率为 36.52%。工作人员增速明显,而且专职人员所占比例较高,高于科技创新型社团类社会组织(表 4-25、图 4-20)。与工作人员相比,浦东科技创新型中介类社会组织的会员发展情况不太乐观,"十二五"期间,只有上海浦东中华职业教育社 1 个组织拥有会员。2011 年,该组织有单位会员 26 人,个人会员 418 人;2015 年,该组织有单位会员 27 人,个人会员 493 人。

表 4-25 浦东科技创新型中介类社会组织工作人员情况(2011—2015)

年份	工作人员总数(人)	专职人员总数(人)	专职人员所占比例(%)
2011	182	115	63.19
2012	218	174	79.82
2013	307	262	85.34
2014	230	184	80.00
2015	271	157	57.93

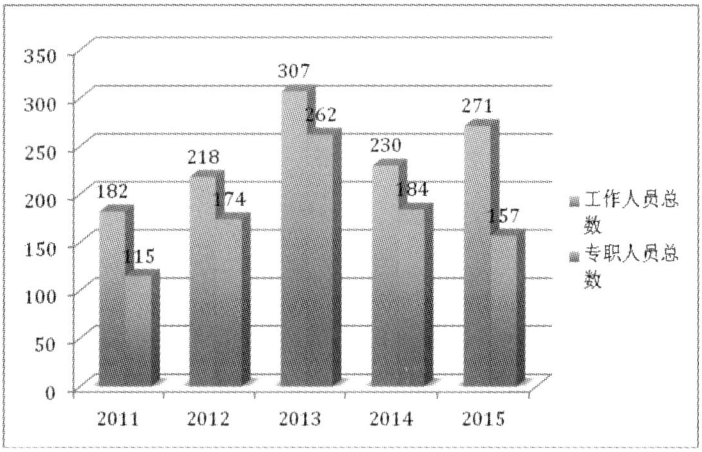

（单位：人）

图 4-20　浦东科技创新型中介类社会组织工作人员情况(2011—2015)

(3) 内部治理能力评价

浦东科技创新型中介类社会组织都设立了理事会，截至 2015 年，共有理事 77 名，平均每个组织有 7.7 名理事(图 4-21)。

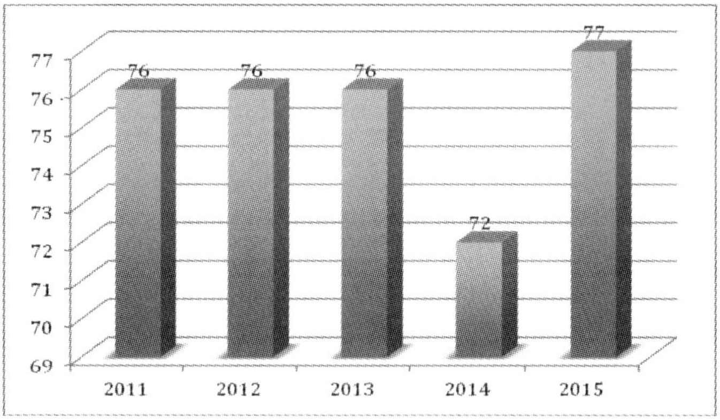

（单位：人）

图 4-21　浦东科技创新型中介类社会组织理事会人数

3. 浦东科技创新型平台类社会组织的能力评价

(1) 服务和活动能力评价

根据年检数据,浦东科技创新型平台类社会组织排名前三位的业务领域是:学术研究与交流、教育培训和服务(表 4-26、图 4-22)。浦东科技创新型平台类社会组织以各种研究院和研究中心为主体,主要任务是在相应领域进行基础研究工作,所以学术研究与交流是主要的作用方式。有些研究院还具有教育功能,即培养硕士、博士人才,因此,教育培训也是很多组织的主要业务。浦东科技创新型平台类社会组织的服务主要是为政府与社会组织之间、不同社会组织之间、科技工作者之间搭建各类平台,开展交流合作;同时,利用培养的人才和先进的技术设备,进行技术鉴定、技术服务等技术性服务。除此之外,信息发布、管理咨询和建言献策等也是科技创新型平台类社会组织常见的作用方式。

表 4-26　浦东科技创新型平台类社会组织业务范围

(单位:个)

序号	业务范围	组织数量
1	学术研究与交流、课题研究、考察调研、组织学习	37
2	维权、调解、交流沟通、建言献策	14
3	教育、培训(课程培训、人员培训等)	27
4	宣传(政策宣传、形象宣传、产品宣传等)、贯彻法律法规、反腐倡廉	9
5	承接政府职能、接受委托	7
6	管理(机构管理、行业管理等)	14
7	组织活动(包括参观、讲座、党建、联谊、体检、休养旅游、比赛、公益活动等)	10
8	信息发布、信息咨询	21
9	服务(包括策划、为老服务、社区服务、“四技”服务、会务服务、各种技术服务等)	22
10	考核评估、评比表彰	5

（续表）

序号	业务范围	组织数量
11	编辑出版、标准制定	13
12	成果及产品的转化与推广	8
13	国内外合作	8

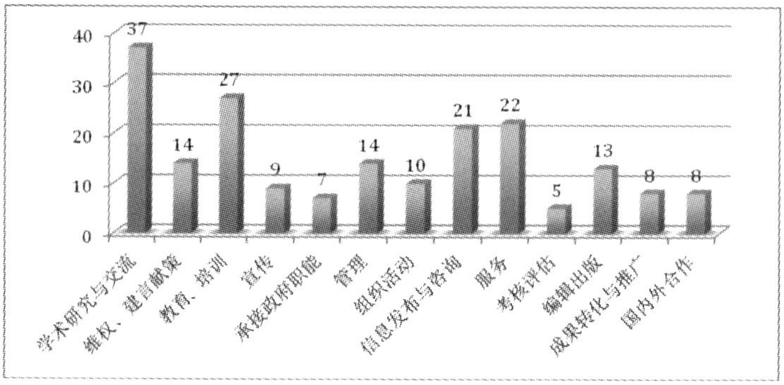

（单位：个）

图 4-22　浦东科技创新型平台类社会组织业务范围

在国际合作方面，2011 年，浦东科技创新型平台类社会组织共开展国际合作项目 2 项，组织或参加国际会议 12 场；2015 年，共开展国际合作项目 7 项，组织或参加国际会议 12 场。

为拓展业务领域、提高专业度和工作效率，浦东科技创新型平台类社会组织还尝试设立分支（代表）机构。2015 年，有 2 个设立了分支（代表）机构，其中，上海市浦东新区中青年知识分子联谊会设有 1 个分支（代表）机构；上海市浦东新区商业联合会设有 8 个分支（代表）机构，业务范围涵盖商业法治、对外经济、质量、价格等领域。与 2011 年相比，2015 年分支（代表）机构总数增加，但设置分支（代表）机构的数量有所减少，而且该项数据自 2013 年起再没有变化（表 4-27）。

表 4-27 浦东科技创新型平台类社会组织分支(代表)机构数量(2011—2015)

(单位:个)

年份	设置分支(代表)机构的组织	分支(代表)机构总数
2011	4	5
2012	3	6
2013	2	9
2014	2	9
2015	2	9

(2) 资源获取能力评价

① 财力资源

整体上看,浦东科技创新型平台类社会组织的财务情况健康良好,尤其是 2013 年,总收入和净资产较上一年都有了很大幅度的提升,分别增长了 125.66%和 77.81%。从平均值来看,2015 年,浦东科技创新型平台类社会组织年收入和净资产的平均值都超过 100 万元(表 4-28、图 4-23)。

表 4-28 浦东科技创新型平台类社会组织财务情况(2011—2015)

年份	总收入(元)	收入增长率(%)	净资产(元)	净资产增长率(%)	总收入平均值(元)	净资产平均值(元)
2011	27691272.11	—	24653066.94	—	728717.69	648764.92
2012	27877889.63	0.67	24033510.52	−2.51	696947.24	600837.76
2013	62908922.15	125.66	42734900.15	77.81	1258178.44	854698.00
2014	55795933.10	−11.31	51800915.75	21.21	1094037.90	1015704.23
2015	66013435.96	18.31	56632520.73	9.33	1178811.36	1011295.01

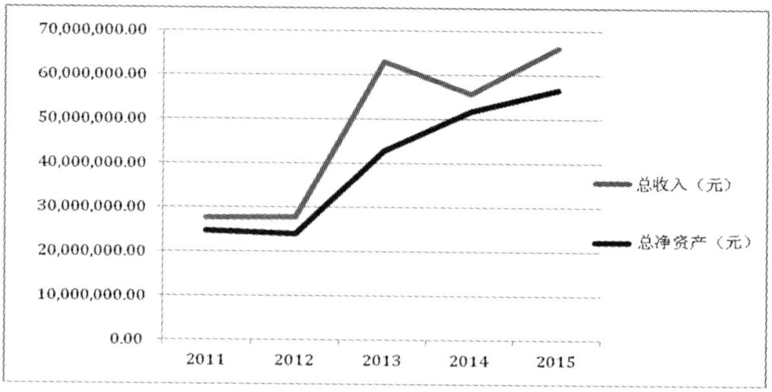

图 4-23 浦东科技创新型平台类社会组织总收入和净资产情况(2011—2015)

② 人力资源

2011 年,浦东科技创新型平台类社会组织共有工作人员 382 人,其中专职人员 213 人;2013 年工作人员总数已上升至 715 人,2014 年和 2015 年虽略有下滑,但依然保持在 500 人以上,专职工作人员数量平稳增长,2015 年共有专职人员 299 人(表 4-29)。

相比于工作人员的显著增长,浦东科技创新型平台类社会组织的会员数量总体呈现稳中有进的良好态势,除 2015 年个人会员人数有所下滑外,其余年份的个人会员和单位会员人数均有增长或保持平稳(表 4-30)。但与科技创新型社团类社会组织相比还有一定差距,以 2015 年为例,科技创新型社团类社会组织共有会员 30661 人,而科技创新型平台类社会组织仅有会员 4766 人,是前者的 15.54%,而两者在组织数量上相差不多(科技创新型社团类社会组织有 70 个,科技创新型平台类社会组织有 62 个)。说明相比学会、协会完善的制度建设,科技创新型平台类社会组织在会员管理方面的工作还不够规范。

表 4-29 浦东科技创新型平台类社会组织工作人员情况(2011—2015)

年份	工作人员总数(人)	专职人员总数(人)	专职人员所占比例(%)
2011	382	213	55.76
2012	433	245	56.58
2013	715	295	41.26
2014	684	266	38.89
2015	527	299	56.74

表 4-30 浦东科技创新型平台类社会组织会员人数(2011—2015)

(单位:人)

年份	个人会员	单位会员	会员总数
2011	2786	2045	4831
2012	2799	2037	4836
2013	3443	2315	5758
2014	3577	2465	6042
2015	2148	2618	4766

(3) 内部治理能力评价

“十二五”期间,浦东科技创新型平台类社会组织设有理事会的组织保持在 35 个左右(图 4-24),2011 年共有理事 535 人,2015 年增长至 886 人,增长率为 65.61%(图 4-25)。日常办事机构也有增长,2011 年只有 10 个日常办事机构,2015 年增长至 43 个,是 2011 年的 4 倍多(图 4-26)。但是,仔细研究可以发现,2015 年出现的突然增长主要是因为“上海市浦东新区金融促进会”建立了 30 个日常办事机构,说明虽然总数有所增加,但是设立日常办事机构的组织增速并不明显。

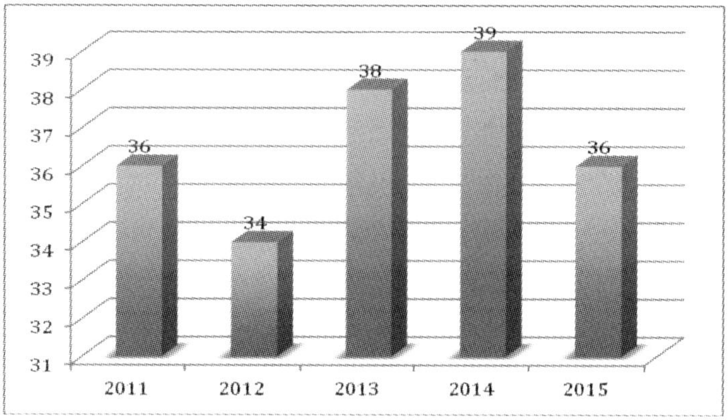

（单位：个）

图 4-24　浦东科技创新型平台类社会组织设有理事会的数量

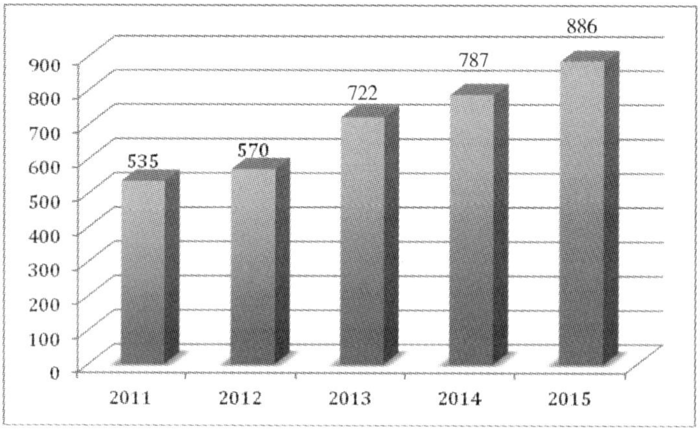

（单位：人）

图 4-25　浦东科技创新型平台类社会组织理事会人数(2011—2015)

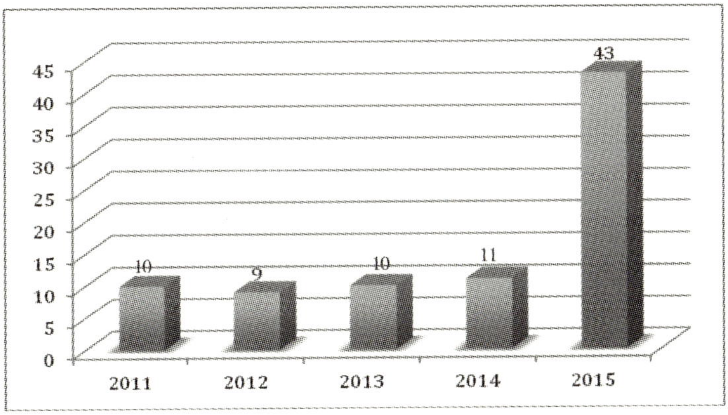

(单位:个)

图 4-26 浦东科技创新型平台类社会组织日常办事机构数量(2011—2015)

4. 财政状况比较

对浦东科技创新型社团类社会组织、科技创新型中介类社会组织、科技创新型平台类社会组织的收入和净资产进行比较,可以发现这三类组织发展的水平状况(表 4-31、表 4-32、图 4-27、图 4-28)。科技创新型社团类社会组织和科技创新型平台类社会组织不仅在组织数量上相近,在收入和净资产的平均值上也相差无几,而科技创新型中介类社会组织虽然在数量上不占优势,但是收入和净资产的平均值却远超另外两类组织。这意味着今后浦东社会组织发展要加快科技创新型中介类社会组织的发展速度,充分发挥其资源整合优势,提供优质中介服务,使资源更加集中有效地投入全球科创中心建设中;科技创新型社团类社会组织和科技创新型平台类社会组织在保持现有活动范围和财政收支的同时,应更多地扩展业务范围,积极与科技创新型中介类社会组织合作,将科技创新成果转化为产品,创造更大的经济效益。

表 4-31　浦东科技创新型社会组织收入平均值情况(2011—2015)

(单位:元)

年份	社团类社会组织	中介类社会组织	平台类社会组织
2011	839238.38	3955128.22	728717.69
2012	883067.05	5584427.32	696947.24
2013	1353838.82	6854989.16	1258178.44
2014	1315508.05	6344380.85	1094037.90
2015	1251433.62	5319894.06	1178811.36

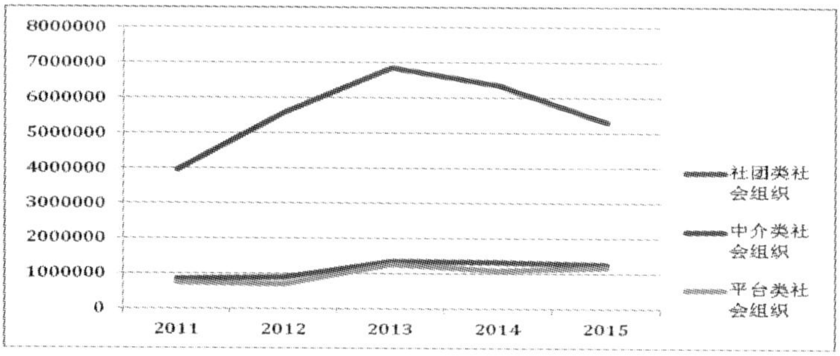

(单位:元)

图 4-27　浦东科技创新型社会组织收入平均值情况(2011—2015)

表 4-32　浦东科技创新型社会组织净资产平均值情况(2011—2015)

(单位:元)

年份	社团类社会组织	中介类社会组织	平台类社会组织
2011	938316.74	1620858.40	648764.92
2012	913409.32	1988008.58	600837.76
2013	989487.56	2070493.07	854698.00
2014	1060129.90	2483959.52	1015704.23
2015	1185186.14	2645998.24	1011295.01

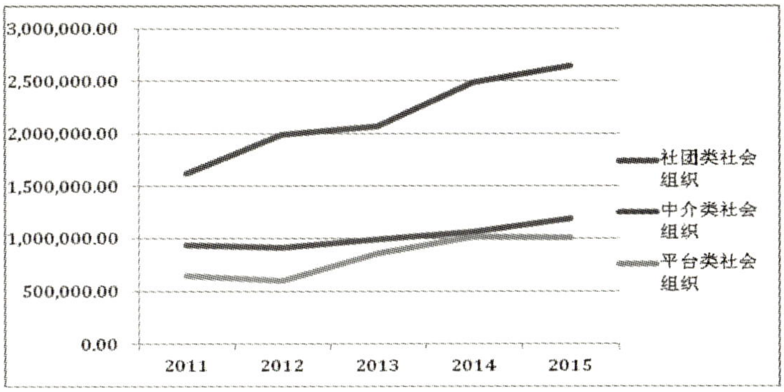

(单位:元)

图 4-28 浦东科技创新型社会组织净资产平均值情况(2011—2015)

总体来讲,浦东科技创新型社团类社会组织不仅功能更为全面,而且管理规范;科技创新型中介类社会组织财务状况优异,但是数量较少;科技创新型平台类社会组织介于两者之间,虽然数量不少,但还未充分发挥其资源整合、搭建平台的功能。

第五章

他山之石：
全球科创中心建设中社会组织发展创新的经验借鉴

在全球范围内，科创中心已经成为现代全球化大都市的标配，纽约、伦敦、新加坡、东京、首尔、台北等大都市先后提出了建设全球或区域创新中心的目标，并出台了相应的战略规划。例如，英国于2010年启动实施了“英国科技城”的国家战略，试图将东伦敦地区打造为世界一流的国际技术中心；美国试图借助新科技革命带来的先发优势引导产业回流以重构全球分工体系，并于2012年制订了打造“东部硅谷”的宏伟蓝图，计划在曼哈顿以东创建一个与加州硅谷并驾齐驱的应用科学园，力图成为“全球科技创新领袖”。目前，全球最为有名、有代表性的有硅谷模式、纽约模式、伦敦模式、特拉维夫模式、新加坡模式等。本章将分别对国际上具有代表性的全球科创中心建设中社会组织发展的经验进行梳理与比较研究，以期对全球科创中心建设中浦东社会组织的功能与机制创新及其扩散提供可靠的参考和借鉴。

第一节 全球科创中心建设中社会组织发展创新的模式和经验

一、美国硅谷：热带雨林型创新生态系统中的社会组织

1. 硅谷模式

以“热带雨林”型创新生态系统为依托充分激发创新创业活力。硅谷

是全球公认首屈一指的科创中心，它并无政府专门推动，而是市场自发形成的科创中心。硅谷成功的秘诀在于营造可持续的创新生态系统，类似“热带雨林”，为新技术、新商业模式的诞生提供最佳的土壤。

第一，拥有世界级的创新资源。硅谷地区汇集了世界一流的大学、顶尖的研发人才和大量优秀的高科技企业。尤其是斯坦福大学，它被誉为“硅谷创新的灵魂”。

第二，营造富有活力的创新生态环境。在硅谷，高校、企业、研发机构、风险资本和各类中介机构紧密互动，形成了开放的创新生态群落，使得有价值的技术和商业项目迅速被发现，由此可能成长为参天大树。同时，硅谷文化崇尚探索和创新，敢于冒险，宽容失败，形成了鼓励创新创业的良好氛围。

第三，形成发达的科技服务体系。硅谷集聚了大批从事风险投资、研发设计、知识产权、创业孵化、市场推广等各类科技服务企业。由于这种“热带雨林”创新生态的存在，硅谷始终保持着旺盛的创新活力，成为全球信息技术、生物技术、新能源等高科技行业的创新摇篮。[①]

2. 纽约模式

将科技创新与国际大都市全面转型升级相结合。经历 2008 年全球金融危机后，纽约提出要把科技创新作为新一轮发展的主要动力，实现城市的战略转型。

第一，依托发达的金融业和专业服务业。在加快新技术之都建设的过程中，纽约将科技成果与高度繁荣的服务业相结合，把最新技术应用到金融业、传媒、时尚和医疗服务业等领域，使优势产业始终处于领先地位。

第二，发挥一流人才和科研机构聚集的优势。纽约拥有 9 家重要学术研究机构，175 家医院、研究中心和实验室；纽约还拥有 19 名科学领域的诺贝尔奖得主，纽约大都市区的国家科学院院士人数亦居全美第四。

---

① 维克多·黄，格雷格·霍洛维茨. 硅谷生态圈：创新的雨林法则. 诸葛越，等，译. 机械工业出版社，2015：12-19.

第三,政府在推动科技创新中扮演积极角色。纽约政府于2008年创立了“纽约市种子基金”,专门为初创技术企业提供资金支持,2010年又设立了市政府创业基金。2010年,纽约政府还提出了“应用科学计划”,预计未来30年将创造4.8万个就业岗位,孵化出近千家企业。

第四,扩大信息技术在城市运行中的广泛应用。比如,时代广场尽管人流量很大,但从未发生踩踏事故,原因就在于政府在人流密集场所充分运用通信技术、互联网技术、视频监控、GIS等手段,动态评估客流数量、发展趋势和潜在风险。

3. 基本经验

不管是硅谷模式还是纽约模式,美国社会组织在推动科技创新中有共同的经验。

首先,高度重视互联网及新媒体等信息技术在社会组织功能发挥中的重要作用。在这些模式中的社会组织,尽管使用的互联网及新媒体等信息技术有很大差异,但无论是使用计算、大数据、移动互联网,还是最新的智能设备、传感器、物联网+、智慧城市等,其背后的理念无一例外,都是“互联网+公共服务”。比如,谷歌的“Flu Trends”公益项目,拓展了大数据在医疗服务领域的应用,其24小时挖掘搜索引擎的海量信息,每天都在更新其流感趋势预测,这样不仅可以有针对性地对单个病人的身体病情变化情况进行实时监测和预判,同时还有可能对社会性的流行病暴发等重大公共卫生事件提前采取应对措施,而这一类似监测和预判报告,在美国官方疾病控制和预防机构通常需要几周的时间才能整理并发布出来。由此可见,这一项目大大提升了公共服务效率和水平。

其次,“互联网+公共服务”还可以利用互联网的普惠性向弱势群体提供优质服务和稀缺资源,从而为实现教育、医疗、科技等公共稀缺资源和公共服务的均等化提供全新平台。比如,可汗学院(Khan Academy)通过慕课(Massive Open Online Course,MOOC,即大规模开放在线课程)向全球义务教育阶段的学生免费提供优质教育公开课。可汗学院是由萨尔曼·可汗(Salman Khan)于2011年秋创办的公益项目,主要面向K-12学生免费提供网络课程。在其影响下,斯坦福大学的巴斯蒂安·图伦(Sebastian Thrun)和彼得·诺维格(Peter Norvig)联合开设了人工智能(Introduction to Artificial Intelligence,CS221)课程,广受欢迎,这直接促使他与大卫·斯塔文斯(David Stavens)、迈克·索科尔斯基(Mike Sokolsky)联合创办了在线课程供应平台Udacity(在线大学)。2011年底,麻省理工学院启动在线开源学习项目MITx,这是一种新的交互式学习平台。2012年秋,哈佛大学与麻省理工学院以MITx为基础,合作组建了edX平台,不是以营利为目的,而是以开放与免费的形式向大众提供优质在线课程。与此同时,斯坦福大学的达芙妮·科勒(Daphne Koller)与吴恩达(Andrew Ng)创办的Coursera(课程时代)、斯坦福大学的开源网上教学平台Class2Go、提供在线学士/硕士学位的UniversityNow、专攻在线自学程序设计的Codecademy,以及主张"人人可授课、人人能学习"的Udemy等在线学习平台纷纷出现。2012年因此也被称为"MOOC之年"。MOOC作为一种新的开放教育模式自出现以来就成为教育界的关注热点,许多国家和地区纷纷推出MOOC平台,课程数量、学习者数量都在不断增长。① 这一创新项目使得获得优质服务和稀缺资源不再是部分群体的专利,具有很强的创新与扩散力。

最后,非营利组织的教育创新理念又可在社会实践中培育更多的教育创新类非营利组织。比如,教育创新类非营利组织纽约空间360(New York's iZone 360)、创想K12(Imagine K12)、新学校种子基金(New Schools Seed Fund)和4.0学校(4.0 Schools)等都是一些帮助教育创新者的孵化器。通常这些孵化器都会提供财务、项目和网络支持。基金会通常扮演种子投资人的角色,例如,4.0学校建立了有活力的教育创新社区,将教育者集中在一起,为他们提供新工具以解决教育问题,并且给他

① 翁士洪. Blackboard:MOOC教育模式的新平台. 现代教育科学,2015(6).

们很多的创新空间去处理一些需要反复思考的教育问题。目前,4.0 共同体里面的教育创新者已经产生了很多建立新学校、教育技术公司和教育类非营利组织的想法。新学校种子基金则是为教育创新者在创意初期提供关键的一次性支持资金。种子资金一般在 2.5 万美元到 25 万美元之间。又如,斯坦福大学通过硅谷学校基金(Sillicon Schools Fund)为硅谷提供了创新人才,也为非营利组织美国而教(Teach For America)培育了下一代的教育领袖。这些地区目前在教育创新领域已经涌现了一些人才共同体机构。

二、英国伦敦:市场机制引导创新企业集聚中的社会组织

1. 伦敦模式

英国伦敦依托市场机制和优势创新企业的自发集聚,推动形成具有特色的科创中心。

第一,市场自发形成优势科技产业集群。20 世纪 90 年代中后期开始,伦敦东部数字经济产业加速集聚,一批国际顶级企业如谷歌、脸书、推特和众多孵化器及初创科技企业集聚伦敦,逐步形成了如今的伦敦"科技城"(TechCity),目前英国的数字经济产业超过两成集中在伦敦。

第二,依托科技和人才资源推进创新。2014 年 4 月,伦敦市长鲍里斯·约翰逊(Boris Johnson)提出了建设"医学城"(MedCity)计划,充分利用由伦敦、牛津和剑桥形成的英格兰东南部生命科学研究"金三角"(golden triangle),以及相关地区的技术和产业优势,打造与美国波士顿、新加坡齐名的世界顶级医学中心。

第三,政府进行适当的规划和引导。伦敦政府秉持一贯的经济自由化策略,不去干预具体产业发展,而是从全局着眼制订规划,为市场主体提供普惠性服务。2000 年,伦敦市相关部门和社会组织合作,制定了《伦敦科学、知识与创新战略规划》,2003 年又发布了《伦敦创新战略与行动计划(2003—2006)》,明确提出了建成"世界领先的知识经济"的目标。

2. 基本经验

2016 年 1 月 19 日，英国政府率先发布《分布式账本技术：超越区块链》报告，称这一基于价值传递的公共服务创新的区块链技术重新定义了政府和公民之间的数据共享、透明度和信任。英国政府还赞助了许多社会组织公益项目，通过区块链等数字化来改善公共服务的质量。区块链具有非中心化、不可篡改、可信任性、可追溯、可编程等优点，它使得互联网的发展真正走向"去中心化"，任何节点都可以对网络结构产生作用，这在一定程度上使社会组织的线上公共服务更加透明化。

例如，有的社会组织运用区块链来完善社会求助资金的监管体系，由于当前一些社会组织和公益机构的奖金使用存在不透明的现象，所以社会求助资金的监管体系一直成为备受媒体批评和社会及捐赠者所诟病的薄弱环节。社会组织使用区块链将有效解决这一问题，因为区块链的透明性和可追溯性将会保留所有用于采购和社会捐赠资金的使用情况，它不仅可以对每笔捐款及其使用情况进行追溯，也可以保证捐赠者实时查看其捐款的使用情况，这便更加有利于社会组织和公益机构自身管理社会救助资金，同时也有效降低了社会福利体系运作过程中的耗费。

三、以色列特拉维夫：本土初创企业与跨国公司联动创新中的社会组织

以色列特拉维夫模式的显著特点是本土初创企业与跨国公司共同推动科技创新。(1) 政府大力培育初创企业。早在 20 世纪 90 年代，特拉维夫市政府就将其目标定位于以创新为主的国际商业中心，陆续出台许多举措，包括为创业公司提供由政府补贴的公共办公空间、建立网络信息平台、促进创业者交流与合作，为软件研发企业提供优惠税率等。(2) 积极吸引知名跨国企业和国外资本。特拉维夫市政府鼓励全球领先企业在该市成立核心研发团队，目前在该市已集聚了 240 多家跨国公司研发中心，其中 IT 和软件行业占 30%。此外，特拉维夫还致力于吸引外资、为创业提供融资机遇，以色列 80% 的国际银行、风险投资以及数目众多的

国际律师事务所都位于特拉维夫。(3) 激发全社会创新活力。在特拉维夫,创新创业是一项全民运动,具有宽容失败的文化氛围、友善的创新环境以及活跃的创新生态。全市共有十几处创业者聚集地、公共空间,而技术社群遍布城市各个角落,创业加速器、公司孵化器、研发中心所运行的助力项目,吸引着以色列乃至全世界的创业人士前来取经。

2014 年,在主题为"破解创新密码"的特拉维夫城市论坛上,特拉维夫市政府的首席信息官利奥尔·谢克特(Liora Shechter)在发言中讲到特拉维夫在智慧城市方面的发展时指出,让市民广泛参与到智慧城市的建设中并且利用信息、共享信息是非常重要的。"智慧城市的建设最终目的是为了服务市民,如何让市民更了解所在城市的各类公共资源和公共服务、所在的社区与街道、城市各类文体活动以及出行方式,是提高居民参与(Engaging Citizens)的重点。如果市民没有参与,那么即使智慧城市的技术再先进,也无法真正改变市民生活。"①

特拉维夫市的社会组织也通过向政府购买与合作方式进行公共服务创新。比如,提高城市的互联性,特拉维夫市政府批准了一项耗资 600 万谢克尔(约 160 万美元)的城市免费公共 WiFi 项目,于 2013 年正式投入使用。这一公益项目的目的是覆盖特拉维夫主要的人口集中地区以及商务与休闲地带,如海滩、市中心商业区、公园等等,随后追加的 20 个 WiFi 热点则由市政厅 Facebook 主页上的票选决定。在城市免费公共 WiFi 项目正式投入使用后,以色列当地媒体与市民均对公共 WiFi 进行了测试和评估。评估的初步结果是:虽然大部分 WiFi 热点运作正常,但仍有个别热点运转不良,且热点覆盖面积有限、下载速度较慢等。技术上的问题,需要技术团队解决。然而,覆盖全市的免费公共 WiFi 这一理念仍值得推崇,相比欧美很多国家主要城市有限的免费公共 WiFi(如纽约曼哈顿的电话亭式免费 WiFi 区域),"数字特拉维夫"在城市互联性方面已经走在了前端。

---

① 关鹤. 特拉维夫:智慧城市未必高端复杂. 东方早报,2014-10-21.

另外,在特拉维夫市政府信息部和总理办公室推动政府服务部的联合推动下,特拉维夫于2013年举办了"App2U"手机应用开发竞赛,活动收到了72个应用申请参赛,多数是由社会组织所提出的。头奖"市长奖"与"部长奖"的奖金均为2万谢克尔。获得"市长奖"的手机应用"曾儿应用时"(Once App on a Time),利用特拉维夫市政府档案中的城市老照片,帮助用户找到该老照片拍摄的地点和角度,让用户可以将现今的特拉维夫城市照片与老照片结合起来进行比较。这一项目如果能够顺利开展,将非常有利于文化保护类公共服务的创新。

四、新加坡:政府主导创新中的社会组织

1. 新加坡模式

新加坡模式是政府主导创新和离岸科技创新的典范。新加坡十分注重发挥政府在科技创新中的主导和推动作用,形成了包括生物医药、电子、信息通信等在内的科技创新集群,并积极加强与海外的创新合作。

第一,政府制订专门规划。从1991年开始,新加坡已经连续实施了五个科技五年规划。2006年专门成立"研究创新及创业理事会",作为政府科技顾问班子,由总理亲自挂帅。

第二,出台鼓励创新的政策措施。2002年新加坡推出计划,要在10年内把3000家本地企业提高到创新级标准。2006年又推出"企业科研创新计划",进一步促进10万多家中小企业的科技创新。新加坡颁发国家级"新加坡创新奖",以表彰在创新方面有特殊成就的公共部门与私人机构。另外,新加坡制定了优惠措施吸引跨国公司投资设立研发中心,跨国公司每投资研发1美元,政府大体上配套30美分左右。

第三,广泛开展离岸创新合作。在中国、印度和东南亚等地建设了大量科技园区,其海外园区面积总和相当于171个新加坡国土面积。

2. 主要特点

新加坡模式中的社会组织创新主要特征为社会组织通过政府运作,

或者称之为政府主导的、部分国家法团主义的模式。在理论上,法团主义认为,在国家与社会组织之间的关系中,国家处于主导地位。根据两者关系的差别,法团主义又可以细分为社会法团主义和国家法团主义。社会法团主义模式体现出社会组织的高度自治性,国家较少参与组织内部的管理。尽管社会组织的存在仍然需要国家的认可,但是社会组织拥有更多的与国家讨价还价的能力。[①] 国家法团主义模式则是建立在国家具有较强调控资源能力的基础上,国家可以根据治理需要在某一社会领域发起和创立社会组织,国家在社会组织的关系中具有绝对优势。新加坡模式并非完全符合国家法团主义的特征,[②]可称之为部分国家法团主义的模式。新加坡在社区和地区层面上都有为数众多的社会组织,形成一个密实的组织网络。在社区层面包括各类慈善团体、义工团体等,在地区层面还有社区发展理事会、社会服务中心、家庭服务中心等。新加坡的社会组织具有官方和民间的双重特性,在新加坡模式中的社会组织有其创新的基本运作逻辑(图 5-1)。

在新加坡的社会组织发展创新模式中,政府是资金资助者而不是配置者,伙伴关系增加了有效性,社会组织与政府在提供公共服务中进行了互补。[③] 值得注意的是,在此种方式下,社会组织只是公益资源先经过政府,其自身的组织运作完全是独立、自由的。另外,新加坡官办社团由政府出面组建,并任命组织的负责人,经费由国家拨给,任务也是由国家规定,基本不需从民众那里筹资,而且重点是为民众提供服务。新加坡的半官方的机构模式与西方的伙伴关系模式尽管形态各异,但都有一个共同点:它们都弱化了从公民到政府的阶段,重点在资源由政府到社会组织,

---

① P. C. Schmitter. Still the Century of Corporatism? The Review of Politics, 1974, 36(1):85-131.

② 王新松.国家法团主义:新加坡基层组织与社区治理的理论启示.清华大学学报(哲学社会科学版),2015(2).

③ Benjamin Gidron, Ralph M. Kramer, & Lester M. Salamon, eds. Government and the Third Sector. Jossey-Bass, 1992.

最后到受益对象。[①]

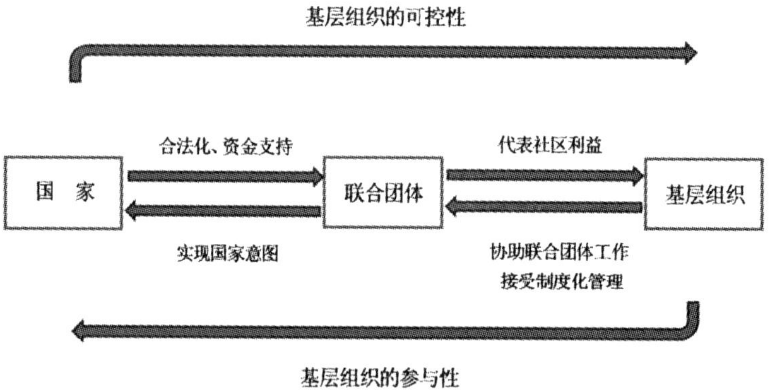

图 5-1　新加坡的社会组织发展创新模式

资料来源：王新松. 国家法团主义：新加坡基层组织与社区治理的理论启示. 清华大学学报（哲学社会科学版），2015(2).

第二节　全球科创中心建设中社会组织发展创新的比较研究

一、"互联网＋公共服务"思维与方式

在上述模式中的社会组织，尽管使用的互联网及新媒体等信息技术有很大差异，但无论是使用大数据、移动互联网，还是使用最新的智能设备、传感器、物联网＋等，其背后的理念无一例外都是"互联网＋公共服务"。

最常见的就是"O2O"模式（Online to Offline，即网上网下一体化联运模式）的不断扩张，社会组织所提供的社会服务向"线上"扩展。社会组织正在成为社会公共服务新的提供者和中介者，增加了公众自主选择公共服务的机会，并且降低了选择的成本，提高了服务的效益。"线上"社会

① 翁士洪. 公益资源的运作途径和机制. 国外理论动态，2016(6).

组织向“线下”延伸，公益领域的“微动员”社会自组织成本低、效果好。

“互联网＋公共服务”的主要特征体现为：开放、合作与创新。其中，创新突出表现在大数据、云计算、物联网等带来的公共服务技术创新，信息技术平台如社交媒体带来的公共服务提供形式创新，以及众包和众筹导致的社会动员和组织形式创新等方面。[①]

二、社会组织的创新创业导向

在上述模式中，环境压力，如资金市场竞争加剧，获取公募资金或捐款的难度增加，以及政府在社会服务供给方面职能的转变等，使得社会组织开始采取更加创新的、创业性的方法以求得生存。社会企业就是社会组织社会创业行为的一种可能性结果。社会企业主要指那些首要遵循社会或环境目标，其次追求对组织可持续发展而言重要的财务目标的组织。现有文献已表明，创业行为对于企业适应市场变化、巩固有利竞争地位非常重要。创业行为常用创业导向（EO）的三要素将其概念化：创新性、风险承担性、主动性。实践中，鲜有研究非营利背景下的社会导向以及探索创业导向与社会组织绩效的关系。不过，目前已有西方学者将当前有关社会创业的研究重点从个人转向了组织层面，构建了非营利背景下社会导向的新维度，并发现了社会组织下的创新和风险承担更为复杂。研究通过大量最新资料，探索了社会组织层面的创业导向维度以及它们的具体内涵，并研究了这些维度是如何影响社会企业的创建的。通过分析，除了已确认的创业导向三种维度外，该学者还发现了“转移风险”“合作”两个维度，这一发现也支持了他的论证，即社会导向是内部创业的一部分，但社会组织的创业导向和营利组织中的创业导向在维度、内涵方面略有不同。该学者建立了社会组织背景下创新创业导向的新维度——“主动性”“创新性”“转移风险”和“合作”，用“转移风险”代替了原先的“风险承

---

① 唐鹏，等．互联网＋政务：从施政工具到治理赋能．电子工业出版社，2016：38-45．

担"维度。研究表明,创新性有助于社会组织提高营销和项目部门的产品或服务水平。[①]

三、降低社会组织进入门槛

世界上许多国家政府采取有效措施降低社会组织,尤其是网络草根组织的进入门槛,如欧美等国家重事中事后监管,即重事中事后行为的监管,而轻事前进入门槛,以保障社会组织的资格为主。

四、保证社会组织的相对自主性与独立性

尽管西方的伙伴关系模式与新加坡的半独立的和半官方的机构模式形态迥异,不过都在国家与社会间关系中,社会组织保持足够的自主性和独立性,而且重点是为民众提供服务。在社会服务与治理的实践过程中,不同类型的社会组织将国家与公众连接起来,如社会组织代表各种社会群体,表达地方利益,参与和影响政策制定,监督政府行为等。在民主国家中,这类社会组织通常由民众自发组织形成,具有较高的独立自主性。当然,在新加坡模式中,社会组织是相对独立于国家,但是仍旧在国家的管控下存在的社会组织,这类组织大多从国家获得资金支持,开展服务递送类的活动,与国家所提供的社会服务相辅相成。

五、网络募捐平台的分类监管机制

在全球科创中心建设中,对于社会组织发展创新很重要的一个方面是充分利用互联网的便捷性与快速性,挖掘网络募捐平台的巨大潜力。其中非常有特色的就是降低网络募捐信息平台的进入门槛、对网络募捐平台进行分类监管。

---

① K. Lurtz&K. Kreutzer. Entrepreneurial Orientation and Social Venture Creation in Nonprofit Organizations: The Pivotal Role of Social Risk Taking and Collaboration. Nonprofit and Voluntary Sector Quarterly, 2016, 46(1).

除了针对社会组织的网络募捐行为设计严格的监管制度以外，美国还针对网络平台设计了一套监管制度，即严格的准入管理措施。美国法律中将网络平台主要区分为纯平台型和专业劝募型。其中，在纯平台型中，募捐者只是单向利用网络，主要监管社会组织；网络平台只要得利就是专业劝募型，比如与慈善组织有商业合作或做劝募顾问等，都应纳入专业劝募型范畴。各州针对各类专业劝募型都有归口的管理规则，即将网络平台归口于专业劝募型这一类别下，开展针对性管理。按照规定，除纯平台型网络平台以外的所有专业劝募型的网络平台都需要按照各州的规定，接受前置管辖。但其也可以采用 URS 注册方式，以简化到各州注册的程序。如不按照规定登记，各州可以采取行动，加以处罚。在登记注册时，不少州要求网络平台提交详细的信息，以说明其如何开展运作，如何判定慈善组织的合法性，以及如何预防欺诈。

同时，无论是哪一类网络平台，都需要遵守如下规则：第一，采取积极行动，以防止自己成为欺诈行为的工具。第二，如在明确知道自己被滥用的情况还提供服务的，将受到处罚。第三，发生欺诈行为时，应立刻采取相应行动，比如阻止滥用行为、要求在平台上开展劝募的机构采取积极措施等。

英国与美国有所不同，并不要求开展前置性登记注册，而是将更多精力放在后置管辖上。主要原因是：第一，英国的慈善法是统一立法，各郡没有独立的管理规定，只需要慈善组织正式登记注册后，就自动拥有募捐资格，可以开展募捐活动。第二，英国政府规定，需要接受前置性审查的募捐活动仅为街头募捐、上门募捐等落地的对公共秩序可能会产生影响的募捐活动，而对网络募捐等并不会真正影响社会秩序的虚拟募捐活动，则不开展前置审查。对于这些行为，政府的监管重点是募捐行为，即参照电子商务管理规定，对网络募捐开展后置性行为监管。

第三节　全球科创中心建设中浦东社会组织发展创新的经验借鉴

一、引入“互联网＋公共服务”思维与方式

2016年8月22日，民政部官方网站公示了首批13个慈善组织互联网募捐信息平台遴选结果，上海唯一入选的社会组织是注册地在浦东的上海联劝公益基金会。近几年上海联劝公益基金会采取了线上与线下结合的募捐方式创新，也就是“O2O”模式。上海联劝公益基金会比较喜欢有线下筹款活动的线上募集这个部分的慈善项目。不过，值得注意的是，根据上海联劝公益基金会秘书长的说法，上述被13家网络信息平台都不接受个人求助，意味着只有慈善组织才能在这些平台上发布这样的信息。个人通过网络的求助行为是不允许的，不在慈善法范畴内，因为在民政部组织的慈善组织互联网募捐信息平台评选答辩时，所有平台都做了承诺“不代为接受慈善捐赠财产”等。而个人求助行为是基于私人间的相互信任，不是慈善组织的行为。这说明，目前上海联劝公益基金会并不接受个人在其互联网募捐信息平台即联劝网发起募捐的求助请求，这对于那些亟须求助的个体而言服务力度是不够的。这也说明目前浦东的社会组织本身的“互联网＋公共服务”思维与方式还有待提高。

二、鼓励社会组织的创新创业

已经有研究表明，创新行为在社会企业创建过程中发挥了很重要的作用，这是因为在社会企业创建中需要把市场和社会服务供给创新结合起来。这对于当前我国大力推行“万众创新、大众创业”这一“双创”活动过程中，全球科创中心建设中浦东社会组织培育创新思维和开展创新活动具有重要的启示价值。

三、采取针对性措施降低社会组织的进入门槛

降低募捐资格登记门槛，这是因为网络具有便捷性，网络募捐是分享信息、传播知识、寻找方案的有效方式，打破了信息与空间壁垒；同时，人们对于传统募捐方式、大型官方背景的社会组织（如红十字会等）的丑闻有所反感；另外，网络募捐首发于网络草根组织，它们成本低，突破了地域、信息和进入门槛等壁垒，而且往往是基于人们的信任而通过社会网络传播的。网络募捐推动了募捐资格这一行政慈善与传统慈善下的遗痕逐步消退，吸引社会力量，比如大量网络草根组织进入慈善领域，并逐步引导商业化的营销元素进入慈善事业。这是符合中央关于慈善事业健康发展的指导精神的。因此，可以将网络募捐作为契机，逐步降低慈善组织募捐资格登记门槛：政府可以以网络募捐为参照，建立一套程序性的登记体系；社会组织应向机构住所地的民政部门申请登记，登记时民政部门应仅限于程序性审查，而非实质性审查。

四、创造条件保证社会组织的相对自主性与独立性

当前，我国对社会的控制范围在缩小，控制方式渐趋多样化，控制手段逐渐规范化。与此同时，一个具有相对自主性的社会正在形成。于是菲利浦·施密特（Philippe C. Schmitter）的"新合作主义"模式得到不少学者的认同，他们认为，中国未来国家与社会的关系模式应该是一种既能保证社会的独立性与自主性，又能充分发挥国家作为社会总体利益的代表对社会经济生活的协调与控制的"强国家一强社会"模式，强调国家与社会之间一种合作的关系。① 政府与社会组织之间的关系也是如此。社会组织首先是民事主体，是民间力量发起的自治组织，有权自主决定和管理组织的内部事务，政府不应该直接介入社会组织的管理和运作过程。自

---

① 唐士其."市民社会"、现代国家以及中国的国家与社会的关系.北京大学学报（哲学社会科学版），1996(6).

主性是社会组织良好治理的前提。然而,时至今日,社会组织的自主性并没有得到有效的保障,“官民二重性”被学界公认为是我国社会组织的特点。主管部门较多地涉及社会组织内部事务。[①] 很明显,社会组织与政府的合作关系的意义也是最显著的。[②] 所以,需要建构政府与社会组织之间的合作关系,包括政府与社会组织共同合作解决社会问题;由政府出资、社会组织提供服务或两个部门在信息上共享;社会组织遵从政府的规则,政府认同社会组织的作为但不一定主动支持。在合作关系中,社会组织有高度的自主性,政府也尊重社会组织的使命和作用等。政府制定与社会组织相关的法律时,必须着眼如何健全公民社会的发展,本着保障社会组织的自主性,以自治、透明、公开为原则,以较低的政府干预促成较高的自我管理为基本宗旨,以社会组织的参与式自治为方向,促进其发展与功能的发挥,培育健全的社会组织。

五、实施网络募捐平台的分类监管机制

“互联网+公益”的网络募捐方式本身是创新性的,但对于网络募捐平台如何监管,确实成为一个全新的且亟待解决的重要问题,在浦东甚至全国范围内目前都还存在不少问题。

首先,网络募捐平台遴选制和使用第三方的信息平台进步很大,但门槛太高。国家民政部把《慈善法》的“指定募捐平台”变成了遴选制,首批遴选了 13 个。这实际上是把平台开放了,而不是自己指定一个网站,这一步做得特别好。但是,从实际运作情况来看,目前的门槛还是太高。《慈善法(草案)》第 23 条规定,慈善组织通过互联网开展募捐的,可以在其登记的民政部门建立或者指定的慈善信息平台开展互联网募捐。其中,在省级以上民政部门登记的慈善组织也可以在其网站发布募捐信息。而 2016 年 9 月 1 日起施行的《慈善法》第 23 条规定:“慈善组织通过互联

① 罗兴佐.中国国家与社会关系研究述评.学术界,2006(4).

② 吕朝贤.非营利组织与政府的关系:以九二一赈灾为例.台湾社会福利学刊,2001(2).

网开展公开募捐的,应当在国务院民政部门统一或者指定的慈善信息平台发布募捐信息,并可以同时在其网站发布募捐信息。”可见,原来只要是县级以上民政部门都有资格确定本地的网络信息平台,而现在只能是民政部,权力上收的力度很大;另外,原来在省级以上民政部门登记的慈善组织可以单独在其自己的网站发布募捐信息,而现在必须在统一的第三方信息平台上发布。此外,《慈善法》没有明确规定慈善组织具体的登记事项,而是把具体登记赋予了《基金会管理条例》等有关社会组织管理的三个条例。现在的条例罗列了具体哪些类型的慈善组织可以直接登记,除此之外还必须要有业务主管单位,实行的是双重责任的管理体制。这其实对地方有限制,会压缩改革创新的空间。之前上海、广东地区的改革,就远远超出条例等的范畴。条例规定通过之后,早先直接登记的一些组织,有可能会因为不符合新的规定而要重新去找业务主管单位。所以,需要扶持网络募捐平台的建设,避免网络募捐平台杂乱无章,对各种网络平台,应该实行网络募捐资质认证,从而保证所有网络平台都可以发布募捐消息,但捐款接口必须统一到中介账户,各地方政府应自建,或者资助公益组织建设正规的、有影响力的网络募捐平台,方便各种网络募捐活动的高效开展。

其次,社会组织的权责对应。权责对应是法制治理一个最基本的原则,即如果没有被赋予任何权利,那就不应承担责任。现在的《慈善法》更偏向于对社会组织增添更多责任,但权利不太对等,同时行政部门的自我赋权比较多。为什么欧美对慈善组织的监管特别严?因为慈善组织的权利非常多:有免税资格,有大量的公共资源可以吸纳,可以开展公开募款等。但是,它必须承诺要公开透明,接受各方的监督。而我国在具体实践中,没有注意到权责对等。

再次,加强事中事后监管,开展募捐活动规范化管理。这可以借鉴英、德、美等国经验,将重点监管慈善组织的进入资格转为重点监管慈善组织进入后的行为,世界上许多全球科创中心建设中对社会组织的日常监管体系都是如此。对网络平台的监管要与对社会组织的资格监管(事前监管)和慈善活动的事中(民政部门)、事后(民政部门与司法部门)监管相结合。在事中和事后监管中要合理区分管辖主体,形成不同管辖主体之间的合理分工。事中管辖的责任分工是:慈善组织的募捐行为如为被动展示的,则归住所地民政部门管辖;如为积极劝募的,则归住所地和行为地的民政部门管辖。事后管辖的责任分工是:慈善组织的募捐行为违法的,则归住所地和被害人住所地的民政、司法部门管辖。

最后,建立网络募捐平台分类监管机制。由于网络平台的影响力要大于机构自身的网站,且是网络募集的主要出口,因此,政府应对网络平台开展分类登记,并审查网络平台是否具备开展网络募捐以及避免网络欺诈行为的能力。只有具备相应能力的网络平台,才能获得相关的资格。在此基础上,政府还应建立针对网络平台的日常监管体系,以确保网络平台的行为处于法律的范围之内。这个方面可以借鉴美国的经验,将网络平台区分为纯平台型和专业劝募型,纯平台型的主要监管社会组织,网络平台只要得利就是专业劝募型,如与慈善组织有商业合作或做劝募顾问等,都应纳入专业劝募型范畴,主要监管网络平台。而《慈善法》对此未作规定,全球科创中心建设中浦东社会组织创新及其扩散可以为形成可操作性的对策提供相关试点与探索。

第六章

链接与黏合：全球科创中心建设中浦东社会组织编织创新网络

全球科创中心是全球范围的创新资源集聚中心，其内部演化出错综复杂、轻巧灵动的创新网络，并且与全世界其他全球性和区域性创新中心相互融合，构成辐射面更广、带动力更强的全球创新网络。在全球科创中心建设中，社会组织处于创新主体地位，扮演着现代社会治理主体、公共服务承接主体和创新资源链接主体等角色，发挥着灵巧编织创新网络的独特功能。浦东开发开放以来，把社会组织发展纳入体制改革的总体框架中，根据改革发展的要求连续出台创新性的政策，为浦东社会组织发展创造了整体性的良好制度环境。浦东社会组织的持续快速发展和能力不断提升，具备了在全球科创中心建设中发挥主体作用编织创新网络的重要基础。

第一节　全球科创中心建设中社会组织的主体地位

一、全球科创中心建设中社会组织主体地位的理论解读

1. 全球科创中心的创新网络结构

国际社会一致认为，科技创新是经济增长和经济发展的动力源泉。因此，科技创新的发生、成形、转移和扩散等系统性的内在运动规律成为学界普遍关注的研究重点。20 世纪 80 年代后，基于对科技创新复杂过

程的新认识，也随着复杂科学研究理论的新进展，国际上众多研究者开始运用复杂系统理论研究科技创新主体之间的相互关系，进而从创新主体的角度形成了“创新体系”的概念，即不同的创新主体共同构成动态化的创新过程，各创新主体之间通过学习、竞争、合作形成互动关系。在创新体系中，各创新主体互有分工、各有定位，并共同学习以强化对外界系统变化的适应性和引导性，从而共同推动整个创新体系的升级和演化。也就是说，拥有更宽阔视野和更广泛联系的创新主体组织则可能学到更多样化的经验、获得多样化的能力以及更多的机会。这样的氛围能够创造出一种有效的环境，使得建立在多种观点综合基础上的“创造性碰撞”更有可能发生。从这个观点来看，创新发生在各种思想的交界处，而不是在某一种知识和技能基础的局限内。

在“创新体系”概念的基础上，进一步发展出区域创新体系、国家创新体系、全球创新体系等理论和观点。根据系统演化理论，无论是区域创新体系、国家创新体系，还是全球科创中心，都具有网络化的重要特征，即与科技创新活动相关的各创新主体（节点）之间存在特定的联系和组织方式，这些创新主体在科技创新活动中居于特定的地位，发挥不同的作用，进而构成科技创新体系网络的基本结构。①

我国学者无论是在20世纪90年代后期对区域创新体系的研究，还是近期对具有全球影响力科创中心的研究，都认为网络化是其内在的重要特征。国家创新体系是一个国家的公共和私有部门构成的网络系统，良好的制度设计保障和促进各参与方之间的紧密联系和协调互动。② 区域创新体系是一定区域内与创新全过程相关的知识、机构和实现条件所组成的网络体系，是由相关社会主体（政府部门、企业、大学和科研机构）组成的一个社会系统。③ 全球科创中心具有的重要特征包括：全球创新

① 李金华，孙东川，谢卓君. 创新网络的结构与行为研究框架. 科技进步与对策，2005(8).

② 仲伟俊，梅姝娥，黄超. 国家创新体系与科技公共服务. 科学出版社，2013：24.

③ 罗守贵，甄峰. 区域创新能力评价研究. 南京经济学院学报，2000(3).

资源配置是主要功能、全球创新网络是基础构架、创新聚合裂变是主要方式、科技金融文化的高度融合是明显特征。[①]

一般而言,网络被理解为一组(一群)节点之间的联系和组织方式。科技创新体系网络的节点是网络中的组织单元,如企业、大学、研究机构、中介机构和政府。[②] 这些组织单元(或主体)在科技创新活动中居于特定的地位,发挥不同的作用,进而构成科技创新体系网络的基本结构。[③]

2. 全球科创中心的创新文化氛围

按照创新系统理论的研究,一个国家(或一个地区)的创新绩效取决于各种具体组织和机构的效率、各种组织和机构之间的学习和互动状况,以及文化体系的关联和互动。但是,决定组织效率及组织互动效率的关键因素在于组织内部的文化体系安排和组织外部的文化体系环境,因而文化体系是创新系统创新绩效的深层次决定因素。[④] 在美国硅谷,根植于硅谷企业的创新文化是造就硅谷闻名于世的真正源泉,是硅谷企业不断走向成功的不竭动力,而硅谷文化的关键在于既鼓励冒险,也接受失败,强调专业忠诚而非企业忠诚,以及讲求合作和重视非正式交流。[⑤] 从全球范围创新中心发展经验来看,创新文化既作为环境因素,影响和制约创新的实际过程,又作为一种创新主体的潜在因素,影响创新者的思想和行为。由此,创新文化在建设全球科创中心的过程中发挥着引领的作用和黏合的作用。

首先,创新文化是科创中心的灵魂。创新文化在较高层次上代表着科创中心的基本价值观念。具有全球影响力的科创中心作为全球科技创新要素重要的集聚区域,必须以创新文化作为其存在和活动的方式,深层

---

① 郑红.上海要建基于全球城市的科创中心.解放日报,2014-12-19.汤汇浩,高平.上海加快建设全球科技创新中心的若干思考.科学发展,2014(10).

② 吴慈生,张本照.区域创新系统的激发演化机理.经济科学出版社,2008:27.

③ 李金华,孙东川,谢卓君.创新网络的结构与行为研究框架.科技进步与对策,2005(8).

④ 张明莉.基于创新系统理论的开发区创新文化体系研究.河北经贸大学学报,2009(5).

⑤ 王崇锋.基于全球价值链的中国国家高新区产业升级路径研究.理论学刊,2012(8).

次地影响和激励各类创新主体的创新行为和方式。创新文化作为科创中心基本价值观念的体现,是其在社会和历史发展中不可忽略的重要内涵,凝聚了科创中心建设的价值追求。这种源于内在的、本质的和其自身实践成果的精神升华的创新文化,为推动科创中心建设提供了强大的精神支撑和智力支持。

其次,创新文化是科创中心不断发展的强大动力。创新文化不仅为科创中心建设提供了良好的发展环境,而且由于创新文化可以内化为普遍的自觉,进而成为科创中心持续发展的根本动力。在全球科创中心的创新发展过程中,创新文化以科创中心特有的理念使命、精神风格、评价系统、行为规范和形象符号去吸引人、塑造人和熏陶人,为各类创新人才所普遍认同和自觉接受并付诸实践,为全球科创中心建设和发展提供强大的动力来源。

最后,创新文化是科创中心永续创新的精神源泉。创新文化是在长期创新活动中形成的创新思想、创新作风、创新价值观和创新行为准则的集合体,是具有鲜明个性的创新信念和创新行为方式。从根本上说,全球科创中心建设中各类人才的创新动机和动力源自于对其所从事创新事业的认同和热爱,源自于精神层面对创新的追求和驱策力。创新文化清晰准确地表达了科创中心的创新使命和价值取向,激励科创中心各类人才自觉认同创新文化,明确创新的意义和价值,为科创中心永续创新奠定自觉的精神源泉。

3. 创新网络编织中社会组织的链接和黏合优势

在科技创新体系网络中,社会组织由于不受政府层级化管理的束缚,同时不存在追求利润的冲动,因而能够发挥独特作用。① 社会组织的非行政性、非科层制特点,有利于打破单位"层级制"下的长官意志和权威意志的强制影响,更加柔性化地整合和集成全社会创新资源。近年来,随着

① 李研.社会组织在国家创新体系中的作用初探.科技管理研究,2014(18).

互联网技术的加速发展,全球科技创新出现了新的特点和趋势:学科交叉融合加速,新兴科学不断涌现,前沿领域不断延伸;传统意义上的基础研究、应用研究、技术开发和产业化的边界日趋模糊,科技创新链条更加灵巧,技术更新和成果转化更加快捷,产业更新换代不断加快。面对全球科技创新的新特点和新趋势,传统体制下创新资源"单位"所有的状况已经越来越不适应新的趋势。但是,由于受体制惯性的影响和利益关系的羁绊,直接地试图打破体制"高墙"来释放创新资源,会遇到强大的阻力和反弹。因此,柔性化地以增量创新资源对存量创新资源进行重新组合和链接是一个可行的选择,社会组织尤其擅长在创新资源整合基础上,创造适宜于创新的良好环境,充分调动科技创新人才的能动性和积极性。

有学者在对北京中关村等高科技园区实证研究的基础上提出,社会组织作为科技服务中介的组织形式起着纽带和"黏合剂"作用。① 同时,社会组织在承接政府职能、推动产学研合作、构筑信用体系方面发挥了重要功能,②起到了科技创新体系中治理主体的作用。③

二、全球科创中心建设中社会组织主体地位的角色扮演

全球科创中心不仅是在全球范围内创新要素集聚度高和创新活动强度大的地区,而且还是在全球范围内具有更加公平竞争市场环境、规范有序法治环境和多元包容文化环境的地区。社会组织在全球科创中心整合创新资源、营造创新环境等方面都扮演着不可或缺的角色。

1. 作为现代社会治理主体的社会组织

改革开放以来,我国经济体制、社会结构和利益格局等方面都发生了深刻的变化,社会成员活动方式多样化、经济利益主体多元化的趋势,在

---

① 仲伟俊,梅姝娥,黄超.国家创新体系与科技公共服务.科学出版社,2013:37-51.

② 李研,梁洪力.科技类社会组织在建设区域创新体系中的作用——以中关村为例.中国科技论坛,2014(2).

③ 陈建国.行业性社会组织推动区域创新发展的作用思考——以中关村的经验为例.理论探索,2014(5).

促进经济社会快速发展的同时，也带来了不少新的社会矛盾和社会问题，在一定程度上造成了社会的紧张。在构造现代社会治理体系中，社会组织是重要的社会治理主体，具有灵活高效、贴近基层等优势：第一，社会组织可以通过合法渠道反映社会群体的不同利益诉求，起到表达、沟通和协调的作用。第二，社会组织能够运用小规模的社会契约形式，在其会员或成员之间建立一套习惯与规范，约束并监督成员的行为，实现成员间的自治，这不仅降低政府监管社会的成本，而且有助于培养成员之间的相互信任与合作。第三，社会组织内部所形成的契约性规则、自治能力和利益多元化格局，使其可以通过宗旨、章程和自律引导其成员遵守国家法律法规、社会行为规范和社会公德，起到自我规范的作用，将有助于减少社会转型所带来的冲突，减低社会不稳定的可能性。

2. 作为公共服务承接主体的社会组织

当今世界，由政府向社会组织购买公共服务是一种相当普遍的做法。在发达国家，政府借助于社会的力量提供公共服务、提高公共服务质量，开启了社会合作治理的大潮。社会组织承接政府部分职能，不仅成为公共服务供给的重要主体，而且已经“成为积极影响社会的重要的组织制度创新形式”①。社会组织能够参与社会资源的再分配，补充政府在公共服务供给方面的能力不足，弥补政府失灵和市场失灵带来的公共服务的缺失弊端。政府把精力放在“掌舵”与监管，让企业、社会组织等公共服务供给主体最擅长的能力释放出来，这将有助于实现公共服务供给的多元化、高效化和优质化。

3. 作为创新资源链接主体的社会组织

根据全球科创中心的成功经验，区域科技创新的源泉在于无处不在的非正式交流与合作氛围，在信息化、智能化迅猛发展的今天，创新的成

① 王名.非营利组织的社会功能及其分类.学术月刊，2006(9).

功都必须依靠协同、合作和群体的力量。[①] 协同创新、合作创新既要依靠硬件式的科研设施投入和激励性的制度设计,也要依赖柔性化的文化融合。社会组织为创新人才的交流与合作提供了有效的平台,尤其是科技类社会组织作为科技创新共同体产生创新的文化氛围,吸引创新人才共同交流、讨论、争鸣,激活科技创新中最为重要的创新人才资源,激励创新人才在交流与合作中迸发创新灵感与火花。

4. 作为创新专业服务主体的社会组织

在全球科创中心的创新网络中,为创新活动直接提供专业服务的中介机构(组织)是其中重要的节点,包括会计师事务所、律师事务所、资产评估事务所、知识产权事务所、人才资源服务机构、信用服务机构、金融服务机构、科技成果转化服务中心、技术转移服务机构等。中介机构(组织)是连接创新网络中其他节点(政府、企业、高等院校、科研院所等主体)的纽带和润滑剂。法律服务机构为高等院校、创新人才、创新企业提供知识产权等各类法律服务,理顺三者之间的利益关系并提供法律保障;人力资源服务机构为创新企业提供源源不断的人力资源;技术转移服务机构推动大学与企业的合作,完成创新要素主体的对接;金融服务机构为创新企业提供丰富的风险资金和完善的金融服务,为创新企业的持续发展注入动力;管理咨询服务机构为创新企业提供高质量的管理咨询服务,提升管理和决策质量,提高创新的成功率。

三、全球科创中心建设中社会组织角色扮演的复合结构

在全球科创中心建设中,社会组织基于其主体地位同时扮演的社会治理主体、公共服务承接主体、创新资源链接主体和创新专业服务主体四种角色,构成互为条件的复合型结构,共同发挥社会组织在全球科创中心建设中编织创新网络的重要作用。

---

① 夏为丽,苗长虹,张建伟.从硅谷的发展看我国区域创新网络的构建.河南科学,2009(1).

全球科创中心建设的本质是创新资源的集聚、链接和整合。一个区域通过科研设施的集中投入和优惠政策的密集出台,可以有效地吸引创新资源的集聚,在较短时间内形成创新资源集聚的高地。但是,区域集聚的创新资源能否有效地得到链接和整合,进而发挥出强大的创新能力,则取决于创新活动中最为重要的人才资源活力的充分激发,而这又依赖于区域创新氛围的营造。

在全球科创中心建设中,社会组织基于主体地位的角色扮演构成了三圈型的复合结构,内圈是社会组织作为专业服务开展主体和创新资源链接主体的角色,中圈是社会组织作为公共服务承接主体的角色,外圈是社会组织作为现代社会治理主体的角色(图 6-1),从文化激励、制度激励和环境激励等方面营造出良好的创新氛围,起到“激发”“激活”创新资源的作用。

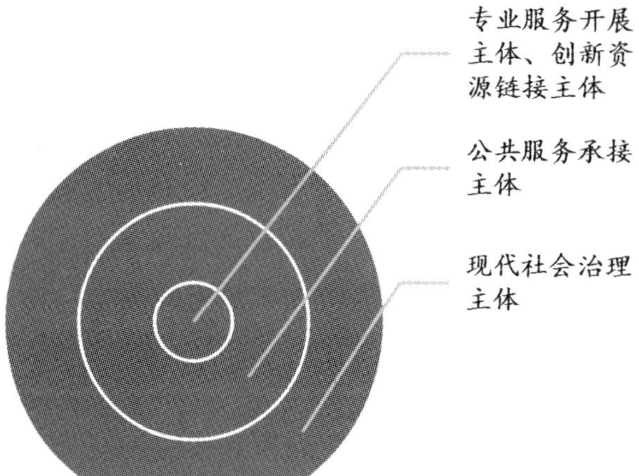

图 6-1　全球科创中心建设中社会组织角色扮演复合型结构图

首先,社会组织作为创新资源链接主体的角色,为创新人才搭建平等的交流合作平台,激励创新人才创新灵感层出不穷、创新火花激情四射。其次,社会组织作为公共服务承接主体的角色,为创新人才提供优质的公共服务系统,满足创新人才对于现代化高品质生活的要求和追求。最后,社会组织作为现代社会治理主体的角色,为创新人才建立畅通的建言献策渠道,体现创新人才服务社会全面发展的社会价值。

第二节　案例观察:浦东社会组织主体地位的实践场景

一、公益服务园:推动社会组织向社会培育转变

1. 浦东公益服务园的公益孵化器功能

2009年12月15日,浦东公益服务园正式开张,面积3200平方米。浦东公益服务园秉持“创新、合作、成长”的理念,作为浦东新区社会建设创新的实验田,是社会组织合作发展的公共平台,也是公益机构孵化和成长的家园。浦东公益服务园是把在浦东新区具有一定代表性的公益性社会组织汇聚到一起,加大政府对社会组织孵化培育力度,提供整合服务,实现资源共享,促进社会组织参与社会管理和公共服务。

浦东公益服务园把“孵化器”的概念引入公益界,为草根的、微小的公益组织提供帮助,助其成长和发展,入驻浦东公益服务园的公益性组织均可享受政府提供的办公补贴和运营补贴,并享受财会代理、法律咨询等服务。

2. 社会组织发展支持体系的九个环节

浦东公益服务园通过公益链的上、中、下游的联动,构成完整自洽的公益生态圈。具体而言,社会组织发展体系由首尾相接、循环再生的9个环节构成:[①]

(1) 项目培育。项目培育是公益组织发展的一个重要起点。浦东社工协会把先培育项目、待项目成熟后再剥离为独立机构的方式带入公益

---

① 姬中宪.园区模式:社会组织发展的一种新路径——以浦东公益园为例.江苏行政学院学报,2012(1).

服务园。这样培育出的机构成活率高、生命力强，成为目前最具代表性的机构培育方式之一。

(2) 机构孵化。非营利组织发展中心(NPI)采用外来引进与本土培养相结合的方式，为公益服务园带来新的机构孵化方式。这种“借壳孵蛋”式的方法更加灵活多样，更具效率，短时间内凝聚了众多公益新生力量，并将机构孵化这一概念发扬光大。

(3) 公共服务。浦东公益服务园提供公共空间、公益产品展厅、公益展览厅等，为公益组织活动、培训、展览等提供场地，并委托浦东公益组织项目合作促进会对公共空间进行管理与服务，满足公益组织的公共需求。

(4) 专项托管。针对公益组织财务管理经验不足、缺乏专业财会人员的普遍现状，浦东公益组织项目合作促进会推出财务咨询、财务托管、招投标代理和代理机构注册等服务，为机构成立疏通渠道，为众多公益组织提供了便利。

(5) 人才输送。人才是公益组织最重要的发展要素。以浦东社工协会、乐群社工服务社、四惟社工培训中心为代表的社工机构入驻公益服务园，持续为公益服务园及公益组织培养和输送人才；同时，多家大学也在公益服务园建立实习基地，提供专业人才。

(6) 培训规划。公益机构发展到一定程度必然会遭遇机构治理与发展定位等瓶颈，上海映绿公益事业发展中心在机构治理与发展定位方面富有经验，通过公益 CEO 培训、机构战略规划咨询等服务，为很多公益机构找到未来发展方向和动力。

(7) 制定标准。公益服务园还是公益界各种行业标准的诞生地，浦东社工协会、浦东居家养老指导中心、福苑养老事业发展中心等公益服务园内的机构，通过各自的实践与研究，发布多项职业标准或服务标准，对于规范行业发展、确定社会服务评价体系、引领公益发展方向起到了重要作用。

(8) 整合宣传。浦东公益网作为新区公益组织的门户网站，为宣传公益组织提供网络平台；自 2009 年以来，连续举办多届的浦东社会组织公益活动月已成为公益服务园的一项品牌活动,也是浦东社会组织展示风采的盛会。

(9) 项目合作。公益服务园为政府和社会组织的项目合作提供对接平台,通过项目合作交流、推介会、参观接待等形式促成项目合作;由 NPI 承办的上海公益创投大赛,为公益服务园带来了资源与活力,为众多社会组织和公益个人提供了创业和发展的机会;同时,浦东公益组织项目合作促进会也通过项目招投标代理等工作,充当政社合作的桥梁和纽带,使项目合作在街镇层面上深入开展。

通过以上 9 个环节循环运作,以公益服务园为载体的公益链正逐步成形,在最后一个环节中,合作产生的新项目,起到壮大现有机构或催生新的机构,从而与第一个环节形成衔接与呼应。

二、社会责任:浦东现代物流行业协会发展的新愿景[①]

上海浦东现代物流行业协会成立于 2008 年 5 月 12 日,现有会员单位 200 余家,在洋山保税港区设有洋山分会,在浦东机场综合保税区设有空港分会。协会的宗旨是"服务至上 诚信第一",努力做到四个"致力于",即致力于贯彻并推广政府鼓励物流企业的各项方针、政策、法律法规;致力于为会员单位提供一系列综合服务,维护其合法权益;致力于促进会员单位与政府以及会员单位之间的联系、了解和合作;致力于帮助会员单位创造最大化经济效益,推动浦东新区物流业的健康发展。浦东现代物流行业协会是为第三方物流企业、货运代理企业、仓储运输企业以及其他从事物流业务的经营、管理、科研、教学的企事业单位提供综合服务与帮助的非营利性社会团体法人,是浦东地区颇具影响力的专业社团法人机构。

现代物流业是以信息技术和供应链管理为核心,融合运输业、仓储业、货代业、流通加工业等一体化发展的复合型服务产业,是国民经济的

① 以下内容根据笔者所作的调研整理而得。

重要组成部分，在促进产业结构调整、转变经济发展方式和增强国民经济竞争力等方面具有重要作用。浦东新区物流业正在成为经济和社会发展的重要热点和新增长点。2014 年，浦东新区的物流业发展平稳，全年实现物流业增加值 1487 亿元，增长 10.1%，略高于全区 GDP 增长水平。浦东新区物流业企业以私营和外商投资企业为主，分别占物流业企业总数的 37%和 31.4%，合计占比近七成。2014 年，以股份制企业为主体的其他企业占比达 23.6%，较 2013 年增加 7.4 个百分点，是新区企业数增加最多的所有制。在有关部门的有力引导和市场自由选择的综合作用下，新区物流业区域布局特征进一步明晰，以高端物流商贸服务业为主要发展方向的陆家嘴地区（包含潍坊、洋泾、花木和塘桥）和以体现国际航运中转站功能为特色的外高桥保税区成为聚集物流业企业最多、物流业产业规模最大的两大区域。续近年来行业发展的回暖势头，2014 年物流业各细分行业资产规模继续扩大，年末资产总计为 9578 亿元，增长 8%。得益于新区商业稳定高速发展，新区物流业发展继续保持近两位数高增长态势。2014 年，物流业实现营业收入 21415 亿元，增长 9.9%。得益于企业自身经营水平的提高，新区物流业企业经营效益大幅提升，全年实现利润总额 531 亿元，增长 38.1%，增速较上年提升 12.4%。2014 年，新区物流企业就业情况普遍向好，全年共吸纳就业 20.7 万人，比上年增加 12.5%。基于行业的蓬勃发展，为激发产业内生发展动力，创造良好的产业发展环境，提升产业整体竞争力和产业地区吸引力，上海浦东现代物流行业协会提出了“进一步优化政策环境，提升优势产业竞争力”“进一步提升产业能级，培育高端航运物流产业”“进一步提升服务能级，夯实港口运输产业”“进一步利用先行经验，打造高端航运物流创新试验区”“进一步扩大贸易便利化政策设计，促进物流商贸业升级发展”等若干建议。

上海浦东现代物流行业协会成立以来，不断建议并积极推动企业文化建设，得到了企业的积极响应。副会长单位上海外高桥（集团）有限公司始终秉承“三商”即上海自贸试验区的开发商、营运商、服务商的理念，其核心价值观是持续创新,用心服务,和谐发展。协会常务理事单位上海畅联国际物流股份有限公司秉承“天道酬勤”的企业理念,将员工培训与个人职业发展相结合。上海泓明供应链有限公司以高标准致力于服务其客户,为客户在社会发展和环境责任中提供更好的供应链解决方案。索尼物流贸易(中国)有限公司一直把高速发展的中国市场作为未来发展的重中之重。公司始终秉承在不断开发创新技术和产品的同时,遵循诚实、公平的商业原则。在诚信自律方面,协会作为主要发起单位主动配合自贸区管委会组建成立了上海自贸试验区社会参与委员会,成为社会参与委员会的常务会员单位。这是自贸试验区社会力量参与市场监督的重要举措,也标志着自贸试验区社会参与制度机制建设取得阶段性成果。在协会的引领作用下,上海外高桥物流中心有限公司、上海深水港金盛国际物流有限公司、上海海博物流(集团)有限公司等单位被评为上海市“诚信创建企业”,成为协会的首批诚信企业。物流行业的诚信建设也为自贸试验区“以诚信换效率”的海关创新通关模式创造了良好条件。

2014年,上海浦东现代物流行业协会在推动发展产业的同时,注重节能环保,推动绿色物流。协会会同政府主管部门举办新能源汽车政策解读报告会,推动物流企业在政策指导下,加快车辆更新换代。配合浦东新区发改委、经信委开展有关推广新能源汽车事项的调查研究,从新能源汽车的补贴标准、牌照发放、充电设施的分布需求等方面提出一系列有益的建议。同时,协会与自贸试验区税务分局联合召开物流企业座谈会,当面听取物流企业对车辆更新方面的诉求,并认真研究企业反映的情况,帮助企业切实降低税负,解决实际困难。作为协会常务理事单位的索尼物流贸易(中国)有限公司还公布了于2050年实现“环境零负荷”的长期愿景,并以此目标逆推设置了每个五年的工作目标,涵盖从技术开发到产品回收的整个产品生命周期的明确、细致、可衡量的数值指标。协会将此类经验措施在会员单位中宣传推广。

安全生产是物流企业经营运作的重要前提,车辆的安全行驶,货物的安全装卸、配送分拨，物流设备的安全运行，都体现了“安全第一”的企业管理基本要求。为了从根本上推动物流企业安全生产，为了促进物流业健康、有序、协调地发展，维护消费者以及行业整体利益，建立公正、公平、文明的市场环境，遵循“自律管理、诚实守信、规范行为、合法经营”的理念，上海浦东现代物流行业协会23家理事和会员单位共同发起《上海浦东物流行业行规行约》倡议书，得到与会会员单位代表的热烈响应，并通过会员代表大会制定形成《上海浦东物流行业行规行约》。协会所属广大会员单位据此加强自律，高度重视安全生产，近年来没有发生一件人员伤亡、重大货损货差事故。

在维护消费者权益方面，上海浦东现代物流行业协会积极倡导企业建立服务规范，以标准化、规范化保证服务质量；督促企业开展顾客满意度调查，并以95％以上的行业标准要求企业达标；在《上海浦东物流行业行规行约》中倡导物流服务各环节收费价格公道透明，反对垄断，反对恶意竞争；建立企业客户服务专线、热线，及时解决服务的投诉。维护消费者权益的措施落实以后，物流企业维护消费者权益的意识进一步增强，自觉性进一步提高。在接受消费者投诉的时候，更加注重依法依规办事，维护消费者的利益，同时把提高顾客满意率真正落到实处。

长江经济带物流一体化发展是国家的战略项目之一。2014年，上海浦东现代物流行业协会利用自身的优势，积极开展与长三角相关地区的联系，协会组织会员单位赴南通综保区、海安商贸物流产业园、舟山新区综保区学习考察，共商合作共赢的机会和合作项目。协会充分利用客商资源多、接触面广的有利条件，探索合作共赢的商机。同时，协会继续举办自创品牌论坛“洋山论坛”，结合热点问题，展开行业交流。不仅如此，协会作为香港贸发局的战略合作伙伴，每年组团出席亚洲物流及航运会议。该会议邀请超过50位业界领袖及国际知名企业代表演讲交流，分析在区域经济融合的推动下，生产及消费模式转变如何制约环球物流、供应链管理及航运业的热门议题。通过认真听取演讲、与参会各国代表的交流、现场实地考察等方式,参加会议的协会会员单位了解了国际航运物流的最新态势,学习了国外先进的航运物流发展先进理念,实地考察了诸如物联网技术应用的最新成果,为国际化合作共赢打下坚实基础。

三、资源整合:浦东新区光电子行业协会服务产业创新①

浦东新区光电子行业协会(以下简称"浦东光电子协会")前身是成立于 2002 年 6 月 5 日的浦东新区光电子学会,是经上海市浦东新区原社会发展局注册登记的具有社会团体法人资格的社团组织。它是 2007 年 7 月在浦东新区综合配套改革试点中经国家民政部的同意,率先成立的科协系统第一家区级行业协会。浦东光电子协会现有会员单位近 100 个,会员单位覆盖到浙江、江苏两省市。

浦东光电子协会的宗旨是服务、代表、协调、自律,积极发挥政府与企事业之间的桥梁与纽带作用,为加快浦东新区、上海和长三角区域光电子产业的振兴服务。浦东光电子协会的服务范围包括:咨询与产业服务、中介、行业标准制定、知识产权服务、组织会议与展示、职业教育与培训、企业孵化、产业链资源整合,以及政府委托的浦东新区光电子行业管理工作及其他相关业务。

浦东光电子协会借助上海建设全球科创中心的东风,用"专业化、职业化、事业化、敬业化"的理念坚持为"四新"产业服务。

第一,打造绿色照明"经济型"产业链。所谓"经济型"产业链,即在一个区域内的一个产业链上,实现零距离采购、零距离销售、零距离物流,只有这样的产业链才最经济、最受益。近年来,浦东光电子协会在"招商引智"工作中,以打造"经济型"产业链为创新突破口,体现了自己的服务特色。

在打造绿色照明——半导体 LED 照明"经济型"产业链中,浦东光电子协会引进上海浪涛光电科技有限公司,填补了浦东新区 LED 照明产业

① 以下内容根据笔者所作的调研整理而得。

在中游封装和路灯应用方面的空白。然而，作为封装领域里的重要材料——荧光粉，长期被日本垄断。为此，浦东光电子协会积极寻找信息，希望能为彻底打通产业链而寻找到这个“连接环”。

2014 年 3 月，浦东光电子协会结识了一家从事荧光粉生产的民企，得悉该公司希望在上海进一步发展，于是组织上海蓝光、上海科耀和上海浪涛等企业与该公司商谈，以产业链整体利益促成了几家企业结盟。其后，浦东光电子协会秘书长亲自带领该公司相关负责人跑工商、进税务，历时两个多月，终于协助其在 5 月拿到了合法“张江户籍”。

第二，助推光电子创新产品开拓市场。2014 年 5 月，浦东光电子协会与上海二工大联合成立了“浦东新区光电子产学研用协同创新中心”，成功地帮助上海新产业公司的“新型太阳能——聚光太阳能热电联供装置”打开了西北地区市场。

“新型太阳能——聚光太阳能热电联供装置”通过具有太阳能自动对准跟踪功能实时聚焦太阳光，在光热发电的同时还可将多余热量用于提供热水、取暖等，无能耗、无污染。2014 年 8 月，浦东光电子协会在与西宁市科协等交流中得知，西北地区由于昼夜温差大，蔬菜和药材大棚夜间供暖成为一大难题，即牵线搭桥引荐，使聚光光伏光热装置在西北有了用武之地。

第三，助推光电子产业创新品牌建设。浦东光电子协会通过多年服务发现，在浦东光电子产业领域，许多具有国际同等或领先的技术、产品，往往偏重技术开发，而忽略了品牌建立、推广等系列工作，使得这些产品市场价值大打折扣。有数据显示，苹果手机，其品牌价值在产品价值中占有 70％的比重，可见品牌对产品的影响至关重要。2016 年 12 月 29 日，在上海 · 长三角品牌发展论坛上，浦东光电子协会作为发起单位之一，被长三角品牌建设联盟授牌，是上海唯一一家区级行业协会获得此项资质。

围绕浦东光电子产业创新品牌建设，浦东光电子协会提出了三个目标：(1)以上海自贸试验区成功模式为样板，把光电子创新品牌建设作为浦东新形势下的创新示范切入点进行培育和扶持，以点铺面，在更多产业领域培育出一批“国际”品牌。(2)以张江核心园为辐射点,从政策制定到产业规划布局等方面,形成长期有效的运作机制,辐射出创新品牌建设的“大气候、肥土壤”。(3)以产业为基点,以浦东光电子协会为纽带,以政府为后盾,三力合一,到 2020 年培育出 1—2 个国际品牌、3—5 个国内品牌、10 个长三角品牌,以梯队式发展推动浦东更多产业、领域品牌建设。

第四,搭建光电子产业国际合作创新平台。在创新国际化背景下,行业协会唯有走出去、引进来,在国际舞台上搭建合作创新的平台,才能将创新理念演绎到实质。浦东光电子协会帮助和带领企业走出去寻找新的发展机遇,引进国外的最新技术或项目提升自身的创新,实现合作共赢,不仅是企业发展的需要,也是市场导向的需求,更是协会的发展导向。

2017 年 3 月 14 日至 16 日,在“2017 慕尼黑(上海)光电展”上,由浦东新区科协积极牵头,由加拿大驻上海领事馆、魁北克光电协会和浦东光电子协会多方组织的光电企业在这里集体“相亲”。光电子协会组织了上海市激光技术研究所、全普光电科技(上海)有限公司、上海博为光电科技有限公司,上海新产业光电技术有限公司,以及上海来投吧信息公司(国家级孵化器)、江苏南通科技园等覆盖产学研用的光电子企业、机构、产业园与加方的 OPTECH、NORPIX、O/E LAND、INO、NVC,在硅基光集成领域、光电传感、新型显示等领域进行了一一对接,同时协会还安排了加拿大企业到深圳的中兴通信技术股份有限公司进行技术交流和探讨技术合作。

在双方企业技术、项目对接活动中,全普光电科技(上海)有限公司、上海博为光电科技有限公司、上海新产业光电技术有限公司分别与 OPTECH、INO、NVC 接触,围绕市场开拓、合作进行深入探讨。全普光电的 MEMS 微激光影投手机产品深受加方青睐,加方 NVC 公司的光学成像技术与全普光电进行技术探讨,OPTECH 专程到上海市激光技术研究所进行技术互动对接。

在上海来投吧与加拿大 OPTECH 公司的对接活动中,双方利用各自资源优势，在促进两国间在技术转移、项目研发、市场开拓和贸易合作等方面进行了深入探讨，欲组建政府、协会、产业园三维模式的“中加光电子国际服务中心”平台，开辟两国在光电子技术领域的快捷渠道。

四、“四力工程”：张江园区社会组织与自贸区建设相对接

伴随着产业发展，张江成为全国高新区发展社会组织最早的园区之一。其中体现出以下特点：①(1)起步较早。2002 年，张江园区率先引入了 3 个高科技行业组织，分别是上海市集成电路行业协会、上海市生物医药行业协会和上海市光电子行业协会。截至目前，共吸引集成电路、软件、生物医药、光电子等 11 个行业协会，9 个重点产业服务组织落户张江，这些组织呈现出宝塔(三层)型的分布格局，其中国家级 1 个，上海市级 9 个，新区级 10 个，已经初步形成规模效应。(2)类别较多。目前园区的社会组织基本覆盖了园区的电子信息技术和生物医药主导产业(表 6-1)。这些协会在运作模式上形成了以园区大企业、大学和科研院所、开发公司和基地为依托的不同类别，分别占比 56%、31%和 13%。(3)先行较快。园区根据《上海市促进行业协会发展规定》，率先成立一批聚集于张江园区的区级行业协会，率先在张江园区实施无行业主管的管理，率先实现社会组织职业化管理，实现政府与社会组织的“六个分开”(主体分开、机构分开、职能分开、人员分开、资产分开、住所分开)，做到政府与社会组织的“三无”关系(政府与社会组织无行政隶属关系、无人事派遣关系、无资产关系)，极大地加强了产业服务组织的活力。

---

① 王维刚. 以“四力工程”与自贸区建设对接——关于张江园区社会组织新一轮发展的若干思考//黄宏. 中国(上海)自由贸易试验区与社会组织创新研究. 华东理工大学出版社，2015：89-104.

表 6-1 张江园区部分重点社会组织一览表

序号	社会组织名称	产业	主管部门
1	中国电子音响行业协会	音箱产业	工信部
2	上海市集成电路行业协会	集成电路产业	市经信委
3	上海市信息家电行业协会	信息家电产业	市经信委
4	上海市电子制造业行业协会	电子制造业	市经信委
5	上海市生物医药行业协会	生物医药产业	市经信委
6	上海市浦东新区软件行业协会	软件产业	无主管部门,浦东经信委为业务指导单位、科协为组织管理单位
7	上海市信息安全行业协会	信息安全	市经信委
8	上海市光电子行业协会	光电子产业	市经信委
9	上海市浦东新区生物产业行业协会	生物医药产业	无主管部门,浦东经信委为业务指导单位、科协为组织管理单位
10	上海市浦东新区光电子行业协会	光电子产业	浦东科协
11	上海市浦东新区创业投资协会		浦东科协
12	上海市浦东新区移动通信协会	ICT 产业	浦东科协
13	上海市浦东新区知识产权保护协会		浦东科协
14	上海半导体照明工程技术协会	半导体照明产业	市科委
15	上海市浦东新区物联网协会	物联网产业	浦东经信委
16	上海市浦东新区研发机构联合会		浦东科协

张江园区管委会通过对社会组织管理机制的创新发展，推动了社会组织在园区管理中的积极作用。一是建立政府转变职能与协会承接事项相结合的转承对接机制。2013 年，园区社会组织共承担政府委托事项 134 项，主要包括由政府授权进行行业统计，受政府委托组织科技成果鉴定与招商项目的论证，受政府委托进行相关政策的受理和初审，参与政府委托的基地申报、企业评奖事项及“老总沙龙”等活动。二是建立年度工作指南与年末绩效考核相结合的运行管理机制。按照“管、办、评”三分离的管理方法，将社会组织的各项工作落实情况纳入年度绩效考核，通过第三方委托方式，对其工作绩效进行考核，政府根据考核结果兑现政策、表彰先进。三是建立基础性购买与专项性购买服务相结合的政策兑现机制。园区管委会进一步完善社会组织购买服务内容，形成基础性购买服务（设 A、B、C 三档）与专项性购买服务相结合，实施支持额度与服务项目难易程度相挂钩的政策兑现机制。社会组织通过自身的经验与专业知识，积极参与到园区事务管理之中。

张江园区社会组织立足行业发展，充分发挥桥梁作用和决策参谋作用，发挥了较好的效应。主要体现在：第一，承担 134 项政府委托事项。其中，国家部委委托 12 项、市级委托 56 项、区级委托 38 项、园区委托 28 项（图 6-2）。从承接事项看，分别为行业数据统计 7 项、政策受理或认定 48 项、承办或协办专业论坛 44 项、政府委托课题研究 35 项。第二，开展 150 多项服务事项。在服务招商引资方面，推动 15 家企业落户。在帮助企业融资方面，推出 30 多个项目参加并购重组、生物技术成果转化对接会；组织 30 多家企业与银行对接，意向融资 7.11 亿元；14 家企业获得融资 5000 万元；帮助 1 家企业在新三板上市；引导新区科投公司投资园区 4 家企业，涉及资金 5600 万元。在提供人才服务方面，推荐 1 人入选国家首批科技创新创业人才，推荐 1 人入选上海“千人计划”，推荐 6 人进入“张江人才”。同时，牵头组织就业招聘会 3 场，会员单位提供实习机会 100 多次，提供就业岗位近 5000 个。第三，形成 40 多个课题研究。其中,国家层面课题5个、市级课题17个、新区和园区课题21个。另外,组织制定和修订国家标准5个,编写产业发展报告16个,同时形成生物医药产业发展研究课题8个、集成电路行业发展研究课题10个。第四,组(筹)建32个联盟组织。其中,牵头成立专业委员会10个,组建了14个联盟,正在筹建9个,分别是研发合作产业联盟1个、产业链合作联盟13个、技术创新合作联盟5个、公共服务类联盟4个。

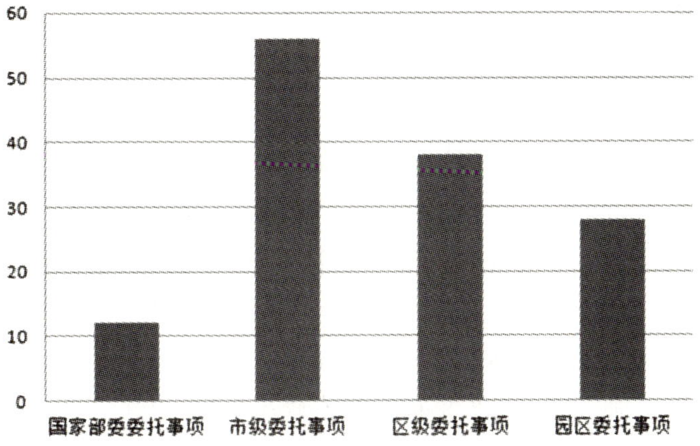

图6-2 2013年政府委托事项情况一览

第三节 整体性治理:全球科创中心建设中浦东社会组织发挥织网功能的基础构建

一、我国社会组织制度环境建设的渐进性特征

在改革开放和市场经济大潮的推动下,我国社会组织发展的社会环境发生了根本性的变化,呈现出有利于社会组织自我发展的大好局面:无论是宏观的国家与社会关系,还是微观的利益群体多元化;无论是"单位制"的瓦解,还是融入国际经济一体化,都为社会组织的大发展扫除了障

碍。同时，“自由流动资源”逐渐形成、“自由活动空间”日益拓展，为社会组织的蓬勃发展提供了现实的物质基础。[①]

但是，在20世纪80—90年代，对于社会组织的发展仍然存有很大的疑虑，社会组织“有害论”“无用论”“补充论”还有很强的影响力，对社会组织发展“不放心”“不理解”等顾虑大有市场。因此，对于我国社会组织发展可能的进展，许多人抱着谨慎的态度，即使认为社会组织改革从政府选择转向社会选择是必然的趋势，但是，对于改革路径选择的指导思想还是取“渐进”之意。[②]

由此，20世纪80年代以来，我国社会组织所处的制度环境是具有不同治理目标和行为逻辑的多层次政府共同生产的认知与规则的产物，由于不同层次制度生产者面对的治理问题和约束条件不尽相同，因此，这种制度环境内部并非是系统整合的，而暗含着多种相互交织的制度逻辑，并为社会组织提供了多样化甚至碎片化的激励与约束条件。[③]

在社会组织发展的制度环境形成过程中，不同层级政府的政策特征具有明显的差别。中央政府的政策具有较高的“含混性”特征，一方面中央政府的政策信号指向不一，另一方面在国家层次上社会组织的管理架构缺乏系统整合。但是，中央政府政策的“含混性”也为地方政府的创新实践提供了空间。[④]

例如，在跨入21世纪初，面对市场经济发展中新的行业如雨后春笋般涌现及加入WTO要求加快转变政府职能的新形势，上海各级政府对行业协会作用的认识发生了积极的变化，对发展行业协会的态度也从被

---

① 孙立平.“自由流动资源”与“自由活动空间”——论改革过程中中国社会结构的变迁.探索，1993(1).

② 参见王名，刘国翰，何建宇.中国社团改革：从政府选择到社会选择.社会科学文献出版社，2001：143-144.

③ 黄晓春，张东苏.十字路口的中国社会组织：政策选择与发展路径.上海人民出版社，2015：11.

④ 同上书：11-13.

动应对转向主动推动。从2001年起，上海市政府就行业协会和中介机构的发展改革问题组织广泛的调查研究，听取各方面意见，集思广益、探求新路。2002年，上海市政府制定和颁布了《上海市行业协会暂行办法》《关于本市促进行业协会发展的指导意见》和《关于本市经济鉴证类社会中介机构规范管理的若干意见》等规范性文件，为行业协会改革发展提供法律保障和规范要求，由此上海在全国率先掀起了行业协会改革的高潮。

《上海市行业协会暂行办法》提出了新的管理体制设计：打破传统的行业协会部门化格局，成立市行业协会发展署，侧重对协会本身的管理，负责全市行业协会的发展规划、布局调整、政策制定和协调管理，并统筹全市的行业协会布局和发展。市政府有关委、办、局作为本市相关行业业务的主管部门，主要负责对行业协会涉及的产业发展、行业规范等有关事务进行业务指导和监督管理。2002年10月，上海市政府办公厅转发了上海市体改办、上海市民政局《关于本市行业协会业务主管部门管理职责划分和相关工作衔接的意见》，进一步明确业务主管单位划分为协会业务和行业业务的各自管理职责。通过把行业协会业务主管单位细分为行业协会主管单位和协会业务主管单位，形成了市行业协会发展署、市政府有关委办局和市社团管理局三方对全市行业协会进行管理的新体制。由此，上海的行业协会管理体制从“双重规制”体制过渡为“双重管理，三方负责”体制(图6-3)。

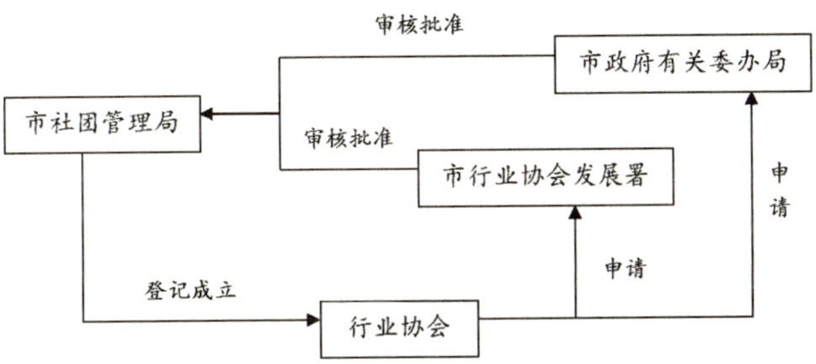

图6-3 “双重管理，三方负责”体制图

上海“双重管理，三方负责”新体制的创新之处是，在现有的国家法律法规的制度框架内，通过成立市行业协会发展署，将一部分管理职能从业务主管部门转移到行业协会发展署，从而既能实现行业协会与业务主管部门的相对分离，松动两者之间过于紧密的关系，又能明确划分政府部门的职责，形成政府管理的合力。在“双重管理，三方负责”体制中，市社团管理局是行业协会的登记管理机关，负责全市行业协会的设立、变更、注销的登记和备案，对行业协会实施年检和监督检查；市政府有关委办局是相关行业业务的主管部门，负责对行业协会涉及的产业发展、行业规范等有关事务进行业务指导和监督管理；市行业协会发展署是经市人民政府授权的行业协会业务的主管部门，负责全市行业协会的发展规划、布局调整、政策制定和协调管理。其他政府部门协同做好行业协会的促进和发展工作，依法对行业协会相关活动进行指导和监督。[①]

在中央政府的政策框架下，地方政府的主动探索、积极改革，成为近年来我国社会组织快速发展的重要动力来源。虽然为了规避不确定性，地方政府的创新实践有意或无意地强调隐含其间的“政府选择”的逻辑，存在偏重技术性、缺少连续性和落地摩擦性等问题，但是，不可否认的是，正是在地方政府的应对型和实用型策略下，我国社会组织得到了较为迅速的发展。据国家民政部发布的《2008 年民政事业发展统计公报》和《2016 年社会服务发展统计公报》的数据，我国社会组织总数 2000 年为 15.4 万个，2016 年为 70.26 万个(表 6-2、6-3)，[②]在 16 年间增长3.56倍，年均增长 22.3%。

---

① 张良. 我国社会组织转型发展的地方经验：上海的实证研究. 中国人事出版社，2014：70-72.

② 2008 年民政事业发展统计公报.［2009-05-22］. http://www.mca.gov.cn/article/sj/tjgb/200906/2009060003/7629.shtml. 2006 年社会服务发展统计公报.［2017-08-03］. http://www.mca.gov.cn/article/sj/tjgb/201708/20170800005382.shtml.

表 6-2　2000—2008 年我国社会组织数量汇总表

年份 类型	2000	2001	2002	2003	2004	2005	2006	2007	2008
社会团体（万个）	13.1	12.9	13.3	14.2	15.3	17.1	19.2	21.2	23.0
基金会（个）	—	—	—	954	892	975	1144	1340	1597
民办非企业（万个）	2.3	8.2	11.1	12.4	13.5	14.8	16.1	17.4	18.2
合计（万个）	15.4	21.1	24.4	26.7	28.89	32.0	35.41	38.73	41.36

表 6-3　2009—2016 年我国社会组织数量汇总表

年份 类型	2009	2010	2011	2012	2013	2014	2015	2016
社会团体（万个）	23.9	24.5	25.5	27.1	28.9	31.0	32.9	33.6
基金会（个）	1843	2200	2614	3029	3549	4117	4784	5559
民办非企业（万个）	19.0	19.8	20.4	22.5	25.5	29.2	32.9	36.1
合计（万个）	43.08	44.52	46.16	49.9	54.75	60.61	66.28	70.26

二、浦东社会组织制度环境构建的整体性治理

20 世纪 90 年代初，浦东开发开放作为国家重大战略登上历史舞台，浦东义不容辞地担当起 20 世纪 90 年代乃至 21 世纪中国改革开放“领头羊”的重任，不仅在经济领域实施更大程度的开发开放，而且也突出政府管理体制改革的先行先试。1993 年，浦东新区管委会成立之际，就把“小

政府、大社会”体制作为浦东新区行政管理体制的目标模式，[①]浦东新区也因此成为我国“小政府、大社会”体制创新的先行者。

“小政府、大社会”是我国进入改革开放阶段后引进的重要改革理念之一。学界一般认为“小政府、大社会”的内涵是，缩小政府职能，扩大社会权力与自治功能，把原来由政府管理的大量社会经济职能交给社会组织（或个人、企业）承担，同时实现政府机构与人员的精简。[②] “小政府、大社会”之间存在互为条件、相互促进的关系，一方面，“小政府”的形成依托于“大社会”的作用，当社会组织能够承担相应的职能时，政府则应“淡出”；[③]另一方面，“小政府”建设有利于促进“大社会”的发展，即通过转变政府职能，促进“大社会”的培育与成长。

浦东开发开放必须按照改革的要求构筑新的管理体制和机构，其基本的共识是借鉴市场经济国家的经验，建立一个高效、精干的“小政府”式管理机构，[④]这就为“小政府、大社会”理念的落地提供了机会：一方面，浦东开发开放内含着管理体制创新的要求，“小政府、大社会”的理念恰好契合这一要求；另一方面，浦东开发开放体制创新可以看成是在“白纸”上描绘的，不涉及原有部门之间的“利益”调整，推行起来阻力较小。因此，在中央政府的战略决策与有力推动下，根据“小政府、大社会 ”的理念，浦东开发开放体制创新必须体现“精简、统一、高效”的原则与“大系统管理”的方式，加快政府职能转变，实现政府机构和人员的缩减、社会权力的扩大以及社会自治能力的提高。

换言之，浦东社会组织的萌芽和发展并非临时应对的权宜之计，而是浦东开发开放体制创新的题中应有之义。从理论上看，“小政府、大社会”

---

① 浦东改革与发展研究院.浦东发展报告(1990—1994).上海人民出版社，1994：14-15.

② 佘瑞芳，黄建钢.论小政府大社会——基于公与共的视角.浙江海洋学院学报(人文科学版)，2013(4).

③ 杨树琪.规范与发展社会中介组织问题探讨——基于“小政府、大社会”框架下.经济问题探索，2006(10).

④ 浦东改革与发展研究院.浦东发展报告(1990—1994).上海人民出版社，1994：14-15.

的内涵不仅要求“政府小”,更要实现“社会大”的目标,社会要有充分的力量实现自我治理,而“社会大”的重要基础就是社会组织功能和作用的不断增强。从实践上看,为实现“小政府、大社会”体制创新的目标,浦东采取了“减、并、转、拒、增、放”六大做法,其中,“减”“转”“拒”“增”“放”的做法均涉及社会组织。也就是说,政府要实现减政放权,转移有关职能、增强公共服务能力等均需要有相应的社会组织承接职能。因此,浦东社会组织的发育和发展一开始就纳入到浦东开发开放体制创新的整体框架中,作为加快政府职能转变的重要社会心理基础和制度创新基础,浦东社会组织在创新中得到快速发展,浦东社会组织制度环境建设也体现出“整体性”的特征。

在浦东开发开放之初,浦东新区政府各部门以极大的宽容度鼓励和支持社会组织的发展,社会组织数量逐年增长且速度加快。1991 年浦东社会组织数量几乎为零,而经过 10 年的发展,2001 年浦东社会组织的数量发展到 267 个,同时出现了类似“罗山市民会馆”这样的在全国有较高知名度和影响力的明星社会组织,成为全国各地争相学习的样板。①

2005 年,国务院批准上海市浦东新区为国家综合配套改革试验区,明确提出加快政府职能转变的目标,这为浦东社会组织的发展提供了前所未有的机遇。浦东新区根据综合配套改革要求,先行先试,一方面,加快将一些原由政府承担的职能事项转由社会组织承担,例如,在教育、卫生、体育等领域积极推进“管、办、评”联动机制,聘请专业化的社会机构承办具体事务,在教育领域成立了近 20 个教育中介服务社会组织,承接政府管理职能,充分调动了社会资源,促进了社会事业的管理、承办和评估实现科学化、专业化和社会化;另一方面,浦东新区连续制定和出台相关政策,为社会组织发展和运作提供良好的制度环境。2005 年,浦东新区出台了《关于促进浦东新区社会事业发展的财政扶持意见》,并对扶持养

① 陈统奎.一所市民会馆的十年.社区,2006(7).

老机构、培训机构、行业协会、社工机构等各类社会组织发展出台了专门政策，充分调动社会各方参与社会事业的积极性。2007年4月，浦东新区制定了《关于着力转变政府职能、建立新型政社合作关系的指导意见》《关于促进浦东新区民间组织发展的若干意见》等综合性文件，迈出了“政社分开”的关键一步。通过梳理政府和社会组织的基本职能和职责边界，政府与社会组织在主体、机构、职能、资产、住所、人员实现了“六分开”。2007年4月19日，浦东新区出台了《关于政府购买公共服务的实施意见（试行）》，将原来由政府直接举办的，为社会发展和人民日常生活提供服务的事项交给有资质的社会组织来完成，形成“政府承担、定向委托、合同管理、评估兑现”的提供公共服务的新机制。2011年7月2日，浦东新区出台新政策，重点扶持四类社会组织发展；2011年9月20日，浦东新区出台《关于“十二五”期间促进浦东新区社会组织发展的财政扶持意见实施细则》。

2013年9月29日，中国（上海）自由贸易试验区正式挂牌成立。《中国（上海）自由贸易试验区总体方案》指出，要“积极鼓励社会力量参与市场监督”。2014年7月25日，上海市第十四届人大常委会第十四次会议审议通过《中国（上海）自由贸易试验区条例》，规定自2014年8月1日起施行。该条例第43条规定，自贸试验区建立企业和相关组织代表等组成的社会参与机制，引导企业和相关组织等表达利益诉求、参与试点政策评估和市场监督。支持行业协会、商会等参与自贸试验区建设，推动行业协会、商会等制定行业管理标准和行业公约，加强行业自律。这一条款的规定意味着自贸试验区将逐步形成政府监管、自律管理和社会监督相结合的混合型监管模式。混合型监管模式的基本内涵是，在强调发挥政府在市场监管中主导作用的同时，强化行业自律和企业自律，主动培育和积极运用社会监督力量，在政府主导、行业自律、企业自控、社会监督之间形成相互联系、相互衔接的关系，构建层次清晰、功能齐全、分工明确、相得益彰的有效的市场监管架构。[①] 上海自贸试验区提出混合型监管模式的构想,既是对我国社会组织直接登记制度改革和自贸试验区建设宗旨的呼应,也是基于国内外市场监管实践经验的全面总结。由此,在上海自贸试验区建设中良好市场环境的营造、政府职能的转变和社会治理体制的创新,都必然要把发挥社会组织的作用纳入其总体安排之中,这对自贸试验区社会组织的发展提出了更多的任务与更高的要求,也为浦东社会组织的新发展提供了新的机遇和更为广阔的空间。

浦东开发开放以来,从快速开发阶段到综合配套改革试点阶段,再到自贸试验区建设阶段,对于加快推动社会组织发展的目标取向上一以贯之、持之以恒。浦东在社会组织发展的制度创新中体现的整体性特征,与近年来兴起的整体性治理理论的要求相符合。整体性治理的思想是基于对新公共管理实践的反思,着眼于政府内部机构和部门的整体性运作,主张管理从分散走向集中,从部分走向整体,从破碎走向整合。[②] 整体政府理念并不是否定分工和专业化,它所针对并试图取代的是"碎片化政府"。[③] 浦东始终高举开发开放的大旗,站在加快体制创新的高度,把社会组织培育和发展作为体制创新的重要组成部分,坚持先行先试,从建立新型政社合作关系、出台财政扶持政策、规范政府购买社会组织服务、鼓励社会组织在市场监管中发挥独特作用等方面,出台一系列创新性政策,创造了具有整体性特征的良好制度环境,有力地推动了浦东社会组织的发展走在全国前列。

---

① 张良.自贸试验区建设与政府扶持社会组织方式与途径创新研究//黄宏.中国(上海)自由贸易试验区与社会组织创新研究.华东理工大学出版社,2015:73.

② 竺乾威.从新公共管理到整体性治理.中国行政管理,2008(10).

③ 周志忍,蒋敏娟.整体政府下的政策协同:理论与发达国家的当代实践.国家行政学院学报,2010(6).

三、浦东社会组织“巧手”编织强弹性的创新网络

在全球科创中心建设中，浦东社会组织无论在数量、类型和能力等各方面都已经能有效地扮演起现代社会治理主体、公共服务承接主体、创新资源链接主体和创新专业服务主体的角色，产生“黏合剂”和“催化剂”的功效，集聚、链接和整合创新资源，发挥编织创新网络的积极作用。

第一，搭建平台，整合资源，助推行业科技创新。截至2015年底，浦东社会组织中共有行业协会商会63个，其中行业协会21个、商会12个、企业协会30个。浦东高科技行业的行业协会商会，如浦东新区光电子行业协会、浦东新区生物产业行业协会、上海浦东现代物流行业协会等，主动服务行业转型发展、创新发展的需要，搭建各种创新平台（开发资助平台、研发外包平台、设备共享平台等），整合国内外创新资源，协调各创新主体力量，针对性地开展科技攻关、科技咨询、科技成果交流等活动，有力地推动行业的技术创新和转型发展。

第二，合纵连横，构建开发区科技创新支持体系。位于浦东的各开发区是上海全球科创中心建设的中心区域，特别是张江高科技园区更是上海建设全球科创中心的核心地区，建设张江综合性国家科学中心（张江科学城）是上海建设全球科创中心的核心任务。目前张江园区已经吸引集成电路、软件、生物医药、光电子等11个行业协会和9个重点产业服务组织，其中国家级1个、上海市级9个、新区级10个，形成较好的规模效应。张江园区的社会组织立足行业发展，承担政府委托事项、开展服务企业事项、组织制定和修订国家标准、编织行业发展规划等，充分发挥桥梁作用和决策参谋作用，初步构建起张江园区科技创新支持体系。近年来，张江园区以社会组织为主体，牵头组建新型的产业联盟和技术联盟型组织，在全国范围乃至全球范围吸引和集聚创新资源。

第三，提供优质公共服务，创造宜居的人文生态。浦东社会组织中大

量是公益性社区服务组织,这些社会组织活跃在社区,为广大居民提供涉及教育、医疗、养老、文化、科普、体育等各方面的多样化、个性化的公共服务,不仅为创新人才解决生活中的后顾之忧,而且以国际化、多元化的浓郁生活气息,满足高层次创新人才追求高品质生活的向往。社会组织丰富多彩的服务活动和绿色宜居的环境营造,使国内外创新人才近悦远来,喜欢浦东、爱上浦东,愿意把根扎在浦东。

第四,服务为本,建设科技工作者温暖之家。浦东的科技学会树立服务理念,积极沟通科技工作者与政府及社会之间的联系,努力提高满足科技工作者多样化需求的、针对性更强的综合服务能力,建设成为科技工作者心驰神往的温暖的创新之家。浦东工程师学会等组织表彰奖励优秀科技人才、开展拔尖科技人才的选拔举荐、举办科技创新人才高级培训、鼓励科技人员参与社会公共事务决策咨询、提供科技成果转化服务、参与国际科技社团联合行动等,发挥了团结、凝聚和激发科技工作者投身全球科创中心建设的重要作用。

第五,恪守行为准则,形成公平公正的创新环境。浦东社会组织中的中介组织以其专业优势开展评估、审计、认证、公证等服务活动,行业协会商会等作为行业性组织参与市场监管活动,在很大程度上体现了社会公平公正的要求。浦东开发开放作为国家战略肩负引领社会向前发展的重任,公平是浦东发展必然的价值要求。在全球科创中心建设中,公平更强调所有创新主体平等地享受法律保护或接受法律惩罚。也就是说,浦东社会组织对浦东形成公平公正的创新环境有很大的影响作用。浦东社会组织保持职业操守、恪守行为准则,有利于为进入浦东的创新企业和创新人才提供公平性的创新环境和平等性的竞争机会。

第六,倡导社会责任,营造有利于创新的社会氛围。浦东社会组织积极倡导和履行社会责任。一方面,认真开展诚信建设。浦东社会组织倡议建立服务承诺机制,增强诚信服务意识,围绕服务内容、服务方式、服务对象和收费标准等开展公开承诺,推行诚信服务,培育和树立诚信品牌,拓展诚信服务内容,创新诚信服务方式,不断提升诚信服务能力,为全社会形成诚信守信的社会风气作出示范。另一方面,主动参与科普宣传。浦东科技学会发挥专业优势,组织创新人才开展公益性科普宣传活动,弘扬创新人才献身科技创新的精神,在全社会形成积极参与创新,“不以失败论影响”的良好氛围。

第七章

内外兼修：全球科创中心建设中浦东社会组织运作机制创新

在社会现代化发展中，公共事务治理呈现出多元合作治理的趋势，政府与社会组织不再是管控与从属的支配关系，而是平等与合作的伙伴关系。“社会组织”的提法就反映出其较为独特的功能：在政治体系之外弥补政府组织治理公共事务的不足，同时充分发挥自身灵活、精干、专业和高效的优势。在浦东开发开放的进程中，不断探索和创新社会组织运作机制，为浦东社会组织的大发展提供了重要保证。上海建设全球科创中心的战略思路之一，就是要加快专业化中介服务社会组织和科技型社会组织的发展，不断提升社会组织作为创新主体的能力，进而提高整个创新活动的效率。为达到这一目标，社会组织必须形成完善高效的运作机制。机制是指一个工作系统的组织或部分之间互相作用的过程和方式。[①] 社会组织内部运作机制是指，影响社会组织运作过程的各项因素的结构、功能及其相互关系，以及这些因素产生影响、发挥功能的作用过程及运行方式。社会组织内部运作机制所蕴含的准则和规则，起到引导和制约社会组织决策及各项资源配置的作用，如同规定了“问题的解决路径”，因而对社会组织的行为过程和职能发挥有较大的影响。因此，浦东必须根据全球科创中心建设的新要求，进一步加快社会组织运作机制的创新，增强社会组织作为科技创新主体的活力和能力，使浦东社会组织运作机制创新

---

① 中国社会科学院语言研究所词典编辑室. 现代汉语词典(第6版). 商务印书馆，2012：597.

始终走在全国前列。

第一节 浦东社会组织的内部治理机制创新

一、社会组织内部治理机制的含义

随着社会组织的迅速崛起,社会组织的治理问题逐渐成为各界关注的焦点。根据法人治理理论,社会组织需要通过建立一套既分权又能相互制衡的制度设计来避免代理的成本与风险,从而实现组织的目的和使命。治理已经成为社会组织能否有效运作的首要课题。[①] 现代组织治理的研究通常把治理机制分为内部治理机制和外部治理机制,其中,内部治理主要是通过内部的机构设置和权力安排来解决组织内部的利益协调的问题。由此而言,社会组织的内部治理指的是社会组织的自主治理,是以组织的内部行动者为基础的治理,所要解决的是组织内部的利益协调与整合问题,其主要途径是通过组织的机构设置和权力安排来解决组织有关的效率问题。[②]

与公司治理相类似,社会组织内部治理机制实质是各权力机构相互之间的权力制衡关系,表现为某种组织结构和制度安排。国际上有学者认为,社会组织内部治理机制的核心是董事会(或理事会)控制机制,还有一些其他的内部控制机制,如利益相关者控制机制等。[③] 国内有学者认为,社会组织内部治理结构包括内部组织机构的设置(如会员大会、董事会或理事会)和组织机构的运行规范(如组织章程、财务人事制度、内部监

---

① Dennis R. Young, Robert M. Hollister, & Virginia A. Hodgkinson Governing, Leading and Managing Nonprofit Organizations: New Insights from Research and Practice. Jossey-Bass, 1993:141.

② 程昔武.非营利组织治理机制研究.中国人民大学出版社,2008:94.

③ M. C. Jensen. The Modern Industrial Revolution, Exit and the Failure of Internal Control System. The Journal of Finance, 1993,48 (3): 831-880.

督机制等)两个方面。[①]

社会组织内部治理机制既是一个静态的组织结构,又是一个动态的治理机制活动过程。比如,行业协会作为会员制的互益性的社会组织,存在会员与理事会之间、理事会与秘书长为代表的工作人员之间的多重委托一代理关系,也必然会产生委托一代理的问题,需要通过建立一套既合理分权又能相互制衡的机制来保证实现组织的目的和使命。行业协会存在会员、理事、监事及工作人员等利益相关主体,这些参与行业协会活动的各个利益相关主体既有其各自的独立利益,也有促进行业及行业协会发展的共同利益,各个利益相关主体都会充分借助行业协会的治理结构来行使自己的治理权,实现自己的利益目标。

二、浦东社会组织内部治理机制的进一步创新和完善

社会组织内部治理的规范程度不仅影响社会组织自身的健康发展,而且还影响社会组织参与社会治理的实际绩效。在全球科创中心建设过程中,浦东社会组织要发挥其作为创新主体的积极作用,就必须在内部治理机制创新成效的基础上,形成更加完善和稳定的内部治理机制,以保证社会组织持续健康发展。根据浦东社会组织内部治理机制运行的现实状况,要从以下四个方面进一步创新和完善社会组织内部治理机制:

第一,制定科学规范又各具特色的社会组织章程。社会组织章程是指,社会组织在国家相关法律法规的框架中,根据社会组织自身情况制定的根本性规范指导制度。章程是社会组织正常运行和发挥作用的根本性大纲,是社会组织宗旨、职能、组织、管理和运行等所有行为的重要依据,代表了社会组织全体会员或成员的共同意志,具有“根本法”的地位,是社会组织的行动指南和内部治理的重要依据,对全体会员或成员具有普遍的约束力。例如,社会组织的章程规定了会员(代表)大会、理事会、常务

① 丘海雄,吴军民.行业协会研究综述:经验与课题//高丙中,袁瑞军.中国公民社会发展蓝皮书.北京大学出版社,2008:250-277.

理事会等组织机构的设置以及产生办法和每届任期；活动范围和活动原则；资产管理和使用原则；章程的修改程序、终止程序以及废止后的资产处理等内容。对社会组织来说，章程既是社会组织运作的依据，又是约束社会组织行为的规定，一旦经过会员（代表）大会通过，就要严格执行，社会组织中的任何人不能违反章程规定而自行其是，更不能超越章程行事。但是，目前浦东一些社会组织并没有严格按照章程规定行事，对于会员（代表）大会、理事会等会议，往往以工作忙、费用紧张等理由不开或少开，还有一部分社会组织不能按章程规定按期换届，社会组织的章程在实际上被虚置，章程的"法定性"和严肃性没有得到尊重。

因此，制定科学规范和切实可行的社会组织章程十分必要，社会组织的章程从提出、讨论、拟定到最终通过都必须符合相关法律法规的规定，符合一定的程序和标准。同时，要更加强化章程在社会组织内部治理中的"根本法"地位。

在全球科创中心建设中，浦东的社会组织登记管理机关不仅要对社会组织章程提出更加规范的要求，在"章程样本"中明确规定社会组织章程必须遵守的国家法律法规的要求，规定相应的程序和标准，而且要鼓励浦东社会组织在章程中列入不同社会组织个性化的内容，例如，社会组织个性化和特色化的宗旨、使命、职能、目标等内容。浦东的社会组织登记管理机关要进一步强化社会组织章程作为"根本法"的意识，在日常的监督和管理中要以核准的章程来规范社会组织的行为。尤其是在社会组织章程作出的规定与政府监管部门的政策发生冲突时，首先要尊重章程规范，政府监管部门可以建议社会组织通过修改章程来改变现行的做法。

第二，健全社会组织监事制度，强化内部监督机制。由于目前我国的《社会团体登记管理条例》对社会团体类社会组织的内部监督机构的设置基本上没有强制性规定，在社会组织的实际运作中普遍缺乏对理事会、理事长（会长）或秘书长进行有效制约和监督的内部常设机构，有些即使设有监事会或监事,但也没有真正发挥制约和监督的功能。[①]

在全球科创中心建设中,浦东社会组织要加快内部监督机制的创新性制度设计,很重要的就是需要通过法规来强化监事会的功能和作用,制定出台相应法规和指南,对监事会会议、监事列席理事会会议、理事－监事联席会议等程序和要求作出详细规定,要明确监事会在社会组织内部治理结构中的地位,对监事会的职责,监事的产生、任期及任职资格等作出具体的规定。

第三,完善社会组织重大事项决策机制。在全球科创中心建设中,浦东社会组织要以协同合作为理念,进一步精细化内部运行机制,包括完善会员(单位会员)发展和联系机制、重大事项决策机制、信息收集传递机制、单位会员沟通机制、社会资源动员机制等。其中,会员(单位会员)发展和联系机制是基础,重大事项决策机制是关键。

浦东社会组织要围绕完善重大事项决策机制,重点解决以下几个问题:(1)内部治理结构中的权力平衡。社会组织内部治理结构是一个权力的平衡式,理事长(会长)、副理事长(副会长)、常务理事人选的标准和产生方式不同,可能会导致社会组织的权力结构出现偏向。因此,必须对社会组织领导人员提出具体的人选标准和产生方式。(2)社会组织重大事项的确定。例如,社会组织选举、改选领导层、资金财务运作等。在重大事项确定后,根据不同的事项,明确相应事项的决策机构,分别由会员(代表)大会、理事会、常务理事会来负责决策和监督。(3)重大问题决策方式的设定。对于涉及社会组织重大问题的决策方式,是采用投票还是举手表决、是简单多数通过还是 2/3 多数通过,这些设定都会对结果产生重大影响。(4)信息公开的具体规定。对社会组织监督的前提是信息公开。社会组织运行信息公开是取得业内信任、政府信任、公众信任的重要基础,也是所有监督有效的基础。

---

① 徐晞.海峡两岸行业协会的比较与合作.社会科学文献出版社,2016:108.

第四,健全社会组织工作人员绩效考核机制。根据委托一代理理论,越是复杂的委托一代理结构越容易造成内部人控制。在企业运营中,经理人是受委托专职从事经营管理,掌握着企业经营状况的实际信息,使其有条件利用信息不对称来谋取自身的利益或是专职人员群体的利益,即出现所谓内部人控制的问题。根据对企业治理状况实证研究的结果,企业如果没有有效监管经营管理层的话,一定会存在内部人控制问题。[①]社会组织同样存在着双重的委托一代理关系,造成委托一代理结构的复杂化,容易造成内部人控制,进而出现社会组织内部治理的失效。内部人控制最典型的表现就是,掌握运行控制权的群体利用信息的不对称来谋取自身的利益。社会组织的工作人员不管是职业化的还是兼职性的,大部分都是受委托从事社会组织运行和管理,掌握着社会组织运行状况的实际信息。一方面,如果缺少有效的监督,社会组织工作人员中也有可能出现谋取私利的问题;另一方面,如果缺少充分的激励,社会组织的工作人员也可能会失去行动的动力,阻碍社会组织作用的发挥。

随着浦东社会组织规模的不断扩大,社会组织工作人员的数量也随之增加,职业化工作人员在工作人员总数中所占比例的上升也是必然趋势,职业化工作人员在社会组织运作中的作用和影响进一步加大,对工作人员尤其是职业化工作人员激励与约束的问题会逐步突出。因此,浦东要研究建立健全社会组织工作人员绩效考核机制,其中的核心问题是激励与约束的平衡,既要有效监督,避免社会组织出现内部人控制问题;又要充分激励,保证社会组织作用的发挥。

社会组织工作人员绩效考核是指,在社会组织既定的战略目标下,运用特定的标准和指标,对工作人员的工作行为及工作业绩进行评估。完善社会组织工作人员的绩效考核激励机制,制定符合社会组织服务内容和发展战略的绩效考核指标,可以更好地将考核结果作为调整工作人员

---

① 奥利弗·哈特.公司治理:理论与启示.朱俊,汪冰,顾恒中,译.经济学动态,1996(6).

职位、制订工作人员培训计划、发放工资以及解除、续订聘用合同的基本依据，使考核激励制度能够在社会组织工作人员管理中充分发挥其激励和约束的重要作用。社会组织工作人员的工作绩效受其能力素质、努力程度以及所承担工作的角色理解程度而决定，工作绩效的高低又影响着其所获得的内在与外在性的奖励，包括物质上的奖励和精神上的奖励等。与此同时，一方面，社会组织工作人员对自己的工作绩效往往会有一个主观的意识与评估，对自己工作绩效所能获取奖酬的概率有一个主观范畴的判断；另一方面，社会组织工作人员对自身绩效所能真实获得的奖酬有一个满足感的判断，当现实的奖酬与期许估计的奖酬达到某种水平上的一致时，会进一步激发工作人员的努力意识，更加投入工作，提升工作绩效。

由于社会组织普遍具有组织规模小、结构扁平化、资金资源有限等特点，工作人员的薪资水平、职业生涯发展空间较小，即使社会组织的考核激励机制十分完善，薪资与发展空间也会在很大程度阻碍人才进入社会组织工作。绩效考核激励机制作为社会组织对工作人员进行考核激励的核心方法，同时也需要有相应的薪酬福利激励、职业发展空间激励。因此，社会组织在制定合理的薪酬福利制度基础上，也要完善工作人员特别是年轻工作人员的职业生涯发展，利用社会组织自身的平台优势，打造工作人员在行业领域及不同社会组织之间横向流动渠道和纵向发展阶梯，提高社会组织对优秀人才的吸引力，增强社会组织工作人员队伍的活力。此外，激励机制的设计也应该与社会组织的文化建设结合起来，满足社会组织工作人员情感与归属以及尊重的需求。例如，社会组织的领导者定期与专职工作人员进行沟通，经常性地关心工作人员的工作态度、个人发展和生活情况。分享工作方式、共同目标和组织文化，培养和提升工作人员对社会组织的认同感和忠诚度，激发工作人员的工作积极性和创造性。

第二节 浦东政府购买社会组织公共服务机制创新

一、浦东以政府购买社会组织公共服务加快政府职能转移

1. 社会组织承接政府职能的独特优势

政府职能是依法对国家和社会公共事务进行管理的职责和功能，包括政治治理、经济管理、文化发展及社会保障等方面，其核心是服务。目前，各级政府仍然管了不少不应该管又管不好的事，而不少应该由政府管理的事却没有管好。按照行政管理体制改革的要求，政府部门要切实履行好经济调节、市场监管、社会管理和公共服务方面的职责，并将那些不应该或不适宜由政府承担的职能转移出去，从我国基本国情和社会制度出发，承接政府转移职能的最为适宜和最为重要的主体就是社会组织。

社会组织的职能主要有社会事务管理与服务、行业活动管理与协调、社会议题参与和倡导、专业技术服务与监督等，主要对应着党的十八大赋予政府的宏观调控、公共服务、市场监管、社会管理与环境保护五大职能中的公共服务、社会管理与部分市场监管和环境保护职能。社会组织承接政府部分职能，提供公共服务，成为积极影响社会的重要的组织制度创新形式。[①] 近年来，我国社会组织在参与社会资源的再分配、补充政府公共服务供给的不足、弥补政府失灵和市场失灵带来的公共服务缺失等方面发挥越来越大的作用。

实现政府职能的转变一直是政府改革的核心命题，也是贯彻党的十八届三中全会精神的重要举措。浦东把政府职能转变作为开发开放和深化改革的核心，推进政府机构全面改革，进一步简政放权，增强社会经济发展的内生动力。建设全球科创中心给加快政府职能转变带来新的契机

① 王名.非营利组织的社会功能及其分类.学术月刊，2006(9).

和动力,其中非常重要的一环就是鼓励社会组织更多承接政府转移的部分职能。近年来,浦东在加快政府职能转移方面主动作为,积极创新,除了明确不能向社会组织转移的职能(如行政强制、行政执法监督、行政决策、行政许可、行政诉讼等)之外,制定清晰的职能转移清单和实施路线图,分步骤、实质性地向社会组织转移职能,并明确相应要求以及按照法律法规进行适当监管,推动浦东社会组织的大发展。

2. 浦东进一步推动社会组织承接政府职能机制创新

根据全球科创中心建设对政府体制改革提出的新要求,浦东着重从以下三个方面进一步推动社会组织承接政府转移职能机制创新:

第一,优化政府与社会组织关系。全球科创中心建设意味着我国深化政府体制改革进入深水区,而社会组织承接政府转移职能的能力不断增强,将为加快政府职能转变注入新的动力,使政府能腾出手更好地发挥公共领域的公共服务与监管作用、经济领域的市场资源调节作用以及社会领域的社会安全和社会治务作用。

在全球科创中心建设中,政府不仅要重视给企业提供货物贸易、关税减让等优惠政策,也要为社会组织减少体制、法律与政策的束缚,为社会组织在全球科创中心建设中发挥主体作用提供更好的制度平台。要扫清社会组织发展的体制、法律与政策障碍,建立健全社会组织管理体制,在法律地位上明确社会组织的性质、职能、职责。同时,按照与国际惯例接轨的要求,加强引导社会组织在行业自律、反倾销、反垄断等领域发挥作用。

社会组织承接政府职能转移,并不意味着政府放弃责任。在全球科创中心建设中,浦东在加快政府职能转变的同时,要进一步推进政社合作,建立新型政社关系。新型政社关系下的社会治理结构,需要政府、市场与社会之间的合理分工、密切合作。因此,浦东的各级政府必须彻底改变对社会组织的各种偏见,逐步减少对社会组织运作和服务的直接控制和干预,增强社会组织的独立性与自主性,建构政府与社会组织的合作伙伴关系。[1]

第二,提升社会组织的核心竞争力。社会组织的核心竞争力关键在于弥补政府和市场双重失灵。相对于政府,社会组织在许多领域尤其在提供公共服务方面具有特殊优势。首先,社会组织有特定公益目标,较为擅长从事特定的公益慈善、行业自律、环境保护、专业咨询、医疗卫生、社区服务等。社会组织独立于市场和政府之外,较少受到经济利益和行政权力的干扰。其次,社会组织的公益性和志愿性使其具有一定社会号召力和资源整合能力,特别是在动员志愿者参与公益活动方面,优势明显。在一些缺少利益激励,市场不愿管、政府不便管的公共领域,社会组织可以联结政府、市场和社会公众,发挥其协调、服务、监督的功能。最后,社会组织的非政府性、非营利性以及扁平化管理方式,避免了官僚层级带来的效率低下和回应性不足等问题,能够根据多样化、个性化及日益复杂化的社会需求,以项目管理为核心,灵活应变,精细、准确、即时地向社会公众提供公共服务。

全球科创中心建设中要求积极发挥社会力量参与,这给社会组织承接政府职能提供了新的机遇。在新的形势下,浦东社会组织要苦练内功,加强自身核心竞争力建设,为社会公众提供专业化、个性化、丰富性的公共服务。首先,确保社会组织工作人员掌握提供公共服务的专业技能,具备解决实际问题的业务能力。社会组织工作人员要了解社会组织的基本常识、主要特性,要熟悉所在社会组织的基本情况,特别是所在社会组织的成长历史、活动宗旨、发展目标、运行方式、组织文化、部门职责以及各种规章制度,还要了解该社会组织所处行业情况、发展趋势、主要服务人群,也要了解政府与该社会组织的关系等。其次,增强公益精神,强化服务、合作与竞争意识。公益性是社会组织的本质。社会组织应该围绕自身公益宗旨,坚持公益方向,将服务、合作与竞争意识贯穿于自身能力建

---

① 唐德龙,杨君,高翔.自贸区建设与社会组织承接政府转移的职能.现代经济探讨,2015(3).

设的始终,杜绝逐利的冲动,强化责任与奉献精神,不断提升公共服务的质量,树立良好的公益形象。再次,提高项目运作能力。积极引入现代社会组织管理制度,加强项目运作能力和成本管理能力,注意培育和提升社会组织的知名度。最后,加强筹资能力。社会组织要善于寻找机会,广泛拓宽筹资渠道,适当引进金融机构的信贷支持,积极参与公益创业,探索尝试金融公益。社会组织要围绕自身宗旨和业务范围,积极回应社会需求,主动参与政府购买公共服务事项。同时,社会组织应该拓宽服务范围,深入基层社区,开拓新的活动空间,并不断地扩大社会组织所服务领域和公益活动的社会参与度,提高社会公众对社会组织的认可度,不断提升社会组织的资源整合能力。

第二,创新社会组织承接政府职能方式的多样性。浦东要进一步创新和完善社会组织承接政府转移职能方式,根据不同事项采取不同的承接方式,以保证社会组织承接政府职能的有效性。

浦东社会组织承接政府转移职能的方式主要有以下三种:(1)转移。政府部门将行政许可之外、属于市场范畴且可以通过市场运作完成的予以转移,由社会组织按照其章程和决议履行。(2)授权。政府部门依据法律、法规将行政管理中可由社会组织参与的某项或某方面的辅助性职能及相应职责,以授权方式移交相关社会组织并以社会组织的名义履行职责和组织实施,并独立承担相应的行政法律责任。(3)委托。政府部门在其职权职责范围内,依据法律、法规、规章规定,在一定期限内,将有关可由社会组织履行的行政事务性前期事项及相关职能托交行业协会以委托部门的名义履行职责。

二、浦东推进政府购买社会组织公共服务机制创新

1. 政府购买公共服务的必要性

政府购买公共服务是以政府为主体、社会组织为客体,通过购买的方式将原本由政府自身承担的公共服务转交给社会组织履行,在既定标准

下根据公共服务完成质量支付费用的全新的公共服务方式。[①] 从理论上说，政府购买公共服务是一种新型的政府提供公共服务方式，其主要特点是"市场运作、政府承担、定项委托、合同管理、评估兑现"。适合政府购买的公共服务应该具备竞争性、开放性和社会性等特征，一般是将政府承担的某些技术性、行业性、服务性、协调性职能，通过购买服务的方式转交符合资质的社会组织来实施和提供。由此而言，政府购买的公共服务的受益人不是政府自身，而是社会公众。随着服务型政府建设的进一步加快，由政府向社会组织购买公共服务已经成为提供公共服务的重要方式。

1995 年，浦东以罗山市民会馆委托上海基督教青年会管理为契机，打破了以往全部由政府提供公共服务的模式，大胆探索政府向社会组织购买公共服务的新模式。[②] 党的十八届三中全会以来，我国政府购买服务取得了长足的发展进步。财政部与国务院办公厅加固了关于购买服务的上层项目，从而使得政府购买服务得到了平稳有效的运转。2013 年 9 月，国务院办公厅印制《关于政府向社会力量购买服务的指导意见》，指出政府要进一步强化推进购买服务工作的开展。同时，国家财政部也制定了一系列配合举措，细化了政府购买服务相关规定的实施内容。2014 年 12 月，国家民政部、财政部、工商总局联合发布《政府购买服务管理办法(暂行)》，从定义、范围、购买主客体、内容、方式、程序、资金预算、绩效监督以及财务管理等方面进一步界定了政府购买服务，形成了政府购买服务项目的基本框架。同时，国家民政部、财政部、环保部、文化部以及中国残疾人联合会也制定印发相关文件，为在各自领域中政府购买服务的开展奠定了良好的制度基础。

2. 浦东推进政府购买社会组织公共服务的主要进展

政府购买社会组织的公共服务是一种新型的政府履行职能方式，也是推进行政管理体制改革和政社合作互动的重要内容。在浦东，这种新

---

① 陈锦梅，吴文兴，吕天佑. 关于政府购买服务问题的思考. 经济研究参考，2010(44).

② 杨团. 非营利机构评估：上海罗山市民会馆个案研究. 华夏出版社，2001:3.

型的公共服务方式包括三个内容：预算管理、契约式管理、评估机制和规则。预算管理是指，将购买公共服务的费用纳入预算；契约式管理是指，政府和社会组织的责任、义务以及服务要求，全部在合同中体现；评估机制和规则是指，委托第三方专业机构对社会组织承接的项目“合作前”有资质审查，“合作中”有跟踪了解，“合作后”有社会绩效评估。浦东明确规定，将原来由政府主办、为社会发展和人民日常生活提供服务的事项交给有资质的社会组织来完成，从而探索出一种“政府承担、定项委托、合同管理、评估兑现”的政府通过购买社会组织服务而向社会公众提供公共服务的新模式。

第一，实施政府购买社会组织公共服务的多种方式。浦东在实践中探索并形成了实施政府购买社会组织公共服务的多种方式，主要有：(1)定向委托。在前期有一定合作基础或者具备承接条件的社会组织中选择一家，以定向投标邀请、达标择优选用方式购买，一般适用于续签，或标的金额不大、实施期限较短，或行业专业特殊等项目。(2)有限竞争。在前期有一定合作基础或者具备承接条件的社会组织中选择数家，以有限投标邀请、竞争择优选用方式购买。(3)公开招标。面向所有社会组织，凡符合资质条件的均可投标，以公开竞争、择优选用方式购买。

第二，明确社会组织的资质条件。浦东对于社会组织提出了明确的资质要求：(1)依法登记注册的社会组织。行业管理部门有具体专业资质要求的，应具备相应的资质条件。(2)竞投项目涉及领域与其被核准的业务范围相符。(3)具有完善的内部管理制度，拥有较为稳定的专职工作人员，具备承接实施项目的基本设施条件，实际参与项目的人员中具有专业资质的占一定比例。(4)符合有关部门确定的其他条件。鼓励不同类别、不同层次社会组织按照性质相似、功能相近、资源互补、利益共享的原则，组团申请政府购买服务项目。(5)连续两年年检合格，且三年内无违约不履行或被中止、撤销政府购买服务项目行为的，五年内无重大违法违规行为的，社会信誉良好的社会组织，在登记管理部门或业务主管单位开展的建设评估中获得等级的社会组织具有优先权。(6)年检不合格,不得参加政府购买社会组织服务项目竞标。

第三,规范政府购买服务的操作程序。浦东在不断总结实践经验的基础上,逐步完善政府向社会组织购买公共服务的规范化操作程序,分为前期工作、申报办理、跟踪管理三个大的阶段。(1)前期工作阶段有五个环节:项目设立、预算申请、立项审查、汇编目录和公布信息。(2)申报办理阶段有五个环节:项目申报、资质认定、竞标评审、中标公告和签订合同。(3)跟踪管理阶段有三个环节:项目管理、评估验收和资金拨付。

第四,明确以第三方为主的评估主体。为加速推进购买服务的绩效评价与预算评估的工作,提高财政资金的使用效益,浦东探索构建由服务对象、第三方所形成的系统性的评审体系,严格考核购买的服务项目的数量和质量,以此确保购买服务的效果。另外,还联合审计、检查等有关机构建立相应的监督机制,进一步加强监管政府购买服务的力度。

在评估主体上,进行第三方评估,组建一支公平公正的第三方评估主体。[①] 在评估形式上,按照不同社会组织给出的服务种类制定一套有针对性的系统完善的评估标准,构建科学合理、公正客观的评估形式。在评估效果上,关注其带来的生态效益,平衡其与经济效益、社会效益之间的关系。在评估对象上,科学地量化公共服务的相关评估指标,不仅注意到社会组织供给公共服务的“投入”指标,同时还将“绩效”作为评估公共服务质量的指标,确保政府购买公共服务能够符合服务接受者的要求。

3. 浦东进一步推进政府购买社会组织公共服务的方式创新

在全球科创中心建设中,浦东要从以下五个方面进一步推进政府购买社会组织公共服务的方式创新:

第一,健全政府购买社会组织公共服务的需求调查机制。要以社会公众特别是社区居民的选择作为政府购买社会组织公共服务的起点。将

---

① 杨团.非营利机构评估:上海罗山市民会馆个案研究.华夏出版社,2001:31.

社会公众的需求调查纳入政府购买社会组织公共服务的正式流程中，作为购买的先决环节。在购买之前，要进行大规模的需求调查，收集需求信息。需求信息收集也可以建立在已有的公共服务购买绩效评估结果的基础上，重点考虑评估中社会公众不满意的服务。在需求调查的基础上分析数据，针对社会公众不满意的服务或者社会公众急需的服务项目提出购买目录建议。

第二，建立健全政府购买社会组织公共服务的信息平台。设立政府购买社会组织公共服务的消息平台，达成政府目标与社会组织能力的对接。采用定期发布社会组织承接公共服务项目的详细信息，把社会组织承接的公共服务项目划分为社区服务、扶持贫困、帮助老弱残疾、教育体育、卫生健康等不同类型予以公开。

健全公共服务购买目录筛选机制，将购买内容聚焦于急需的公共服务。研究制定公共服务购买项目筛选标准，据此筛选出的确属于公共服务类别、绩效容易鉴别、政府容易管理、群众需求强烈且购买者之间具有竞争性的服务项目。明确具备资质条件承接政府转移职能和购买服务的社会组织目录。可以成立由公众、专家学者、社会组织以及财政部门等代表组成的筛选委员会和专家库，通过网络异地分散筛选、“德尔菲”法筛选等，最终确定目录并向社会发布。

第三，完善政府购买社会组织公共服务的定价机制。建立以社会公众的需要为基准的政府购买社会组织公共服务的标准体系，形成一套科学、合理及有效的政府购买社会组织公共服务的定价系统。从目前政府购买社会组织公共服务的运行情况看，在定价中要充分考虑社会组织提供公共服务的人力资本的价值，把社会组织人力资本的合理价值纳入定价中，防止因为定价偏低甚至完全不考虑人力资本的合理价值而导致社会组织人才的流失，进而导致社会组织难以提供优质的公共服务。

第四，健全以第三方为主的政府购买社会组织公共服务的绩效评估体系。加强政府购买社会组织公共服务的绩效评估，在观念上真正认识到为了提升公共服务质量而购买，不是为买而买。政府购买社会组织公共服务往往是以项目的形式出现，涉及法律义务的转移与监管问题。政府购买社会组织的公共服务，需要按照法律法规签订合同，并严格监督合同的执行。由于对社会组织提供公共服务的绩效评估，主要是看社会组织的服务能力，具有专业性和客观性的要求，因此，政府必须积极引进、培育独立的和专业的第三方评估机构，如会计师事务所、审计师事务所、律师事务所等，依据科学的方法对社会组织提供公共服务的绩效作出客观公正的评估，使政府购买社会组织公共服务的绩效评估体现出可行性。政府要加强绩效评估结果的使用，在绩效评估的基础上对社会组织提供公共服务的预算支出进行监管并提出改善意见；将绩效评估的成果纳入信用系统范畴，对于绩效评估较好的社会组织，在以后承接政府购买公共服务项目时，可以在同等条件下优先选择。

第五，进一步优化政府购买社会组织公共服务的规范流程。对政府购买社会组织公共服务的流程进行优化，包括竞标流程、评价流程和拨款流程等，委托第三方对公共服务项目的开展状况实施评价和估算，形成一个完整的政府购买社会组织公共服务的闭环系统。

健全多方互动的动态化的政府购买社会组织公共服务项目实施机制，进行过程控制和监督。对申请、招标、实施、结项、评估、反馈等一系列具体环节制定实时动态的管理办法，明确相应的监管部门，形成从准入到履行合同直到退出的实时动态监管体系。

建立政府购买社会组织公共服务的信誉体系，根据评估结果建立社会组织诚信与履约情况数据库，作为此后政府购买服务的参考依据，并以此为依据对社会组织实施分类和分级监管。

第三节　浦东社会组织能力提升机制创新

一、提升浦东社会组织资源获取能力

能力建设是市场经济条件下关乎所有政治经济组织生死存亡的重大课题，任何一个组织若要获得持续长久的生命力，其组织内部的能力建设问题不容忽视。社会组织可持续发展的关键是通过核心能力建设，获得专业化和专门化的发展优势，赢得社会的充分信任。

社会组织能力是指，在既定政策法规制度框架下，社会组织的领导者和管理者配置和调整各种资源及力量，保持各项工作相互协调、有序运行，发挥社会组织独特功能，实现社会组织宗旨及目标所需的条件和能量。① 社会组织能力提升既可以看成是引入、形成、创新这些条件和能力的过程，也可以看成是为实践社会组织章程规定的宗旨、目标，有意识进行的自我组织、自我建设、自我协调、自我发展的活动与过程。

根据全球科创中心建设的要求，目前浦东社会组织能力提升的重点是社会组织的资源获取能力。

1. 提高资金筹集能力

社会组织的资金筹集是社会组织基于自身使命价值和发展目标，向会员、政府、企业、社会及个人等，发起募集资金、物资或者劳务的财务活动。资金筹集，必须做到符合宗旨、遵守规范、明确用途、不能分红。

第一，确保用于社会组织的稳定增长的公共财政资金安排。建立财政专项作为社会组织运行所需的公共资金；政府委托社会组织承担的业务活动、政府购买服务等的经费作为制度性安排，以公共财政开支的科目列入年度部门预算。

---

① 张良. 我国社会组织转型发展的地方经验：上海的实证研究. 中国人事出版社，2014：220.

第二,支持和鼓励社会组织多元化筹资。浦东要出台专门的鼓励性政策,支持和鼓励浦东社会组织积极探索多元化的筹资方式,包括:(1)建立和完善会费缴纳制度。(2)建立募捐、义演义卖等捐赠收入制度。(3)以专业化方式进行劝捐运作。(4)争取政府资助,包括委托、外包、购买、划拨、免税等。(5)扩大服务收费,如收取会议注册费用、承担社会职能开展有偿性服务等。(6)创办经济实体等。

第三,针对性地运用不同的筹资方式。浦东社会组织在开展筹资过程中,要根据不同运作项目和服务项目的特点采用针对性的方式。在公益性领域,主要是提供有偿服务,关键是要合理确定价格;在服务性领域,要与企业开展合作,关键是约束过度逐利;在竞争性领域,要以市场化标准服务收费,关键是形成特定的竞争力。

2. 提高人力资源集聚能力

社会组织的职能完善与能力提升离不开优秀人才的砥砺奋进。因此,有必要提高社会组织工作人员自身的能力素质,建立一支懂专业、高素质的职业化工作人员队伍,不断优化社会组织工作人员的年龄结构、专业结构,逐步实现社会组织工作人员的专业化、职业化。

浦东把社会组织专职工作人才纳入了人才发展规划,通过社会公开招聘、选拔、调用等手段,吸引具有一定专业知识、业务素质、熟悉行业、年富力强的高素质人才进入社会组织。同时,加快形成多层次、多形式、广覆盖的社会组织专业人才教育培训体系。实施资格认证制度,加强任职和继续教育培训,逐步经考核后持证上岗。

构建完整的社会组织人力资源的激励约束机制,首先,要运用精神激励和物质激励等手段千方百计"留住人才",使社会组织成为社会的人才高地;妥善解决社会组织工作人员的社保等问题,免除其后顾之忧。其次,加强社会组织工作人员的培训力度,提高其工作能力,充分挖掘内部人才潜力,培养后备人才队伍。最后,建立符合社会组织工作特点的工作绩效考评体系,并制定与之相配套的社会保障和薪酬、待遇、晋升等制度,奖惩分明，保证社会组织的运作效率和质量。

二、提升浦东社会组织信息集成和服务能力

社会组织的民间性、非正式性等特点，使其具有较强的弹性和适应性，其触角可以灵捷地延伸到社会的所有领域和地域，不仅可以触摸到其会员或联系的社会群体的脉搏，而且可以感受到社会公众的所思所想，社会组织成为连接八方的信息传递的立交桥。在有效地感知社情民意的基础上，社会组织可以发挥信息集成和服务的作用。

第一，建立制度化的联系沟通渠道，反映社会公众诉求。社会组织围绕经济、科技、社会建设全面、协调、可持续发展中的热点、关键问题，围绕社会普遍关心的重大问题，准确了解和反映社会公众的诉求，及时反映社会公众的意见。

第二，运用形式多样的传递机制，宣传党和政府政策。社会组织与社会公众联系紧密，以喜闻乐见的多样化形式，在社会公众中广泛宣传党和政府的各项公共政策，使政策执行和实施具有良好的群众基础。

第三，发挥科技类社会组织智力密集优势，提供决策咨询建议。科技类社会组织集聚专业人才，围绕关系国计民生、区域协调发展、重大突发事件等，开展跨学科、跨部门、跨行业、跨地区的学术研讨和课题研究；开展对重大项目评价、论证、讨论，并将学术观点上升为政策建议，为政府决策建言献策。

三、提升浦东社会组织履行社会责任能力

在社会治理体现现代化过程中，社会组织必须承担起应有的社会责任。社会组织所承担的社会责任包含三个层次。

第一个层次是社会组织的基本社会责任，即社会组织为成员服务的“分内”职能中所理应包含的社会责任，如行业协会理应承担行规行约的制定、行业标准的制定、行业内部的统计、相关信息的提供、为成员或成员

单位的维权等责任。由于这些职能的履行涉及其成员的切身利益，所以，必须强化其依法履行职责的社会责任感。第二个层次是社会组织承担政府转移职能时必然会涉及的更大范围的社会责任，如承担政府采购委托的经济、文化、技术、基建、社保等项目后，由于影响范围超出社会组织直接代表的成员利益而扩大了的社会责任。第三个层次是指随着税收制度、捐赠接受主体范围等的改进，社会组织将有更多机会和能力从事社会慈善事业，履行具备更高层次意义上的社会道德责任。

浦东要从四个方面提升社会组织履行社会责任的能力。(1)提供服务，增强功能。社会组织要按照章程确定的宗旨和业务范围，积极创新活动形式，丰富工作内容，面向会员、面向行业、面向市场、面向社会提供多样化、多层次的服务。(2)诚信自律，规范行为。遵守国家法律法规，以章程为核心，建立健全社会组织法人治理机制，落实民主决策和监督机制，坚持非营利性原则，把社会效益放在首位，杜绝乱收费等违法违纪行为，倡导财务透明公开，诚信面对会员、面对公众，自觉接受政府监督和社会监督，不断提高公信力，树立社会组织良好的社会形象。(3)化解矛盾，促进和谐。发挥社会组织联系广泛的特点，协助政府发现、认识和解决不断出现的社会问题，参与协调管理公共事务，化解不和谐因素，增强社会自治功能。(4)热心公益，关注民生。关心和关注社会公众需要特别是弱势群体的基本生活，结合社会组织自身的业务特点和专业所长，广泛动员、各尽所能、形式多样，参与、支持和从事减贫济困、救灾防害、安老扶幼、扶弱助孤、帮学助医、社区服务、环境保护等公益活动，促进社会公正公平。

第四节 浦东社会组织监督管理方式创新

一、社会组织监督管理的意义

社会组织作为现代社会的治理主体之一，享有一定的管理社会公共事务的公共权力,存在权力被滥用的可能性。例如,一些互益性社会组织可能会为了维护其成员的利益或者谋取私利而滥用权力,不惜损害社会公共利益和国家利益,因此,对社会组织的监督管理是十分必须的。

第一,有利于防止社会组织权力的异化。社会组织具有一定公共权力的本原作用在于增进会员的共同利益和社会公共利益,但是,社会组织所掌控的公共权力在缺乏监督的情况下,也有可能异化为公共权力的懈怠或滥用。因此,对社会组织进行监督管理可以促使其积极作为,努力为会员维权,为社会服务,可以防止少部分人利用社会组织所具有的公共权力或者权威地位,攫取私人利益或者谋求非正当利益的异化现象。

第二,有利于维护社会公共利益。社会组织中的一些互益性组织代表和维护的是特定群体(行业)的共同利益,这种特定的行业性的共同利益与整个社会利益之间有可能发生冲突、存在矛盾。例如,虽然行业协会是非营利性的组织,但其成员却是由作为市场竞争者的营利性的企业和追求利润的个人组成的,行业协会的某些活动必然导致行业性垄断的问题。因此,加强对行业协会的监督管理可以有效防止其运用自身的信息等优势控制价格、垄断生产,损害消费者利益,达到维护社会公共利益的目的。

第三,有利于克服社会组织的志愿失灵。志愿失灵是社会组织内部的局限性所致,而监督管理正是弥补志愿失灵的有效机制。[①] 为防止社会组织出现志愿失灵和“内部人控制”现象,采用监督管理并重方针成为政府治理的出发点和归宿。[②] 这要求加强政府对社会组织的政策引导,将管理职责界定为社会公共事务,合理限制政府对社会组织管理的范围和内容,避免直接干涉社会组织的活动,从直接管理转变为间接管理。加强政府监管、行业自律与社会监督相结合,引导和规范社会组织行为。

按照不同的标准,对社会组织监督管理可以有不同的分类:(1)按照

---

① 翁士洪.治理呼唤制度:教育援助的非正式制度研究.中国社会科学出版社,2015:139.

② 臧红雨.非营利组织整体性治理结构研究.哈尔滨工业大学,2009.

监督主体划分，可分为行政监督、司法监督、人大监督、社会监督等。(2)按照监督内容划分，可分为财务监督、税务监督、内部管理制度监督、印章监督等。(3)按照监督来源划分，可分为内部监督与外部监督。(4)按照监督环节划分，可分为事前监督、事中监督、事后监督。

二、浦东加强政府对社会组织监督管理的方式创新

浦东根据经济社会发展的趋势，全面施行社会组织直接登记制度，简化登记手续，鼓励和支持更多的社会组织作为社会治理的重要主体，参与政府及市场的广泛合作，参与社会服务、公共治理及市场监管的运作过程。同时，探索建立符合国际规例的社会组织监督管理机制，保证社会组织合法化和规范化的运作。浦东遵循“宽进严管”思路改进对社会组织的监管方式，把对社会组织管理的重心从前端向后移动，建立行政监管、自我监管和社会监管“三位一体”的监督管理机制，建立政府多部门联合监管机制，实现监管信息的共享互动，对社会组织的活动进行动态监督。

近年来，浦东抓住国家关于实施四类社会组织直接登记的契机，围绕实现社会组织自我监督有方、法律监管有力、政府监管有效、社会公众监督有序的现代社会组织综合监管体系，进一步加强浦东社会组织自治自律和诚信建设，通过加强年检实地检查、引入第三方力量、推动信息公开、规范法人治理结构等方式，促进浦东社会组织健康有序发展。

第一，强化政府行政管理部门监督机制。浦东要不断完善现行的年度检查制度，提高年检制度的法定性和年检结果的权威性。浦东相关政府部门定期听取社会组织情况汇报，加强与社会组织的信息沟通。强制实施社会组织重大活动报告制度，制定重大活动报告实施细则。对社会组织运作中出现的违法违规事件给予告知、警告、暂停活动及至撤销等不同程度的惩戒。

第二，建立社会组织监事监督机制。监事作为社会组织的内部监督机制，直接对会员大会负责，通过制度性安排监督理事会的决策行为和秘

书处的运作行为。浦东要提出明确要求，在规定的时间内督促所有的社会组织建立和完善监事机制，保障社会组织内部治理的有效性和运作的规范性。

第三，建立社会化的绩效评价指标。浦东要在总结社会组织评估工作绩效和经验的基础上，进一步完善总体性与专业性相结合的社会组织绩效评价指标。社会组织绩效评价指标由三个部分构成：总体性指标、专业性指标和发展性指标，既反映社会组织运作的总体性整体性要求，又体现不同类型社会组织的特定性要求，更描述社会组织的发展性要求。三个部分的占比及权重则根据条件的变化作出动态调整。社会组织绩效评价指标中的总体性指标主要包括：社会组织宗旨和愿景的认同、社会组织治理结构的优化、社会组织运作与管理的规范、社会组织信息的公开透明、社会组织激励和创新机制的作用、与社会组织利益相关者的权益维护等。浦东把社会组织绩效评估的结果对社会公开，并将绩效评估结果与向社会组织提供资源等激励措施相结合。

第四，建设社会组织运行状况的预警系统和竞争性退出机制。在建立和完善社会组织的社会监督体系基础上，浦东要率先建设动态性和预判性地反映社会组织运行状况的预警系统。预警系统是指能灵敏、准确地昭示风险前兆，并能及时提供警示的机构、制度、网络、举措等预警系统，其作用在于超前回馈、及时布置、防患于未然，从而最大限度地降低由于突发事件的发生所造成的消极影响。预警系统一般包括警情识别、警情诊断、预警决策、处置启动等环节。

预警系统建设的关键是两个方面：一方面是信息的获取，要设计内外结合的信息获取渠道。内部包括社会组织内部会员、工作人员；外部包括相关政府部门、新闻媒体（社会公众）和其他社会组织。另一方面是要设计信息分析和处置系统，包括信息标准、信息甄别、风险评估等（图 7-1）。

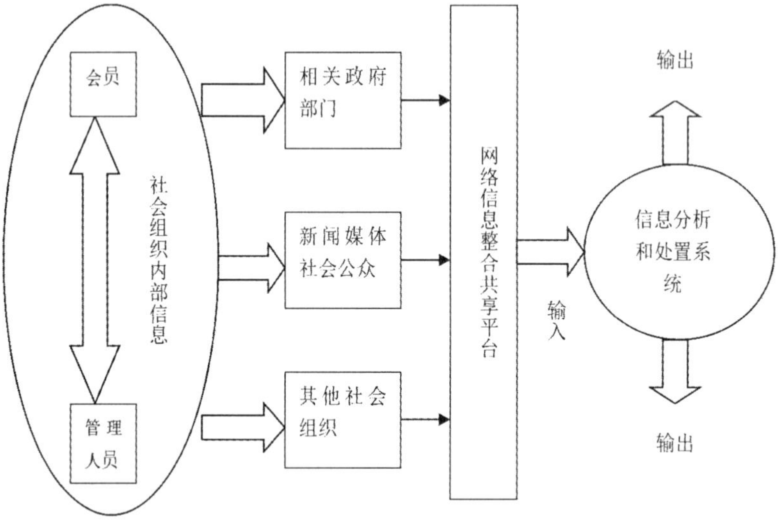

图 7-1 浦东社会组织预警系统设计构想

在社会组织直接登记体制的激励下，社会组织之间会形成一定的竞争关系，竞争不利或运作违规的社会组织必然会退出竞争。因此，要设计社会组织的退出通道：社会组织达不到规定的标准条件，或工作开展不力的，除会员退出和政府年检不予通过外，政府有关部门可以通过法定程序撤销该社会组织。原则上，对不能正常开展活动或名存实亡的社会组织，通过年度检查的方式，对逾期未接受年度检查的，登记管理部门向社会公告，自公告之日起六个月内仍不接受年度检查的，登记管理部门可予以撤销登记。对于社会组织在运作过程中出现的严重违法违规行为，在根据相关规定履行相应程序后，登记管理部门可予以撤销登记。

浦东社会组织监督管理部门在明确职责的基础上，应进一步研究确定社会组织退出的实施标准、规范流程、提供救济。

三、浦东进一步完善社会组织的社会监督体系

社会组织的社会监督是指，由国家机关以外的社会组织和社会公众

对社会组织的各种法律活动的合法性进行的不具有直接法律效力的监督。社会组织的社会监督具有预防、矫正、惩戒、保健和教育功能。

社会组织的社会监督具有广泛性、标志性和启动性的特征。首先,社会组织的社会监督虽然不具有国家监督所具有的运用国家权力的性质,但其具有在监督主体、客体、内容、范围和影响上的广泛性和普遍性,在监督方式和途径上的灵活多样;其次,社会组织的社会监督的广度、深度和完善程序,与社会组织自身民主、法治的发展进步成正比,因此具有一定的标志性;最后,社会组织的社会监督具有启动性,其积极、主动的监督方式可以引发和启动国家监督机制的运行,导致带有国家强制性监督手段的运用,甚至产生强制性的法律后果。

社会组织的社会监督主体主要包括社会公众、舆论媒体、第三方评估机构以及其他社会组织。(1)社会公众。社会公众作为社会组织的监督主体是指社会公众通过批评、建议、检举、揭发、申诉、控告等方式对社会组织及其工作人员权力行使、行为合法合理性进行的监督。(2)媒体舆论。社会组织的舆论监督是利用各种传播媒介和采取多种形式,对社会组织的行为、制度等表达和传递有一定倾向的议论、意见及看法,以实现对社会组织权力运行中偏差行为的矫正和制约。(3)第三方评估机构。第三方评估机构以其自身科学专业的视角、客观独立的立场对社会组织的行为、活动以及成果进行监督评估,在社会组织的社会监督中具有独特的价值。(4)其他社会组织。其他社会组织监督实际上是社会组织之间的相互监督,由于社会组织之间对组织特点、运行状态和服务绩效等相互比较熟悉,其监督更有针对性和介入性。

在全球科创中心建设的背景下,浦东要通过以下途径建立和完善社会组织的社会监督体系:

第一,唤醒社会公众监督意识。在建立健全社会组织的社会监督体系上,唤醒社会公众的监督意识至关重要。只有每个公民都自觉监督社会组织的行为,才能形成有利于社会组织健康发展的良性土壤。社会公众对于社会组织的监督具有独特的功能:社会公众监督能够为政府主管部门和纪检监察部门提供社会组织违法与腐败的线索与信息;社会公众监督能够有效培植社会监督氛围与社会廉洁风尚;社会公众监督能够对遏制社会组织的违法行为提供最广泛的力量源泉。

第二,充分发挥新闻媒体影响广泛的作用。新闻监督是社会组织的社会监督体系的重要组成部分,通过报刊、广播、电视、网络等新闻媒体反映社会公众的意见和要求,监督社会组织的各项活动。

新闻媒体具有指导性、真实性、时效性、可读性、群众性等方面的特征,在社会组织的社会监督方面具有非常明显的优势。首先,新闻监督的影响广泛。褒扬性的新闻报道能够有效提高社会组织的知名度与美誉度,使其可以获得更多的社会捐赠和政府资助;批评性的新闻报道能够把社会组织的失范或违法行为曝光,使其招致社会舆论的谴责和政府主管部门的处罚。其次,新闻监督能够强化社会的监督意识。新闻媒体通过广泛收集和展示社会组织的信息,使社会公众充分了解其失范或是优秀的行为,能够提升公众对社会组织的监督责任意识,从而形成社会监督的良好氛围。最后,新闻监督能够强化社会组织的自律意识,激励社会组织自觉地规范自己的行为。

浦东社会组织要建立与新闻媒体经常性联系机制。主动向新闻媒体开放,做好信息公开工作,对于社会公众普遍关注、社会反响较强的重大问题,快速反应、公开信息、因势利导。

第三,健全独立第三方评估监督制度。独立的第三方评估制度是国际上行之有效的社会组织社会监督的重要制度,建立健全独立的第三方评估制度对于保障社会组织的健康发展、促进其公信力的提升具有重要作用。首先,由独立的第三方对社会组织的运行状况进行公正、客观的评估,能够使社会公众了解社会组织的真实状况,能够极大地提升社会组织的公信力。其次,独立的第三方评估制度能够对社会组织的运行实效进行客观评判,能够总结好的经验和做法,起到典型示范作用,也能够发现社会组织发展中存在的主要问题,查明问题成因,从而找出解决问题的办法,对社会组织的健康发展具有指引作用。最后,独立的第三方评估制度能够有效弥补政府监管的不足,提高对社会组织的监督实效。

浦东建立健全独立的社会组织第三方评估制度要从三个方面着手:一要保障第三方评估机构的独立性。第三方评估制度的生命力就在于评估机构的民间性与独立性。只有实现评估机构的民间性、独立性,才能保证评估结论的客观性与公正性。二要完善独立的第三方评估的工作机制。完善第三方评估工作机制的主要内容包括完善社会组织评估指标体系、社会组织评估工作制度和评估操作程序等。只有建立起评估组织健全、评估程序完备、操作规范、运转协调的社会组织评估工作机制,才能发挥第三方评估制度的应有作用。三要正确对待独立的第三方评估制度。评判社会组织发展是否健康,通过独立的第三方评估得出的结论是一个客观公正的尺度。社会组织应当把参加第三方评估视为一面镜子,积极对待评估,虚心接受评估结论,做到以评促改、以评促建。

第四,强化社会组织的信息公开。一方面,拓展信息公开渠道。首先,政府主管部门要将应公开的社会组织信息全部予以公开,这样既有利于保障捐赠者、服务对象等社会公众的知情权,也有利于对社会组织实施有效监督。其次,要由独立评估机构对社会组织信息进行公开。独立评估机构将收集到的相关信息和评估结果向社会公众进行公开,可以起到有效的外在制约作用,监督社会组织严格按照其宗旨开展活动,减少机会主义行为。最后,充分发挥网络监督作用。网络监督具有便捷性、互动性、广泛性、高效性等特征,通过网络,信息传播快、影响范围广且具有互动性,使网民不仅可以接受各种信息,还可以多种方式发表看法、参与讨论。对于社会组织的不规范、不合法行为,可以通过网络爆料、发帖、评议等方式实现线上线下的互动,更加提高监督的效果。

另一方面,完善社会组织信息公开制度。2005 年实施的《民间非营利组织会计制度》规定了具备法人资格的民间非营利组织的会计核算与报告制度,包括全面规范的社会组织财务披露制度。浦东可参考企业财务分析的方法,针对社会组织的收支情况、运转情况进行各项财务指标与内容的分析并向社会公开公示,真实反映社会组织运营效益;除此之外,对于社会组织的年度检查报告、社会组织的评估过程结果以及有关社会组织的其他信息,都应该分层次、分类别地逐步推进公开。

第八章

灵捷智网制胜：全球科创中心建设中浦东社会组织功能作用发展趋势

全球科创中心建设给浦东社会组织加快发展提供了新的机遇。浦东社会组织立足于创新人才的精神家园、生活家园和心灵家园，以信息技术的移动化、智能化、灵捷化发展为依托，编织灵捷智慧的创新网络，为全球科创中心的创新网络注入新的动能。同时，浦东社会组织在编织创新智网的过程中找准自身转型发展的新方向，不断扩展其功能作用，塑造激发创新源泉的"科技创新共同体"、打造支持技术创新活动的全生命周期服务链、营造全社会宽容创新失败的时代新风气、构造整合全球科技创新资源的智能平台。在上海自贸试验区建设和全球科创中心建设"双动力"的推动下，浦东培育全球创新网络中有影响力的科技型社会组织、推动社会组织形成良性的竞争与合作状态、提升社会组织具有国际视野的战略管理能力、发挥社会组织促进商业与公益跨界融合的作用，正在努力迈向国际化发展的新阶段。

第一节　全球科创中心建设中浦东社会组织的转型发展

一、灵捷智网：浦东社会组织注入创新网络新动能

全球科创中心的内部存在错综复杂的创新网络，并且与其他全球性和区域性创新中心相互融合，构成辐射面更广、带动力更强的全球创新网

络。在全球科创中心的创新网络中，政府、企业、大学、研究机构、中介机构和社会组织等组织单元（主体）构成网络的节点，在科技创新活动中居于特定的地位，发挥不同的作用，进而构成创新网络的基本结构。[①] 20 世纪 80 年代以来，以互联网为基础的信息技术革命在全球范围内加速发展，造成了全社会的数字化和网络化，对社会结构、管理模式、价值观念等产生了全方位的冲击和深层次的震荡。进入 21 世纪，以移动化、智能化、灵捷化为特征的新一代信息技术得到普及和应用，“互联网＋”正在重塑和重构当代社会，推动人类社会走向“智慧社会”。

信息技术的发展和应用，不仅促进了全球创新网络发展的日新月异，而且引发了全球创新网络构成的千姿百态，从某种程度上说，全球科创中心概念的提出和形成本身就是信息技术加速全球创新网络发展的结果。在信息技术发展的推动下，全球创新网络的结构更加完整、触角更加灵敏、功能更加强大。而“互联网＋”创新更是全球创新网络出现迭代结构，更加灵捷化和智能化，并进一步演变为智慧化的创新网络（智慧之网）。

从全球创新网络的视角来看，全球科创中心是其重要的节点；从全球科创中心的视角来看，其内部也存在由不同主体构成为节点的内生网络。全球科创中心依靠其内生网络的动能吸引和集聚全球创新资源，并在全球创新网络中占据高势能的位置，成为全球创新网络的关键节点。换言之，全球科创中心依靠其内生网络形成的动能吸引和集聚全球创新资源的过程，加速了全球创新资源在更大范围、更宽领域的流动和重组，从而激发出全球创新网络的创新能力和活力。全球科创中心具有全球创新“引擎”的作用。美国的“硅谷”就是以其内生的创新网络，在相对较小的空间集聚了大量创新资源，成为全球科技创新和经济创新关键性的“核引擎”和“加速器”。

全球创新资源表现为土地、设施、资本和人才等不同的形态。在互联

---

① 李金华，孙东川，谢卓君. 创新网络的结构与行为研究框架. 科技进步与对策，2005(8).

网技术特别是移动互联网技术的影响下,全球创新资源的特点发生了新的改变:一方面,全球创新资源中土地、设施、资本等资源要素与人才要素之间的关系出现了变化,从资源要素牵动人才要素的流动,变为人才要素主导资源要素的配置,人才要素在各种形态创新资源流动和优化配置中居于主导地位,人才要素的总量集聚和结构优化成为全球科创中心建设中创新资源集聚的重点。另一方面,全球创新资源的流动加快,特别是人才资源加速度地在全球范围流动,出现借助互联网的虚拟化配置。

在创新网络中,各创新主体互有分工、各有定位,并共同学习以强化对外界系统变化的适应性和引导性,从而共同推动整个创新网络的升级和演化。也就是说,拥有更宽阔视野和更广泛联系的创新主体可能学到更多样化的经验、获得多样化的能力以及更多的机会。这样的氛围能够创造出一种有效的环境,使得建立在多种观点综合基础上的"创造性碰撞"更有可能发生。从这个观点来看,创新往往发生在各种思想、各种观点的交界处,呈现出集成性的特点,而不再受某一种知识、技能和学科基础的局限。创新网络必然要求打破现有的以科层制为主要特点的坚硬壁垒,促进创新资源特别是人才资源更加多方向、更加多形式、更加柔性化的流动和配置。

社会组织具有非行政性和非科层制的特点,不存在行政部门领导意志和正式单位(科研院所、高等院校等)权威意志的强制性的控制及影响,可以更加柔性化地整合和集成全社会创新资源。其中,科技型社会组织作为创新人才的"学术共同体",有着气味相投、精神相通、血脉相连的"天然"联系,是创新人才的精神家园,在这里,不同学科的创新人才可以平等民主地发表尚不成熟的学术研究新进展、交流和争论学术研究话题,相互启发、相互激励,激发出创新的火花和创新成果。社区服务型社会组织是创新人才的生活家园,提供优质的个性化服务,使创新人才感受到生活的丰富便利和浓郁的邻里互助气息,"我爱我家",愿意留住于此。文化体育型社会组织是创新人才的心灵家园,丰富多彩的文化体育活动使工作和生活有滋有味，强化创新人才的文化认同。

社会组织作为创新人才的精神家园、生活家园和心灵家园，为全球科创中心的创新网络注入了新要素和新动能，如同一双充满智慧的巧手穿针引线灵巧编织，使创新网络更加紧凑和密集，而且添入人性、柔性和弹性的因素，使创新网络更加灵捷化和智慧化。

二、核心优势：浦东社会组织塑造基业长青竞争力

在全球科创中心建设中，浦东在继续追求社会组织数量扩大的同时，要更加重视社会组织的质量提升。对浦东社会组织而言，质量提升的重点在于尽快形成专业化的核心优势。

近年来，学术界把企业管理学核心竞争力的理念和方法引入对社会组织的研究中，提出了社会组织核心竞争力的概念，并据此提出社会组织核心能力的概念内涵和结构。例如，有学者从非营利组织核心能力的管理流程进行论述，认为整个管理流程由核心能力的选择、建设、使用和保护四个过程构成，并在此基础上研究基于核心能力的目标管理、人力资源管理和营销管理及其对非营利组织核心能力的影响。① 有学者从组合公益性的角度指出，公益性作为非营利组织的根本价值准则，是推动非营利组织发展的核心能力，而公益目标的实现程度是检验非营利组织实际状况的基本标准。②

浦东是我国制度创新的国家级试验基地，无论是浦东综合配套改革试点、张江国家自主创新示范区，还是上海自贸试验区、上海建设具有全球影响力的科创中心，都是我国改革开放新的阶段的国家战略，浦东都义不容辞、肩负重任、率先探索、勇于实践，形成可借鉴、可复制的做法和经验，为全国的制度创新提供模板和范例。在一系列可借鉴和可复制的做法中，包括探索社会组织在上述制度创新中所发挥的作用，或者说社会组

① 曹雁翎.中国非营利组织的核心能力管理.东北财经大学学报，2004(1)

② 沈亚平，陆明远.公益与效率：中国非营利组织的目标体系研究.学会，2006(5).

织发挥特定作用本身就是制度创新内在的组成部分。同时,社会组织与社会组织之间、社会组织与其他组织之间存在着一定的竞争－替代关系,要求每个社会组织在竞争过程中形成自身的专业优势和特定能力,发挥出自身独有的作用。

20世纪90年代,美国斯坦福大学的两位学者,在对18家卓越非凡、长盛不衰的公司深入研究的基础上,发现了使杰出公司出类拔萃的永恒品质,提出了保持公司基业长青的基因和密码,也为21世纪各类组织的可持续发展提供了实用的概念框架。在全球科创中心建设的总目标下,浦东社会组织要嫁接基业长青公司的基因,注入强烈的进取欲望和成功精神,形成清晰的战略目标体系和坚持专业化发展的原则。唯有如此,才能保证浦东社会组织在竞争中获得有利的生存空间,在创新中争取更大的作为天地,成为基业长青式的组织。

三、生态集群:浦东社会组织集聚协同发展整合力

全球科创中心建设需要依赖良好的生态系统,社会组织的发展同样也需要良好的生态系统。根据生态学的理论,生态系统是指在一定的自然空间范围内,生物与环境之间相互影响、相互制约所构成的统一整体,并处于相对稳定的动态平衡状态。生态系统的主要特点是:(1)依存性。在某一生态系统中,生物与环境之间、生物与生物之间互为存在的条件,失去任何一方,该生态系统即可能面临瓦解。(2)互动性。生态系统的各组成部分之间呈现出相互影响、相互制约的耦合过程,由此构成的统一整体是动态性的整体。(3)平衡性。在一定的时间段内,由于生态系统各组成部分之间相互影响使力量趋于平衡,所构成的统一整体会处于相对稳定的暂时平衡状态。

社会组织的成长和发展需要良好的生态环境也是一种动态平衡状态。一方面,社会组织的发展必须适应某一时间段的特定的环境要求;另一方面,社会组织的高密度集聚和协同性发展也会影响和改变环境结构,推进形

成更有利于社会组织发展的环境。因此，浦东要抓住国家赋予的制度创新试点和试验的机遇，加快社会组织集聚集群的进度，构建社会组织合力协同的机制，形成浦东社会组织发展的良好生态系统。具体的措施主要是：

第一，借助全球科创中心建设的优势形成科技类社会组织集聚区。在作为全球科创中心建设核心承载区的张江高科技园区、金桥出口加工区、陆家嘴金融贸易区等区域建设科技类社会组织集聚区。加快促进登记注册改革、税收减免、行业参与、年检评估、政府财政扶持和购买服务等改革政策，在科技类社会组织集聚区真正落地。第二，借助自贸试验区的优势推动行业协会商会参与市场监管。浦东各政府监管部门要把适宜于行业组织商会行使的职能委托或转移给行业协会商会，形成行业协会商会参与市场监管的职能“清单”。以行业发展的共性问题和共性需要作为突破口，形成行业协会商会在市场监管中的特定优势。第三，借助公益组织孵化载体的优势完善公益生态链。充分发挥公益组织孵化器、公益服务园区、公益一条街等公益组织孵化载体的作用，加快试点社区公益组织可持续发展的新模式，探索社会服务的多种实现途径，促进在公益发展中社会组织与政府、企业及社区公众多方合作方式的成熟。

四、公益金融：浦东社会组织促进社会创新规模化

随着我国社会转型的加快和公益事业的发展，越来越多的社会组织开始关注政府、市场和第三部门的跨界合作，运用金融工具以更公平、更有效率、更可持续地解决社会问题。正是在这一背景下，近年来我国一些社会组织开始引入和探索国际上方兴未艾的公益金融。

虽然目前公益金融概念的表述并未达成完全的共识，但一般认为，金融公益是在共治理念下，借助金融手段的流动性和杠杆效应，以更有效地解决社会问题。[①] 公益金融是一种区别于传统金融模式的新型投资及财

① 周凌一，李勇. 公益金融：概念、体系及功能. 中国非营利评论，2015(2).

富管理方式，是带有公益色彩（社会目标）的金融行为，注重在产生经济回报的同时也为社会带来福祉。①

公益金融的主要形式包括公益众筹、公益创投、公益信托等。公益众筹是公益机构或个人通过将公益项目展示在互联网平台上，向网民筹集资金来完成项目目标。其特有的低门槛优势，极大地释放了民间公益活力，往往可以产生意想不到的筹资效果。② 公益信托是为了一般或特定公益目的而设立的，所得收益全部用于定向公益捐赠。根据《信托法》第60条的规定，为了下列公共利益目的之一而设立的信托，属于公益信托：(1)救济贫困；(2)救助灾民；(3)扶助残疾人；(4)发展教育、科技、文化、艺术、体育事业；(5)发展医疗卫生事业；(6)发展环境保护事业，维护生态环境；(7)发展其他社会公益事业。2014年，银监会下发了《关于信托公司风险监管的指导意见》，要求"完善公益信托制度，大力发展公益信托，推动信托公司履行社会责任"，并把公益信托列为信托业转型的六大方向之一。公益创投是将商业领域的创业投资和风险投资引入公益领域以及社会组织的培育方面。在西方国家的实践中，公益创投这一形式，除提供资金、帮助社会组织提高管理水平、加强能力建设外，还需要接受资金方提供适当的利润返回，使投资方有一定的投资回报。③

从长期目标来看，发展公益金融有利于促进金融回归为社会创造财富的公益本源，有利于促进慈善公益作为对社会价值观的投资而获得持续发展的能力，有利于促进社会组织加快向现代社会组织转型的步伐，有利于促进实现可持续的社会发展变革。在浦东，社会组织长期开展的丰富多彩的爱心活动和慈善活动，在全社会营造了浓郁的公益氛围，同时在建设国际金融中心的目标下，浦东云集了大量的金融机构，因此，浦东探索公益金融具有得天独厚的条件和优势。浦东社会组织要在推动公益金

---

① 葛江霞.公益金融是新机遇下的"公益+".社会与公益，2015(10).

② 郭宇曦.探讨"互联网+金融+公益"新模式之公益众筹.决策与信息，2016(6).

③ 公益创投：用创新项目提供社会服务.人民政协报，2016-02-25.

融发展方面积极作为，架设社会组织与金融机构、投资机构、政府、大学、企业社会责任部门跨界合作的桥梁，主动开展公益创投、公益信托等方面的探索实践，实现让有愿景的财富改变世界的理想。①

第二节　全球科创中心建设中浦东社会组织功能作用的扩展

一、塑造激发创新源泉的"科技创新共同体"

在全球科创中心建设的视野下，强调科技类社会组织的着力点在于塑造"科学共同体"。在现代社会日益庞大的"科技创新共同体"中，为形成有机的创新网络，在刚性化的组织结构基础上，需要有一种柔性化的组织系统和运作机制，承担科学交流、信息传递的功能，提供学术交流平台，组织学术交流活动等功能，为创新人才营造宽松、自由、平等的民主学术气氛，满足创新人才十分迫切的学术发展和职业发展的需求，吸引和集聚创新人才，使创新人才陶醉于创新创业之中。

1. 浦东四大开发区企业创新人才参加学术活动的情况调查

为了从创新人才（科技工作者）的角度了解其对科技类社会组织的需求及评价，本书对浦东四大开发区（张江高科技园区、金桥经济技术开发区、陆家嘴金融贸易区、外高桥保税区）企业的创新人才参加学术活动情况进行了问卷调查，以随机抽样的方法，发放问卷 300 份，回收 208 份，回收率为 69.3%，其中，有效问卷 207 份，问卷有效率为 99.5%。

第一，企业创新人才未参加科技类社会组织者居多。浦东四大开发区企业创新人才学术团体的参加率不高，但在各层级学术团体的分布中较为平均。已经参加各类学术团体的被调查者为 48 人，占有效样本总数

① 盛佳婉，罗莉琼. 公益金融：让有愿景的财富改变世界. 深圳特区报，2015-11-03.

的 23.2%,其余的创新人才均未参加任何学术团体,占样本总数的 76.8%。在参加各类学术团体的创新人才中,加入全国性或海外学术团体的 12 人、加入省级学术团体的 11 人、加入地级市与区县学术团体的 18 人、加入其他类学术团体的 7 人(图 8-1)。

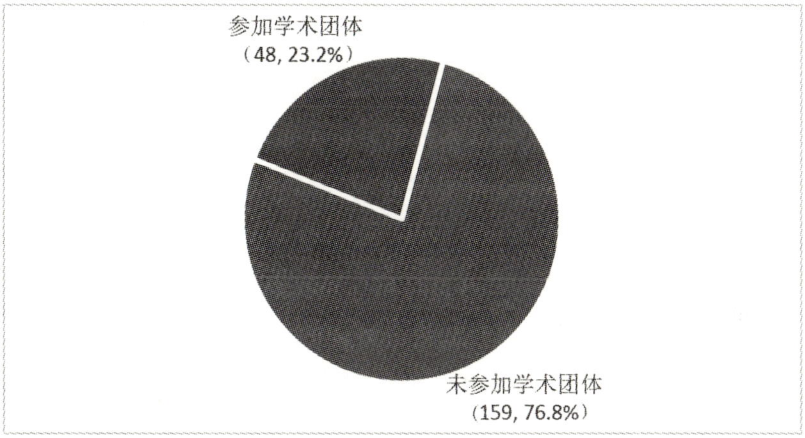

图 8-1　企业创新人才参与学术团体情况分布图

第二,企业创新人才对于参与学术活动意愿较强。浦东四大开发区企业创新人才对学术活动均具有较强的参与意愿。其中,很愿意参与的有 34 人,占被调查者总数的 16.4%;愿意参与的有 121 人,占被调查者总数的 58.5%;参与意愿一般的有 50 人,占被调查者总数的 24.2%;不愿意参与的仅有 2 人,占被调查者总数的 0.9%(图 8-2)。这些数据说明企业创新人才对学术活动均有较高的兴趣与较好的态度,但很愿意参与学术活动的创新人才仅占到 16.4%,这还需要进一步探究其深层原因。

浦东四大开发区企业创新人才在一年中参与各种类型学术活动的有 126 人,占被调查者总数的 60.9%,有 81 人未参加学术活动,占 39.1%(图 8-2)。总的来说,浦东四大开发区企业创新人才学术活动的参与度相对较高,但考虑到全球科创中心建设对开发区在科技创新方面提出的更高要求,企业创新人才的学术活动参与度明显不足。

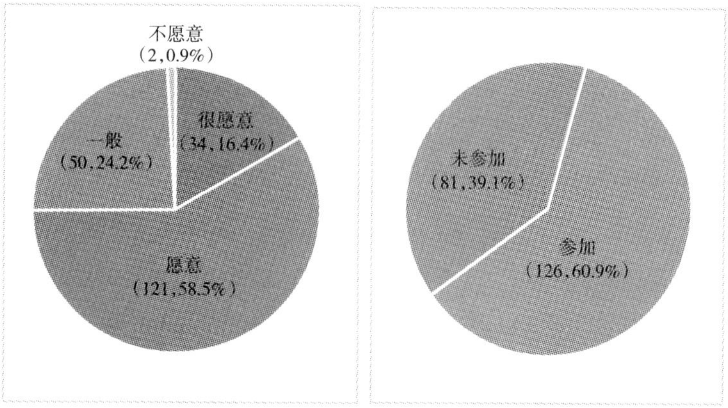

图 8-2　企业创新人才学术活动参与的意愿与实际参与情况

浦东四大开发区企业创新人才参与的学术活动形式较为多样，包括一般意义上的学术交流、实践类科研活动、课题研究、成果推广、科技普及等等。在一年中，有 156 人参与学术交流活动、111 人参加实践类科研活动、132 人参加课题研究、125 人参加成果推广活动、84 人参加科技普及活动，还有 5 人参加其他类型的学术活动，平均每人参与 2.96 种不同类型的学术活动(图 8-3)。但是，企业创新人才参与的这些学术活动多为传统的活动形式，学术活动形式新颖性不足。

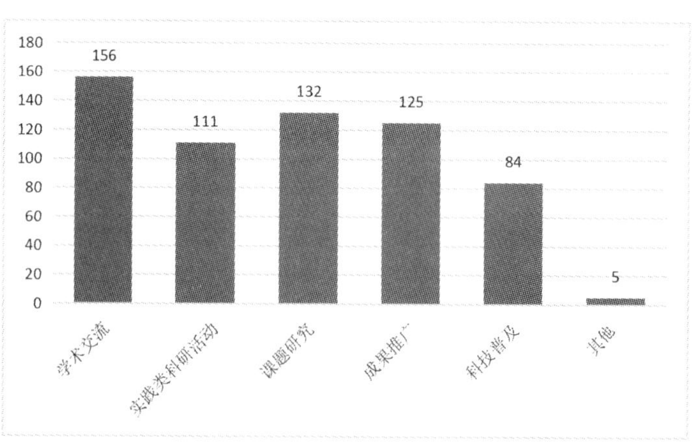

图 8-3　企业创新人才参与的学术活动情况

第三，企业创新人才对各类学术活动的整体满意度处于中上水平。浦东四大开发区企业创新人才对举办的各类学术活动的整体满意度处于中上水平，浦东科协、科委以及区级学术团体在相关学术活动举办方面作用发挥显著，对企业创新人才科研能力的提升也有很大的帮助。当然，当前举办的各类学术活动中也存在活动形式单一、活动影响力不足、活动连续性不强等问题。

对于举办的各类学术活动，以满意度 5 分为满分，企业创新人才的整体满意度为 3.34 分，处于中上水平。比较而言，创新人才对活动内容的满意度最高，为 3.39 分；活动形式与获取渠道满意度次之，分别为 3.35 分与 3.33 分；对活动效果的满意度最低，为 3.30 分(表 8-1)。因此，各类学术活动更应着眼于企业创新人才的需求，在活动内容设计、活动形式考虑以及活动信息发布等方面投入更多的精力，能够真正地吸引创新人才，提升活动的效果与整体满意度。

表 8-1　企业创新人才对学术活动举办的满意度

内　容	满意度
活动内容	3.39
活动形式	3.35
获取渠道	3.33
活动效果	3.30

在各层次学术团体举办的各类学术活动中，以对企业创新人才科研能力提升的帮助程度以 5 分为满分，参与者认为得到帮助的整体得分为 3.77 分，帮助成效显著。其中，浦东区级学术团体举办的相关学术活动参与度最高，对参与者科研能力提升的帮助程度也最高，分别为 38.65％与 3.96 分。上海市级学术团体、全国性学术团体以及海外学术团体参与度与帮助度均处于中等水平。开发区内学术团体的参与度与帮助度最低，分别为 17.87％与 3.54 分(表 8-2)。

表 8-2 企业创新人才对各层级学术团体举办的学术活动参与度与帮助度

层　次	参与频数	参与百分比	参与者得到帮助的程度
海外学术团体	38	18.36%	3.76
全国性学术团体	57	27.54%	3.81
上海市级学术团体	64	30.92%	3.77
浦东区级学术团体	80	38.65%	3.96
开发区内学术团体	37	17.87%	3.54

第四,企业创新人才对各类学术活动存在问题的看法。在举办的各类学术活动存在的问题方面,活动形式单一、活动连续性不强、活动影响力不足成为浦东四大开发区企业创新人才关注的主要问题,选择该三项问题的企业创新人才分别为 92 人、78 人、77 人,均占到被调查者的 1/3 以上(图 8-4),这一结果也与满意度的评价结果相呼应,即学术活动的活动形式、内容、效果等有待进一步的提升。

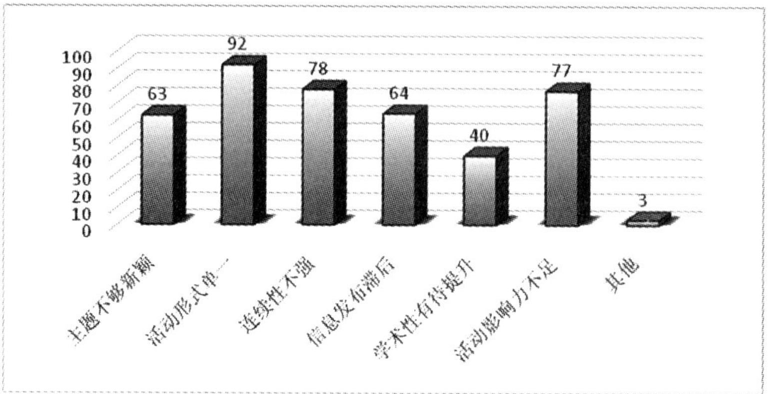

图 8-4 当前各类学术活动存在的主要问题

2. 浦东发挥科技类社会组织科技创新共同体作用的具体对策

第一,成立专项基金支持科技类社会组织开展形式多样、充满活力的学术活动。学术活动以促进学科发展、学术交流、科学研究等学术共性话题为主题,具有权威性、智密性、互动性等特点,是推动学科发展和科技创新最为有效的形式,也是科技类社会组织最为基本的作用。

第二,加强科技类社会组织学术认定的重要作用。作为创新人才自己的组织,科技类社会组织具有学术权威性和公正性,要把学术成果评价、职称评定、资格认定、各级奖励项目(国家科技奖励项目、上海科技奖励项目、浦东科技奖励项目)的评审(初审)等工作交给科技类社会组织承担,并最终使科技类社会组织成为学术认定最为重要的主体。

第三,把科技类社会组织作为科技人才举荐的重要渠道。在中国科学院院士和中国工程院院士提名及候选人初、遴选,其他国家院士推选,国家自然科学基金委员会创新群体推荐、国家"千人计划"人选、上海"千人计划"人选评选中,进一步明确科技类社会组织作为推荐主体所起的作用及作用方式并将其制度化。

第四,鼓励科技类社会组织服务企业技术创新。浦东科技类社会组织发挥智力密集优势,有针对性地组织院士专家进入企业,"零距离"为企业提供高端智力服务。在涉及新能源、新材料、先进制造、电子通信、生物医药等浦东重点产业领域的高新技术企业和高科技园区,建立院士专家企业工作站(室),有院士和专家及其团队成为"驻站专家"。

二、打造支持技术创新活动的全生命周期服务链

在对科技创新过程的研究中,一般认为技术创新具有路径演化的特征,是生命周期的跃进性过程。[①] 技术创新的生命周期经历创新设想、计算机建模、实验室实验、中试放大、批量生产、规模生产、售后服务等环节。在技术创新生命周期的各环节,社会组织都能大显身手,提供各种专业化服务。

第一,大力支持科技中介服务机构(社会组织)的发展。在全球科创

① 张敏,刘从九.技术创新生命周期的人力资源配置模型探析.经济研究导刊,2006(3).

中心建设的目标下，浦东要大力引进和加快发展科技中介服务机构（社会组织），为科技创新提供各类专业服务。目前，浦东十分迫切需要发展的中介服务机构包括会计师事务所、律师事务所、资产评估事务所、知识产权事务所、人才资源服务机构、金融服务机构、信用服务机构、科技成果转化服务中心等。浦东尤其需要制定特殊政策，吸引全球有影响力的科技中介服务机构进入浦东设立分支机构，开展业务活动。

第二，构建完善的公共技术服务体系。浦东要根据技术创新生命周期的特点，创新机制实现不同科技中介服务机构的相互链接和配合，在浦东构建起全国领先的覆盖整个技术创新过程所有环节的全生命周期服务链，促进人才、技术、资金、信息等创新资源的集成和共享。

第三，推动建立区域性知识产权保护联盟。知识产权制度的完善有利于激励技术创新，促进先进技术成果扩散，是技术创新发展的重要保障。在全球科创中心建设中，浦东要充分认识知识产权作为无形资产和竞争武器的重要价值及其在开拓和占领国内外市场、保护竞争优势和发展后劲方面的积极作用，要从企事业单位科研、经营策略和发展战略的高度上重视和看待知识产权问题，加强保护知识产权，完善利益激励机制。

浦东要在加快发展专业从事知识产权保护的社会组织的基础上，推动建立由政府部门、创新企业以及知识产权保护社会组织联合组成的区域性知识产权保护联盟，进一步完善以知识产权促科技创新的利益激励机制。

三、营造全社会宽容创新失败的时代新风气

1. 公民科学素质的提升是营造创新环境和风气的社会文化土壤

一个国家和地区的竞争力在很大程度上取决于该地区公民理解科学知识、运用科学方法和科学思维的能力，也就是公民的科学素质。《全民科学素质行动计划纲要（2006—2010—2020）》中对公民科学素质的内涵作了明确阐述：科学素质是公民素质的重要组成部分。公民具备基本科

学素质一般指了解必要的科学技术知识,掌握基本的科学方法,树立科学思想,崇尚科学精神,并具有一定的应用它们处理实际问题、参与公共事务的能力。

20世纪90年代以来,随着浦东开发开放的持续推进,各类高素质专业人才持续地汇聚浦东创新创业,同台竞争、大展身手,不仅为浦东的发展注入源源不断的智力资源,而且带来全球多样化文化的碰撞、借鉴和融合,形成崇尚科学、勤于学习的氛围,不断追求卓越、激发无限活力。在浦东,人们普遍重视教育,自觉学习、终身学习已蔚然成风,为公民科学素质的提升奠定了重要的基础。人们特别重视新知识的学习,关注科学的新发展,对各种科技新闻的感兴趣程度较高,参与科普活动比较积极,在日常学习的潜移默化中,加深对现代科学技术发展在社会经济发展中所起重要推动作用的理解。同时,对科学技术发展成果及应用有着更加积极的科学态度,对待争议性的问题能够基于自身掌握的科学知识表达明确的态度和倾向,使公民科学素质发展具有深厚的理性底蕴。

公民科学素质是衡量经济社会发展和全社会创新能力的基础性指标,是建设全球科创中心的重要基础和充分保障。要实现建设全球科创中心的目标,必须深深植根于热爱科学、关注科技、具有较高科学素质的公民群体之中,形成真正理解科学、积极支持创新、勇于投身创新的社会共识。换言之,提升公民科学素质有利于营造全社会尊重科学、热爱创新的时代风气,有利于增强科技创新能力的人力资源基础,也使全球科创中心建设形成了有利于科技创新活动的肥沃的文化土壤。

2. 浦东社会组织营造有利于创新的社会环境的具体措施

在全球科创中心建设过程中,浦东要充分发挥社会组织在提高公民科学素质中的重要作用。社会组织集聚了大量的专业人才,尤其是科技类社会组织汇聚来自全球的创新人才,有能力通过开展各种活动,实现其促进科技发展和科学普及的宗旨,从而为全球科创中心建设营造有利的社会环境。

第一，积极组织和参与科普活动。社会组织具有灵活性和专业性的特点，在满足社会公众贴近生活、多样需求的科普服务中，使科普无处不在、触手可及。近年来，随着网络化技术及应用的快速发展，社会组织借助互联网平台，使其优势进一步放大和叠加，更好地集聚科普资源和扩散科普影响。

浦东社会组织要通过主办科普杂志、组织科普讲座、举办科普展览、开辟科普画廊、开展专题性科普宣传等活动，使社会公众了解必要的科学技术知识，掌握基本的科学方法，树立科学思想，崇尚科学精神，并具有一定的处理实际问题、参与公共事务的能力。发挥浦东高科技企业、高端研发机构和重大科学研究设施密集的独有优势，以社会组织为主开展实验室开放日、高科技企业参观、重大科学研究设施考察等活动，以增强科学普及的现场感和专业性。

第二，大力组织宣传活动。社会组织作为创新人才的科技创新共同体，以其专业权威性通过大力宣传创新人才创新创业的成果，在全社会形成更加认同以创新为荣的价值观、理性的批评精神、开放协作的竞争观、不畏失败的风险意识和允许失败的宽容态度。

鼓励以浦东社会组织为主体设立各类优秀创新人才奖项，组织开展对浦东优秀创新人才奖的评选和奖励工作，并且推动一些奖项辐射长三角区域和全国范围，成为行业公认的国内著名的科技类奖项，如由位于浦东的上海市生物医药行业协会主办的"谈家桢生命科学奖"，已经成为国内生物医学界公认的权威奖项。浦东社会组织要设立不同的资助项目，资助青年创新人才参加国际学术会议、出版专著等。浦东社会组织要积极开展浦东科技创新成果的展示会、优秀创新人才见面会等活动，借助于微信、微博等网络载体进行精准化宣传，使"深宅大院"中的创新成果和优秀人才成为浦东创新闪亮的名片和万众瞩目的明星。

第三，介入科技公共话题。社会组织主动介入科技发展相关的公共话题，组织创新人才对社会公众关注的科学发展和科技进步的重大问题作出专业解释和科学普及,引导社会公众理性地对待科技发展所带来的各种影响。

浦东社会组织要建立发布机制或发言人制度,在重大科技战略决策、重大科技成果方面,在经济、社会和全球科创中心建设中涉及的重要科学问题方面,在生态环境、人类健康、生活安全等突发事件方面,在社会上出现的重大的非科学倾向方面,组织创新人才及时进行权威性的诠释和宣传,传播科学正能量,提高广大社会公众对重大科学问题的认知和判断能力。

第四,汇聚志愿人员队伍。社会组织是以社会公益事业、慈善事业和社会服务事业为主要宗旨,通过发展公益事业推动实现公共利益,这与科普的公益事业性质相一致。因此,公益性作为社会组织的本质特点,意味着其不存在追求利润的冲动,因而能够形成独特的优势,其中最为重要的优势是志愿精神。

浦东社会组织要重视志愿人员队伍建设,善于整合不同的社会资源,充分发挥社区、学校和企业等的优势,使全社会不同的阶层都加入到志愿人员队伍,在浦东形成一支数量充足、结构合理、动态优化的科技创新和科普宣传的志愿人员队伍,不仅满足浦东科普工作的需要,而且也使得浦东有利于创新的良好环境具有更深厚的社会基础。

四、构造整合全球科技创新资源的智能平台

1. 科技创新资源智能平台的含义和作用

平台,本意为生产和施工过程中为操作方便而设置的工作台,也泛指进行某项工作所需要的环境或条件。随着社会物质文明和精神文明高速发展,"平台"一词也有了更为广泛的内涵,它更多地成为一个舞台,是人们进行交流、交易、学习的,具有很强互动性质的舞台。在这种意义上,平台型组织成为社会中人力、技术、资金、仪器设备等各类资源交互汇集的组织体系,可以为各类社会主体高效便捷地提供相关需求资源,从而实现

各类资源的及时对接与有效配置。因此,平台型组织的能力应体现在对资源的集成整合能力、资源的共建共享能力以及基于资源集成共建提供的专业服务能力三个方面。

平台型科技组织是指整合型的科技成果转化服务体系和开放型的科技基础设施及公共服务体系。知识产权交易中心、工程技术中心、技术创新服务平台、专业技术服务平台、研发公共服务平台等都是平台型科技组织的典型代表。在全球科创中心建设的背景下,由于平台型科技组织能够整合科技创新相关资源、提供科技创新各类服务,因此其地位得到进一步的凸显,对其能力的相关要求也进一步提高。总的来说,平台型科技组织应进一步突出其对人才、资金、技术等资源的集成能力,突出其对数据、设备的收集、共建、共享能力,以及突出其基于各类资源所提供的管理咨询、科技评估、专利服务等专业服务能力,在移动化、智能化的平台上能够更加有效地整合全球科技创新资源。近年来,异军突起的孵化器类科技机构(孵化器、众创空间等),以市场化机制、专业化服务和资本化途径构建起全要素、共享型、开放式的新型成果转化和创业服务平台,其具有的创新资源整合的功能和作用,符合全球科创中心建设中要求柔性化地以增量创新资源对存量创新资源进行重新组合和链接的新趋势,可以视为准科技类社会组织。目前,浦东已经涌现出一批孵化器类科技机构,并展现出蓬勃的发展势头。

2. 浦东发展科技创新资源智能平台的建议

第一,建设一批科技产业孵化机构。浦东面向重点发展的高新技术产业和特色产业,建设一批国家级和市级的企业孵化器与生产力促进中心,吸引国内外一流科技企业家和创业人才进入浦东创新创业。围绕战略性新型产业发展要求,重点建设软件、生物等专业孵化器;围绕浦东区域特色产业,重点建设特色产业孵化器和专业化生产力促进中心。

第二,建设一批产业战略联盟。在战略性新兴产业领域,以行业协会等社会组织为主体,推动建设各类联盟性组织,以加强企业集聚、产业集群和创新集群,打通产业链和创新链,在浦东形成战略性新兴产业的集聚和创新高地。浦东要出台专门政策,积极推动全国及长三角区域产业战略联盟在浦东落地,使浦东成为我国产业战略联盟最集中的区域。

第三,建设一批研发公共服务平台。发挥浦东研发机构和高新技术企业集中的优势,建立由政府支持、社会组织运作的研发公共服务平台,以共享性思维和市场化机制,借助互联网虚拟地连接不同单位的实验设备、监测设备、实验室及各种机构等,不仅为浦东,而且为全国乃至全球的科技创新和研发活动提供专业化的服务。

第四,建设一批公益性研发机构。在浦东试点以社会服务机构的名义建立公益性的研发机构,采用"民办官助"的形式,以避免传统"官办"科研机构在人才培养、评价体制和运行机制方面的束缚。作为新的创新平台,公益性研发机构可以体现出极高的创新效率和内在的产业化动力,解决在源头创新领域长期存在的科技与经济"两张皮"的问题,成为进一步激发浦东创新活力的新"引擎"。

第三节　全球科创中心建设中浦东社会组织迈向国际化的趋势

一、培育全球创新网络中有影响力的科技型社会组织

在全球科创中心建设中,打造有全球影响力的科技型社会组织,这既是建设全球科创中心的重要标志,也是实现全球科创中心建设目标的重要条件。在国际上,作为全球科创中心的重要标志之一是拥有具有全球影响力的公认权威性的科技型社会组织(如科技学会、行业协会、科技服务机构等)。因此,浦东必须把打造具有全球影响力的科技型社会组织作为重要的目标任务和显示标志。

浦东培育全球创新网络中有影响力的科技型社会组织,可以采取的

主要措施包括:(1) 重点支持浦东科技类社会组织塑造具有行业领域内全球影响力的品牌项目。梳理浦东科技类社会组织的各项品牌项目(包括学术研讨会、学术年会、科技评奖、科技展示会、科技成果交易会等),对已经具有区域性乃至全球性影响的品牌项目,政府有关部门应协助科技类社会组织制订发展规划,力争在浦东出现具有行业领域内全球影响力的品牌项目。(2) 支持浦东科技类社会组织推荐创新人才和行业权威人士到国际性科技类社会组织担任常务理事和主要领导人,增强在全球科技类社会组织中的发言权。(3) 支持浦东科技类社会组织发挥科技思想库(智库)和科技人才库的作用,链接和引入全球创新资源参与"上海张江综合性国家科学中心"建设。(4) 支持由浦东科技类社会组织牵头组织参与全球科技交流活动和重大科技合作项目。

二、推动浦东社会组织形成良性的竞争与合作状态

1. 浦东的合作型治理模式已具雏形

在上海自贸试验区建设和全球科创中心建设"双动力"的推动下,浦东将进一步加快向世界开放的步伐,将更加全面地与国际接轨,按照国际惯例和国际规则推进经济领域和社会领域的治理制度创新。

20 世纪 90 年代,在全球兴起的治理理论的核心理念是平等、互信、协商、共识及合作,更加强调多主体之间的共存共生,互动合作。[①] 现代社会治理不仅需要社会组织协助政府实现社会治理,而且需要通过政府与社会组织的合作实现社会共治,体现出政府与社会组织在平等基础上的合作型治理模式。在浦东的创新实践中,这种符合全球趋势的合作型治理模式已具雏形。

随着浦东国际化发展的不断深化,社会组织在合作治理模式中的作用越加重要。例如,在上海自贸试验区建设中构建的混合型监管模式,要

① 张良. 我国社会组织转型发展的地方经验:上海的实证研究. 中国人事出版社,2014:19.

求发挥社会组织的积极作用,包括发挥行业协会的行业自律作用、发挥利益相关者组织(消费者维权组织等)的主动监督作用、发挥中介服务机构的专业服务作用等。[①] 在全球科创中心建设中要求促进科技中介服务集群化发展,发挥科技类行业协会作用。

与此同时,浦东更加全面和深度地对外开放,不仅要吸引更多的全球大企业和创新型企业落户浦东,而且也要吸引更多的社会组织和科技中介服务机构进入浦东,在研究开发、技术转移、检验检测认证、创业孵化、知识产权、科技咨询、科技金融等专业科技服务和综合科技服务领域,以及培育市场化新型研发组织、研发中介和研发服务外包新业态等领域,引入全球性资源,带来国际通行做法和成功经验,有助于在全球科创中心建设中编织全球创新网络。也就是说,浦东的合作型治理模式将进一步纳入国际化元素。

浦东的合作型治理模式将进一步走向国际化,对浦东社会组织而言是机遇与挑战并存:一方面,国际化发展将给浦东社会组织确定新的发展目标、注入新的发展动力;另一方面,国际化发展将给浦东社会组织带来新的竞争压力。浦东社会组织应当抓住机遇,变竞争压力为改革动力,加快国际化转型发展。

2. 浦东社会组织主动迎接良性的竞争与合作

第一,浦东社会组织要建立新型的竞合理念。20 世纪后期,企业战略管理研究中提出了竞争合作理论,强调企业经营活动中合作的重要性,即竞争与合作并存,可以有效克服传统企业战略理论过分强调竞争的弊端。在竞争合作理论的基础上出现了"竞合"的理念,双方或多方保持一种即竞争又合作的关系,在竞争中实现优胜劣汰,在合作中谋求更好共存。浦东社会组织的发展面临不同层次的竞争,包括社会组织与政府之间的竞争、不同类型社会组织之间的竞争、浦东社会组织与国际社会组织

---

① 张良.自贸试验区建设与政府扶持社会组织方式与途径创新研究//黄宏.中国(上海)自由贸易试验区与社会组织创新研究.华东理工大学出版社,2015:77-78.

之间的竞争，但是，治理所追求的多元参与、互动合作的目标，其本质是各方通过合作性而非破坏性的竞争最终实现共赢。也就是说，在竞合理念下要求各方求同存异，立足共同利益和共同目标，在资源优势、价值、战略等方面达成互信、形成互利，实现共生。

第二，浦东社会组织要积极参与政府购买公共服务。政府购买社会组织公共服务既是提供公共服务的制度创新，也是社会组织赢得政府认可的有效途径。在浦东，政府购买社会组织公共服务已经蔚然成风。浦东社会组织要主动呼应政府变革的要求，严守流程规范、突出核心能力、强化项目管理、重视服务绩效，在积极参与政府购买社会组织公共服务中强化互信合作，在与其他社会组织竞争公共服务项目中体现差异化服务特色和提高优质化运作能力。

第三，浦东社会组织要主动与国外社会组织同台竞技。浦东要根据全球科创中心建设急需完善专业科技服务和综合科技服务体系的现实要求，加大创新突破力度，先行先试，在研究开发、技术转移、检验检测认证、创业孵化、知识产权、科技咨询、科技金融等领域，推动引入全球著名的专业机构和社会组织来浦东设立分支机构，提供专业化服务。浦东社会组织既可在与国外社会组织的合作中学习国际通行做法和成功经验，又可在与国外社会组织的同台竞技中提高专业服务水平和形成核心竞争能力。

第四，浦东社会组织要大胆走向国际开展合作。浦东社会组织要大胆跨出一步，与国外社会组织建立广泛合作，与一些重要的国际性社会组织和机构建立制度化的联系，成为浦东创新人才开展国际学术交流、加强基础研究合作、加快科技成果转化的主渠道。浦东有条件的社会组织要作为组织者，组织浦东创新人才积极参与重大的国际性合作研究项目。

三、提升浦东社会组织具有国际视野的战略管理能力

1. 社会组织战略管理的内涵和要素

"战略"一词原是军事用语,既有一种全局性的眼光和计策,又涉及多种战术、方法,是总体性目标定位与操作性战术及方法的有机结合。进入20世纪后,"战略"一词开始被用于商业(企业)领域,形成企业战略管理理论。20世纪中后期,战略管理思想和理论被运用于公共组织(包括社会组织)的发展管理,形成战略管理能力已经成为全球社会组织发展的趋势。

战略管理是指,对一个组织在一定时期具有全局性、长远性的发展方向、目标、任务和政策,以及为实现目标、任务而对资源调配作出的决策和管理,包括组织在完成具体目标时对不确定因素作出的一系列判断、组织在环境分析活动的基础上制定战略等。战略管理是一种综合性、动态性的管理理念和管理方式,是组织内部资源优势与外部竞争条件的优化运用结果的形成过程。在社会组织发展中引入战略管理的思想和理论,主动实施战略管理,有利于其在急速变化的社会环境中快速调整发展状态,找准发展定位,明确自身优势,发现存在不足,充分利用现有资源,积极挖掘潜在资源,进一步增强社会组织的能动发展能力、持续发展能力,实现社会组织的持续稳步发展。对浦东社会组织而言,面对国际化趋势下的竞争格局,更要未雨绸缪、谋定而动,从战略的角度确定自身的发展目标和实施路径。

社会组织战略管理必须具备四个要素,即战略分析、战略制定、战略实施和战略控制(图8-5)。

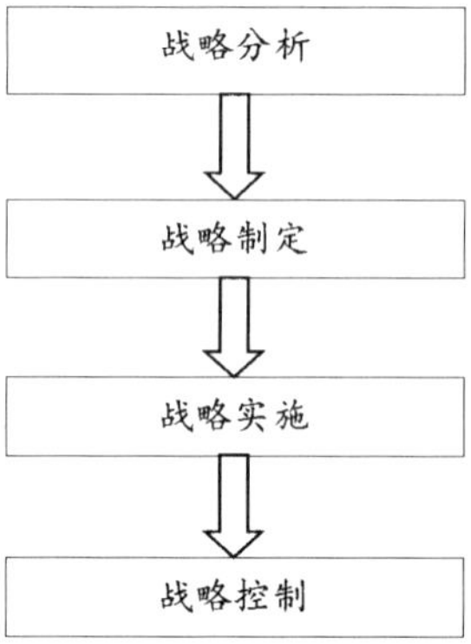

图 8-5　社会组织战略管理要素构成图

战略分析的目的是了解社会组织所处的环境和相对竞争地位,包括两个主要方面:第一个方面是确定社会组织的使命和目标,这是社会组织战略制定和评估的重要依据。第二个方面是进行详尽的环境分析,包含外部环境分析和内部环境分析,这是社会组织战略制定和实施的基本条件。

战略制定是在对所有被选方案进行分析比较后所作出的最终选择。社会组织战略是一个由不同层次的战略方案所构成的、具有内在逻辑联系的体系,在总体战略的基础上,可以针对不同层次的战略目标,对应不同层次的战略方案。

战略实施和战略控制往往是密不可分的,在战略实施的过程中同样进行着战略控制。相对而言,战略实施是将社会组织的战略方案转化为具体行动的过程,而战略控制则是对已经实施和正在实施的具体行动进行测定和评价,检验战略方案及具体行动的有效性和科学性,并根据社会组织发展中出现的新情况,及时调整或者改变战略方案及具体行动,以保证其对社会组织活动的有效指导。

2. 社会组织战略管理的基本框架和制定流程

战略管理是对一个组织的未来发展方向制定决策和实施这些决策的动态管理过程,主要包括五个动态的具体步骤,即使命提炼、环境分析、战略制定、战略实施和战略控制。对于任何组织的战略管理而言,这五个步骤都是相互联系、相互依存的,并没有严格的先后顺序。由此,社会组织战略的基本框架也由五个部分组成:使命提炼、环境分析、战略制定、战略实施和战略控制(图 8-6)。

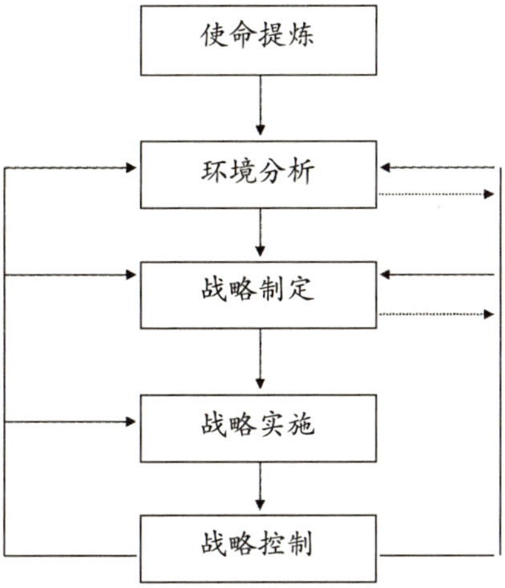

图 8-6 社会组织战略管理的框架图

第一,使命提炼。使命就是责任,确定社会组织的使命实际上是回答“我是谁”这一问题,这是选择和确定社会组织战略目标的基本前提。如果一个组织没有战略使命,那它就丧失了存在的价值和意义。企业公司如此,社会组织亦是如此。因此,社会组织的战略使命就是社会组织存在的基本理由和价值追求的根本所在。确定社会组织战略管理方向的首位工作就是明确社会组织的组织宗旨,提炼契合社会组织的使命要求。目前,浦东社会组织实施战略管理的重中之重就是明确自身的组织宗旨和使命要求。

提炼社会组织的使命是与社会组织的组织性质密切相关的。社会组织使命的表述要做到文如其名,反映社会组织所在领域、区域和行业的基本特征和发展要求,主旨明确、表达清晰、个性鲜明、通俗易懂。社会组织的使命提炼是社会组织战略管理过程的起点，通过对社会组织使命的提炼，社会组织的会员或成员将形成对战略管理目标体系的一致认识，从而有利于减少战略管理实施过程中的阻力、降低协调沟通的成本。

第二，环境分析。环境分析是社会组织战略分析的关键性内容，包含两个主要方面，即外部环境分析和内部环境分析。一般而言，外部环境可以理解为社会组织外部的宏观环境，如政治因素、经济因素、社会文化因素等。外部环境分析主要是了解社会组织所处的环境正在发生哪些变化，以及这些变化将给社会组织带来更多的机会还是更多的威胁。而内部环境分析则是对社会组织自身内部条件和能力所作的科学合理的评价，以了解和掌握社会组织所具有的资源优势及战略能力、相关利益者的利益诉求及对战略方案可能出现的反应等。

环境分析的实质是“知己知彼”的过程，了解和把握社会组织所处的内外部环境及其自身的相对地位，掌握社会组织目前现状，并通过评估影响社会组织目前和今后发展的关键因素，明确社会组织的优势和劣势，从而制定有针对性的战略，有效利用自身资源，扬长避短，保证社会组织在激烈的市场竞争和复杂的社会变化中掌握更多的主动权。

第三，战略制定。战略制定是为社会组织获得更大的成功而制定的战略决策。社会组织作为非营利性组织，战略制定的重点不在于获得最大的经济收益。社会组织是一种互益性组织，代表着整个行业的共同利益，所以，社会组织的战略制定必须牢牢把握社会组织的组织性质和组织目标，结合所在领域、区域和行业发展的实际和趋势，紧紧围绕“社会需要我们哪些服务”“我们能为社会发展提供哪些服务”“我们如何为社会提供这些服务”这三个问题制定明确的战略。[①]

从国际上看，社会组织发展战略制定与所在领域、区域和行业的发展阶段和发展趋势密切相关。常见的社会组织发展战略主要有三种：(1)专

---

① 保罗·C.纳德，罗伯特·W.巴可夫.公共和第三部门组织的战略管理.陈振明，等，译校.中国人民大学出版社，2001：9.

门化发展战略。根据所在领域、区域和行业发展面临的共同问题和共性需要，专注于社会组织服务能力的培育和提升，以更好地服务于所在领域、区域和行业内特定服务对象（会员）为目的的战略。（2）社会化发展战略。根据市场经济发展和社会现代化发展的要求，扮演公共治理主体的角色介入社会运行之中，以提升所在领域、区域和行业的社会影响力为目的的战略。（3）国际化发展战略。根据全球化发展的趋势，作为所在领域、区域和行业代言人或代表者，提高广泛参与所在领域和行业国际交往、国际合作的能力，以提升国际影响力为目的的战略。

第四，战略实施。战略实施是确保社会组织既定战略能够被落实到实际操作中去的过程，是将战略目标付诸实际行动的阶段。

社会组织战略实施的重点是强调操作性、可行性和技巧性。操作性是确立战略制定之后行动纲领的具体体现，社会组织战略实施的操作性程度充分体现其管理水平和行动能力。可行性是协调战略目标与现实可能之间差异的综合安排，社会组织战略实施的可行性在很大程度上取决于决策者及管理人员对所在领域、区域和行业发展状态及未来可能性的理解。技巧性是平衡理性模型与实际操作之间存在矛盾的方法，社会组织战略实施的技巧性要求在日常管理中有效应用不同手段和不同工具，以取得符合战略目标的绩效。

第五，战略控制。战略控制是对社会组织的运行过程进行监督和衡量，帮助管理者评估实施的战略是否符合目标，发现偏差并采取措施，以确保社会组织发展目标得以实现的过程。

战略控制的类型主要有：(1)反馈控制。向社会组织管理者提供实施状况的动态信息，以及时发现实施中存在的问题并及时进行调整。(2)实时控制。把握社会组织运作中常见的控制过程参数，向社会组织管理者提供实时信息。(3)前馈控制。帮助管理者参与社会组织内外环境的变革。

在国际上，许多社会组织在战略制定过程中，其基本的流程主要包括以下五个步骤：

（1）准备工作系统化。通过对社会组织基本状况的研究和分析，使战略制定的准备工作系统化：①收集与社会组织相关的基本数据并进行分类，实施需求评估。②明确对社会组织未来发展具有积极意义的关键性议题或问题。③阐述社会组织的作用和责任，确定相关利益主体。④勾画社会组织发展目标的基本轮廓，并采集和分析相关的环境信息。

（2）阐述使命和目标。组织使命是社会组织存在的基础，组织目标是社会组织发展的方向：①确定和提炼社会组织的独特使命，并用精炼的文字做出清晰的表述。②阐明为实现社会组织使命在组织结构上必须进行的变革。③定义社会组织的系统状态。④确立达到社会组织使命和目标的具体项目任务。

（3）环境评估分析。对社会组织所处环境进行科学分析并做出合理认知是制定战略的重要前提：①详尽分析社会组织内部和外部环境的特质。②判断社会组织内部和外部环境的趋势和对社会组织的要求。③确定和描述社会组织战略的总体要求。[①]

（4）制定战略并分析可行性。根据社会组织的组织愿景及环境条件分析制定总体战略：①确定社会组织发展战略。②对社会组织发展战略的实施做出具体部署。③对社会组织发展战略中关键性的战略目标给予重点倾斜支持。④对社会组织发展战略框架下的实施项目进行可行性分析。

（5）匹配相应的资源。社会组织战略的实施需要匹配相应的资源：①将社会组织战略目标和任务转化为基本的策略。②制定明确的实施策略的具体措施。③形成基于社会组织战略和策略的财务、人力等资源的分配原则和指南。

---

① 苗丽静.非营利组织管理学.东北财经大学出版社，2006：26.

四、发挥浦东社会组织促进商业与公益跨界融合的作用

随着社会现代化发展,更多的社会成员把投身于公益慈善事业作为实现自身社会价值和人生价值的重要方式,公益慈善面临新的转型机遇,即要由少数成功人士参与的慈善转向社会公众广泛参与的社会行为,这就要求设计更多途径和项目,满足千百万人参与公益慈善事业的需求,并形成公益慈善事业良性循环、自我增值的格局,使全社会弥漫公益的芬芳气息。由此,商业与公益的跨界融合已经成为国际新潮流,其中,金融公益的提出和发展是关键所在。

但是,社会中长期存在的对商业与金融的价值目标对立性的认知及在此认知上形成的制度设计,使商业与公益的跨界融合需要逐步改变固化的认知并实现制度创新。在这渐进性的变革过程中,社会组织本身具有的公益性,适合承担起商业与公益跨界融合推动者和促进者的角色。浦东社会组织规模化和规范性的合理状态,使其更有能力承担这一角色。

第一,鼓励制度创新引入更多社会资源。在浦东社会组织集聚区(自贸试验区和全球科创中心主承载区)鼓励制度创新,激活社会资源投入到社会创新创业,通过公益创投的方式引导社会资金投入到社会组织发展过程。允许公益创投在非营利性目标的基础上,采用商业性的投资行为和运作方式。按照盘活公益资源的原则,探索公益资金和慈善资金商业化的运作路径和规则,探索慈善基金、社区基金与保险公司、基金公司合作开发公益理财产品的可能性。

第二,大力发展社区公益基金会。社区公益基金会是非公募基金会,主要从事公益性、非营利性活动,其宗旨是整合社会资源、培育公益力量、造福社区居民、助推社区发展。[①] 社区公益基金会是社区发展深度化的产物,有利于整合本地的社会资源,形成广泛的社区参与,推动公益社会

---

① 徐家良,刘春帅.资源依赖理论视域下我国社区基金会运行模式研究——基于上海和深圳个案.浙江学刊,2016(1).

组织的实体化和落地化，实现社区共治格局。浦东的社区公益基金会发展比较活跃，浦东要在《上海社区基金会建设指引（试行）》的基础上，着重在发展持续性捐赠、基金保值增值、资助项目规范化管理流程、基金会内部治理等方面，进一步明确责任、细化政策、加强监督，保证浦东社区公益基金会发展成为全国标杆。

第三，试点开展公益信托。公益作为信托与生俱来的功能，决定了公益信托在信托转型中将扮演重要角色。[①] 要实现公益信托的落地和大规模推广，一些制度障碍亟待破除。具体来说，可以利用浦东先行先试的有利条件，争取在浦东试点开展公益信托，明确公益信托的“公共服务机构”性质，明确信托监察人的资格和具体权利义务，逐步落实与国际接轨的公益信托制度。

第四，规范网络公益发展。近年来，借助互联网平台，公益活动朝向精细化、全民化、广覆盖方向发展，也使公益行为更加简单和有效，成为在全社会普及公益的新方式。2016 年 9 月 1 日实施的《慈善法》，使通过互联网开展类似众筹的慈善行为有法可依。浦东社会组织要在规范网络公益发展方面发挥主体作用，探索网络公益的运行方式、行为规范和监督机制，并争取为国家层面制定规范提供借鉴。

---

① 金锦萍. 论公益信托之界定及其规范意义. 华东政法大学学报，2015(6).

参考文献

一、著作

1. Benjamin Gidron, Ralph M. Kramer, & Lester M. Salamon, eds. Government and the Third Sector. Jossey-Bass, 1992.
2. Dennis R. Young, Robert M. Hollister, & Virginia A. Hodgkinson. Governing, Leading and Managing Nonprofit Organizations: New Insights from Research and Practice. Jossey-Bass, 1993.
3. Emerging Civil Society? Voluntaristics Review, 2016, 1(5).
4. 保罗·C.纳德,罗伯特·W.巴可夫.公共和第三部门组织的战略管理.陈振明,等,译校.中国人民大学出版社,2001.
5. 程昔武.非营利组织治理机制研究.中国人民大学出版社,2008.
6. 邓正来,J.C.亚历山大.国家与市民社会——一种社会理论的研究路径.中央编译出版社,1999.
7. 邓正来.国家与社会——中国市民研究.四川人民出版社,1998.
8. 杜德斌.全球科技创新中心:动力与模式.上海人民出版社,2015.
9. 傅家骥.技术创新学.清华大学出版社,1998.
10. 高丙中,袁瑞军.中国公民社会发展蓝皮书.北京大学出版社,2008.
11. 龚禄根.中国社会中介组织发展研究.中国经济出版社,2006.
12. 郭圣莉.城市社会重构与新生国家政权建设.天津人民出版社,2006.
13. 黄宏.中国(上海)自由贸易试验区与社会组织创新研究.华东理工大学出版社,2015.
14. 黄珊.国外大都市区治理模式.东南大学出版社,2003.
15. 黄晓春,张东苏.十字路口的中国社会组织:政策选择与发展路径.上海人民出版社,2015.

16. 杰弗里·菲佛，杰勒尔德·R. 萨兰基克. 组织的外部控制——对组织资源依赖的分析. 闫蕊，译. 东方出版社，2006.
17. 康晓光. 非营利组织管理. 中国人民大学出版社，2011.
18. 莱斯特·M. 萨拉蒙. 公共服务中的伙伴——现代福利国家中政府与非营利组织的关系. 田凯，译. 商务印书馆，2008.
19. 黎民. 公共管理学(第二版). 高等教育出版社，2011.
20. 李正风，曾国屏. 中国创新系统研究：技术、制度与知识. 山东教育出版社，1999.
21. 李鐘文，等. 硅谷优势——创新与创业精神的栖息地. 人民出版社，2002.
22. 柳卸林. 21 世纪的中国技术创新系统. 北京大学出版社，2000.
23. 毛寿龙，等. 西方政府的治道变革. 中国人民大学出版社，1998.
24. 苗丽静. 非营利组织管理学. 东北财经大学出版社，2006.
25. 浦东改革与发展研究院. 浦东发展报告(1990—1994). 上海人民出版社，1994.
26. 钱颖一，肖梦. 走出误区：经济学家论说硅谷模式. 中国经济出版社，2000.
27. 唐鹏，等. 互联网＋政务：从施政工具到治理赋能. 电子工业出版社，2016.
28. 王名，刘国翰，何建宇. 中国社团改革：从政府选择到社会选择. 社会科学文献出版社，2001.
29. 王名. 非营利组织管理概论. 中国人民大学出版社，2002.
30. 王名. 社会组织概论. 中国社会出版社，2010.
31. 王名. 中国 NGO 研究 2001——以个案为中心. 联合国区域发展中心，2001.
32. 王绍光. 多元与统一——第三部门国际比较. 浙江人民出版社，1999.
33. 王思斌. 社会学教程(简明版). 北京大学出版社，2012.
34. 维克多·黄，格雷格·霍洛维茨. 硅谷生态圈：创新的雨林法则. 诸葛越，等，译. 机械工业出版社，2015.
35. 翁士洪. 治理呼唤制度：教育援助的非正式制度研究. 中国社会科学出版社，2015.
36. 吴慈生，张本照. 区域创新系统的激发演化机理. 经济科学出版社，2008.
37. 萧新煌，官有垣，陆宛苹. 非营利部门：组织与运作(第二版). 巨流图书股份有限公司，2009.
38. 徐家良. 社会团体导论. 中国社会出版社，2011.
39. 徐晞. 海峡两岸行业协会的比较与合作. 社会科学文献出版社，2016.

40. 杨团.非营利机构评估:上海罗山市民会馆个案研究.华夏出版社,2001.

41. 于显洋.组织社会学(第二版).中国人民大学出版社,2009.

42. 俞可平,等.中国公民社会的兴起与治理的变迁.社会科学文献出版社,2002.

43. 俞可平.治理与善治.社会科学文献出版社,2000.

44. 郁建兴,江华,周俊.在参与中成长的中国公民社会——基于浙江温州商会的研究.浙江大学出版社,2008.

45. 詹姆斯·罗西瑙.没有政府的治理.张胜军,刘小林,等,译.江西人民出版社,2001.

46. 张良.我国社会组织转型发展的地方经验:上海的实证研究.中国人事出版社,2014.

47. 中国社会科学院语言研究所词典编辑室.现代汉语词典(第6版).商务印书馆,2012.

48. 仲伟俊,梅姝娥,黄超.国家创新体系与科技公共服务.科学出版社,2013.

49. 周耀虹.中国社会中介组织.上海交通大学出版社,2008.

二、报刊

1. David Horton Smith, Ting Zhao. Review and Assessment of China's Nonprofit Sector After Mao: Emerging Civil Society? Voluntaristics Review, 2016,1(5).

2. E. Phelps, ed. Altruism, Morality and Economic Theory. Russell Sage Foundation, 1975.

3. Fengshi Wu, Kin-Man Chan. Graduated Control and Beyond: The Evolving Government-NGO Relations. China Perspective,2012(3).

4. HenryB. Hansmann. The Role of Nonprofit Enterprise. The Yale Law Journal, 1980, 89(5).

5. M. C. Jensen. The Modern Industrial Revolution, Exit and the Failure of Internal Control System. The Journal of Finance,1993,48(3).

6. P. C. Schmitter. Still the Century of Corporatism? The Review of Politics,1974, 36(1).

7. 奥利弗·哈特.公司治理:理论与启示.朱俊,汪冰,顾恒中,译.经济学动态,1996(6).

8. 曹雁翎.中国非营利组织的核心能力管理.东北财经大学学报,2004(1).
9. 陈光,王永杰.国家创新系统:过去、现在和未来.大自然探索,1999(3).
10. 陈建国.行业性社会组织推动区域创新发展的作用思考——以中关村的经验为例.理论探索,2014(5).
11. 陈建国.政社关系与科技社团承接职能转移的差异——基于调查问卷的实证分析.中国行政管理,2015(5).
12. 陈锦梅,吴文兴,吕天佑.关于政府购买服务问题的思考.经济研究参考,2010(44).
13. 陈美华,刘文云,毕煜,岳丽欣.美国机构知识库联盟的建设研究及对我国的启示.图书馆,2015(11).
14. 陈套,尤超良.我国科技创新系统的治理与创新治理体系建设.科学管理研究,2015(4).
15. 陈统奎.一所市民会馆的十年.社区,2006(7).
16. 褚燕松.关于互益性社团的公益效应分析.天津社会科学,2003(5).
17. 邓国胜.非营利组织评估体系研究.中国行政管理,2001(10).
18. 董文琪.非营利组织的独立与自治.行政论坛,2006(1).
19. 杜德斌,张仁开,祝影,包惠.上海创建国际产业研发中心的战略研究.科学学与科学技术管理,2005(4).
20. 杜德斌.上海建设全球科技创新中心的战略路径.科学发展,2015(1).
21. 杜家毫.站在更高起点加速浦东发展.浦东开发,2004(9).
22. 樊春良.美国国家科学基金会对学科交叉研究的资助及启示.中国科学基金,2005(2).
23. 冯利,章一琪.中国草根组织的功能与价值.中国非营利研究,2014(2).
24. 高丙中.社会团体的合法性问题.中国社会科学,2000(2).
25. 高成运.民间组织能力建设的视角与路径.学会,2006(5).
26. 高小平.国家治理体系与治理能力现代化的实现路径.中国行政管理,2014(1).
27. 格里·斯托克.作为理论的治理:五个论点.华夏风,译.国际社会科学杂志(中文版),1999(1).
28. 葛江霞.公益金融是新机遇下的“公益+”.社会与公益,2015(10).
29. 公益创投:用创新项目提供社会服务.人民政协报,2016-02-25.

30. 郭宇曦.探讨“互联网＋金融＋公益”新模式之公益众筹.决策与信息,2016(6).
31. 何海兵.我国城市基层社会管理体制的变迁:从单位制、街居制到社区制.管理世界,2003(6).
32. 何秀芳,刘宇.第九届制造服务外包国际论坛圆满落幕.中国贸易报,2013-12-31.
33. 胡仙芝.论社会中介组织在公共管理中的职能和作用.中国行政管理,2014(10).
34. 黄鲁成,李阳.针对国际R&D中心的中国城市定位研究.市场经济研究,2004(6).
35. 姬中宪.园区模式:社会组织发展的一种新路径——以浦东公益园为例.江苏行政学院学报,2012(1).
36. 纪莺莺.当代中国的社会组织:理论视角与经验研究.社会学研究,2013(5).
37. 江华,潘旦.民间商会的筹资能力与治理机制:以温州为一个支点.改革,2008(12).
38. 金锦萍.论公益信托之界定及其规范意义.华东政法大学学报,2015(6).
39. 康晓光,韩恒.分类控制:当前中国大陆国家与社会关系研究.社会学研究,2005(6).
40. 康晓光,韩恒.行政吸纳社会——当前中国大陆国家与社会关系再研究.中国社会科学(英文版),2007(2).
41. 李红艳.我国非政府组织发展的困境与建议.社会科学辑刊,2007(6).
42. 李慧芹.充分发挥社会组织在浦东新区综合配套改革试点中的重要作用.社团管理研究,2008(9).
43. 李金华,孙东川,谢卓君.创新网络的结构与行为研究框架.科技进步与对策,2005(8).
44. 李研,李哲.科技类社会组织发展思路与对策研究.科研管理,2015(11).
45. 李研,梁洪力.科技类社会组织在建设区域创新体系中的作用——以中关村为例.中国科技论坛,2014(2).
46. 李研.社会组织在国家创新体系中的作用初探.科技管理研究,2014(18).
47. 林闽钢.社会资本视野下的非营利组织能力建设.中国行政管理,2007(1).
48. 刘鹏.从分类控制走向嵌入型监管:地方政府社会组织管理政策创新.中国人民大学学报,2011(5).
49. 刘振国.中国社会组织的治理创新——基于地方政府实践的分析.经济社会体制

比较,2010(3).
50. 卢丽华.非政府组织在创新社会管理中的角色彰显.湖北社会科学,2011(8).
51. 吕朝贤.非营利组织与政府的关系:以九二一赈灾为例.台湾社会福利学刊,2001(2).
52. 罗守贵,甄峰.区域创新能力评价研究.南京经济学院学报,2000(3).
53. 罗兴佐.中国国家与社会关系研究述评.学术界,2006(4).
54. 马立人.从组织管理角度谈科技成果转化工作中的几个重点环节.科技进步与对策,2000(9).
55. 毛军权.基于政府视角的社区民间组织发展瓶颈问题及其对策.经济体制改革,2010(2).
56. 佘瑞芳,黄建钢.论小政府大社会——基于公与共的视角.浙江海洋学院学报(人文科学版),2013(4).
57. 沈亚平,陆明远.公益与效率:中国非营利组织的目标体系研究.学会,2006(5).
58. 盛佳婉,罗莉琼.公益金融:让有愿景的财富改变世界.深圳特区报,2015-11-03.
59. 苏靖.关于国家创新系统的基本理论、知识扩散和研究方法.中国软科学,1999(1).
60. 孙婵,肖湘.负面清单制度的国际经验及其对上海自贸区的启示.重庆社会科学,2014(5).
61. 孙福全.推进国家创新治理体系和治理能力现代化.科技日报,2014-11-03.
62. 孙立平,等.改革以来中国社会结构的变迁.中国社会科学,1994(2).
63. 孙立平."自由流动资源"与"自由活动空间"——论改革过程中中国社会结构的变迁.探索,1993(1).
64. 谈燕.上海首个公益服务园在浦东开园.解放日报,2009-12-16.
65. 汤汇浩,高平.上海加快建设全球科技创新中心的若干思考.科学发展,2014(10).
66. 唐德龙,杨君,高翔.自贸区建设与社会组织承接政府转移的职能.现代经济探讨,2015(3).
67. 唐士其."市民社会"、现代国家以及中国的国家与社会的关系.北京大学学报(哲学社会科学版),1996(6).
68. 陶希东.治理能力现代化的衡量标准.学习时报,2014-12-08.

69. 田凯. 西方非营利组织理论述评. 中国行政管理,2003(6).
70. 王崇锋. 基于全球价值链的中国国家高新区产业升级路径研究. 理论学刊,2012(8).
71. 王甲成. “小政府”:渊源、意义及其向度. 江南社会学院学报,2005(2).
72. 王洛忠. 中国非营利组织的筹资困境及改善对策——以美国非营利组织的筹资经验为借鉴. 新视野,2012(1).
73. 王名,贾西津. 中国NGO的发展分析. 管理世界,2002(8).
74. 王名,孙伟林. 社会组织管理体制:内在逻辑与发展趋势. 中国行政管理,2011(7).
75. 王名. 非营利组织的社会功能及其分类. 学术月刊,2006(9).
76. 王浦劬. 国家治理、政府治理和社会治理的基本含义及其相互关系辨析. 社会学评论,2014(3).
77. 王新松. 国家法团主义:新加坡基层组织与社区治理的理论启示. 清华大学学报(哲学社会科学版),2015(2).
78. 王正清,李飞. 大学国际联盟的组织特征、联盟动因与潜在阻隔. 比较教育研究,2015(5).
79. 翁士洪. Blackboard:MOOC教育模式的新平台. 现代教育科学,2015(6).
80. 翁士洪. 公益资源的运作途径和机制. 国外理论动态,2016(6).
81. 吴明华,夏自钊. 国家科学中心新棋局. 决策,2016(8).
82. 夏为丽,苗长虹,张建伟. 从硅谷的发展看我国区域创新网络的构建. 河南科学,2009(1).
83. 向德平,苏海. “社会治理”的理论内涵和实践路径. 新疆师范大学学报(哲学社会科学版),2014(6).
84. 谢海定. 中国民间组织的合法性困境. 法学研究,2004(2).
85. 谢群慧. 建立现代社会组织体制:新任务新要求——访浦东新区区委党校副教授冯梦成. 浦东开发,2013(6).
86. 谢群慧. 一所市民会馆的生存课题. 浦东开发,2008(11).
87. 辛向阳. 国家治理体系和治理能力现代化的基本内涵. 马克思主义文摘,2014(7).
88. 徐家良,刘春帅. 资源依赖理论视域下我国社区基金会运行模式研究——基于上海和深圳个案.浙江学刊,2016(1).
89. 徐家良,孙钰林.论社会团体的内部合法性.甘肃行政学院学报,2006(4).
90. 徐宇珊.社会组织结构创新:支持型机构的成长.社团管理研究,2010(8).
91. 鄢雪皎.市场经济体制下行业协会职能与功能的转变及对策.软科学,2003(2).
92. 杨炳珑.罗山市民会馆,温馨的社区大家庭.中国社会报,2001-03-03.
93. 杨树琪.规范与发展社会中介组织问题探讨——基于“小政府、大社会”框架下.经济问题探索,2006(10).
94. 姚丽萍.上海自贸区国际商事联合调解庭揭牌.新民晚报,2013-11-20.
95. 于蜀.多维度下的行业协会能力建设研究——基于政府、社会与行业协会互动发展的视角.社团管理研究,2012(10).
96. 于水波,曹堂哲.社会组织能力评估的系统权变观.云南行政学院学报,2011(6).
97. 俞可平.推进国家治理体系和治理能力现代化.前线,2014(1).
98. 郁建兴,关爽.从社会管控到社会治理——当代中国国家与社会关系的新发展.探索与争鸣,2014(12).
99. 张成福,李丹婷.公共利益与公共治理.中国人民大学学报,2012(2).
100. 张紧跟.从结构论争到行动分析:海外中国 NGO 研究述评.社会,2012(3).
101. 张俊杰,邓宇汝,吴超.上海自贸区内社会组织发展研究.劳动保障世界,2016(11).
102. 张康之.行政道德的制度保障.浙江社会科学,1998(4).
103. 张良,刘蓉,唐安.全球科创中心建设中科技类社会组织功能研究.科学发展研究,2017(3).
104. 张良,刘蓉.治理能力现代化视角下科技学会能力模型构建研究.学会,2015(11).
105. 张良,唐安,刘蓉.科技学会能力评估指标体系构建研究.学会,2017(5).
106. 张良,唐安.领导人身份特征、资源获取与能力建设:基于上海市科技学会的实证研究.华东理工大学学报(社会科学版),2017(2).
107. 张良,王寅申.城市发展赶超型战略的刚性秩序“陷阱”:对城管冲突的一种解释.华东理工大学学报(社会科学版),2016(2).
108. 张敏,刘从九.技术创新生命周期的人力资源配置模型探析.经济研究导刊,2006(3).

109. 张明莉. 基于创新系统理论的开发区创新文化体系研究. 河北经贸大学学报，2009(5).
110. 张冉. 行业协会组织能力定位研究——基于经济学的视角. 当代经济管理，2007(10).
111. 张仁开，刘效红. 上海建设国际创新中心战略研究. 科学发展，2012(11).
112. 赵挺. 非营利组织的独立性、绩效与合作机制. 中国第三部门研究，2011(2).
113. 赵挺. 公益服务组织与基金会的不对称合作及其矫正. 中国第三部门研究，2012(1).
114. 郑红. 上海要建基于全球城市的科创中心. 解放日报，2014-12-19.
115. 周凌一，李勇. 公益金融：概念、体系及功能. 中国非营利评论，2015(2).
116. 周志忍，蒋敏娟. 整体政府下的政策协同：理论与发达国家的当代实践. 国家行政学院学报，2010(6).
117. 竺乾威. 从新公共管理到整体性治理. 中国行政管理，2008(10).

三、网站

1. 浦东公益一条街入驻招募公告. [2012-08-31]. http://www.shstj.gov.cn/node2/node3/n5/n53/u8ai12302.html.
2. 2016 年社会服务发展统计公报. [2017-08-03]. http://www.mca.gov.cn/article/sj/tjgb/201708/20170800005382.shtml.
3. 上海：加快实施创新驱动发展战略建设具有全球影响力的科技创新中心. [2015-01-10]. http://www.most.gov.cn/ztzl/qgkjgzhy/2015/2015jlcl/2015jldf/201501/t20150109_117562.htm.
4. 上海张江综合性国家科学中心获批复. [2016-03-08]. http://www.most.gov.cn/dfkj/sh/tpxw/201603/t20160307_124522.htm.
5. 上海自贸试验区将成立中国电子商会投融资工作委员会. [2016-02-01]. http://www.shanghai.gov.cn/nw2/nw2314/nw2315/nw18454/u21aw1101309.html.
6. 深化科技体制改革促进新型研发组织发展. [2014-01-24]. http://cppcc.people.com.cn/GB/n/2014/0124/c34948-24211588.html.

后 记

建设全球科创中心是我国全面融入21世纪全球科技创新竞争的国家战略，是上海跻身全球重要的创新城市进而带动长三角区域乃至全国创新发展的关键战略。全球科创中心具有网络化的重要特征，与创新活动相关的各创新主体（节点）之间存在特定的联系和组织方式，在创新活动中居于特定的地位，发挥不同的作用，进而构成创新体系的充满活力的网络结构。社会组织是创新网络的重要主体之一，发挥链接创新资源、激励创新人才、营造创新文化、维护公平环境等独特的作用，同时社会组织在作用发挥过程中以柔性化的方式编织创新网络，扩大创新网络的辐射范围、增强创新网络的灵动弹性。浦东是上海建设全球科创中心的核心承载区域，伴随着浦东开发开放，浦东社会组织经历了由萌发到壮大的历程，创造了众多成功的经验和典型，全球科创中心建设为浦东社会组织转型发展的启动提供了关键的契机。

在上海浦江社会组织创新发展研究院的精心组织下，2016年春天始，一批志同道合者汇集在一起，以浦东社会组织作为研究对象，把全球科创中心建设视作浦东社会组织转型发展的新的动力，深入研究战略规划的引导力、社会组织的内生力、多元主体的竞争力整合为社会组织转型发展"合力"的演化机理，论证并确立社会组织在全球科创中心建设中的主体地位和作用机制。

本书由张良提出总体思路并设计大纲，在集体讨论的基础上确定了各位作者的分工：导论（华东理工大学张良）、第一章（上海科学学研究所张仁开）、第二章（华东政法大学赵挺、江荣荣）、第三章（华东理工大学刘蓉)、第四章(华东理工大学唐安、张良)、第五章(上海理工大学翁士洪、刘会、周一帆)、第六章(华东理工大学张良)、第七章(上海理工大学翁士洪)、第八章(华东理工大学张良)。全书最后由张良统稿。在本书撰写过程中,得到了上海市华侨事业发展基金会社会组织创新发展专项基金的资助、上海市浦东新区民政局社团管理处的支持,在此表示敬意和感谢。

张　良

2017 年 9 月 10 日